普通高等学校“十四五”应用型精品教材

高等数学

（上册）

主　编　吴　琦

副主编　曹国凤　张海明

谢丽丽　杨　欣

西南交通大学出版社

·成　都·

图书在版编目（CIP）数据

高等数学. 上册 / 吴琦主编. —成都：西南交通大学出版社，2021.8（2023.8 重印）
ISBN 978-7-5643-8173-8

Ⅰ. ①高… Ⅱ. ①吴… Ⅲ. ①高等数学－高等教育－教材 Ⅳ. ①O13

中国版本图书馆 CIP 数据核字（2021）第 155799 号

Gaodeng Shuxue (Shangce)
高等数学
（上册）

主 编 吴 琦

责任编辑 王 旻
特邀编辑 王玉珂
封面设计 何东琳设计工作室

出版发行 西南交通大学出版社
（四川省成都市金牛区二环路北一段 111 号
西南交通大学创新大厦 21 楼）
邮政编码 610031
发行部电话 028-87600564 028-87600533
官网 http://www.xnjdcbs.com
印刷 成都中永印务有限责任公司

成品尺寸 185 mm × 260 mm
印张 15.75
字数 395 千
版次 2021 年 8 月第 1 版
印次 2023 年 8 月第 2 次
定价 48.00 元
书号 ISBN 978-7-5643-8173-8

课件咨询电话：028-81435775
图书如有印装质量问题 本社负责退换

前 言

高等数学是理工科高等院校的一门重要的基础课，也是工科院校硕士研究生入学考试的必考科目。通过高等数学的学习，既可以初步掌握数学的基本功能，能够对已知规律进行数学描述，打下建立数学模型的基础，并能获得通过数学建模解决实际问题的能力。随着科学技术的迅速发展 ，高等学校各个专业对高等数学的要求不断提高，数学正在日益渗透到各个专业领域，已成为人们学习和研究各门专业知识的重要工具。掌握好高等数学的基础知识、基本理论及基本技能和分析方法，对学生综合素质的培养及后续课程的学习起着极其重要的作用。

本书的编写是以优化教学内容、加强基础、突出应用、提高学生素质、便于教学为原则，力求做到理论清晰、重点突出、知识要点明确、推理简明扼要、循序渐进、深入浅出，着重讲清基本概念、基本思想、基本方法，使学生在有限的时间内学习数学的精华，形成基本数学思想。会用数学方法解决数学以及相关学科的问题，使学生在学习数学思维方法以及运用数学知识解决实际问题的能力诸方面得到良好的训练与培养，促进学生不断提升知识、能力和素质，提高解决实际问题的能力。

本书的主要特色有：

（1）注重概念的引入，以学生容易理解的实例引入概念，即强调发散和归纳思维，从实际问题出发，导出一般结论。并力求从几何、数值、代数的方法来解释概念。

（2）注重数学思想的渗透以及数学方法的介绍， 体现学习数学的思想，即学习怎样将实际问题归结为数学问题，注重培养学生分析问题、解决问题的能力。

（3）注重数学的应用和数学建模，通过建立简单的模型提高学生解决实际问题的能力。

黑龙江工商学院吴琦编写了第一章和第六章，黑龙江工商学院曹国风编写第二章和第四章，黑龙江工商学院张海明编写了第五章，黑龙江工商学院谢丽丽编写了第三章，杨欣编写了附录和参考答案，全书由吴琦担任主编，由曹国风、张海明、谢丽丽、杨欣担任副主编。

本书的每一章节的内容都经过全体编写人员的充分讨论，浓缩了各位教师的经验和智慧。不过世界上没有完美的事物，教材中难免有疏漏之处，敬请同行、专家和读者指出，在此向全体编写人员表示诚挚的感谢！

编　者

2021 年 8 月

目录

第一章
一元函数的极限与连续

高等数学研究的对象是函数，而研究函数的基本方法是极限方法. 极限方法是利用有限描述无限、由近似过渡到精确的一种工具和过程. 本章首先简要介绍函数的基本概念及其性质，然后介绍函数的极限和连续性等概念，以及它们的一些性质.

第一节　函　数

一、函数的概念

1. 区间与邻域

区间是指介于某两点之间线段上的点的全体，是高等数学中最常用的一类实数集. 区间包括有限区间和无限区间.

设 $a,b\in\mathbf{R}$，且 $a<b$，实数集 $\{x|a<x<b\}$ 称为以 a,b 为端点的开区间，记作 (a,b)，即

$$(a,b)=\{x|a<x<b\}$$

类似的，可以定义以 a,b 为端点的闭区间 $[a,b]$ 和半开区间 $[a,b),(a,b]$，即

$$[a,b]=\{x|a\leqslant x\leqslant b\},\ [a,b)=\{x|a\leqslant x<b\},\ (a,b]=\{x|a<x\leqslant b\}$$

以上这几类区间统称为有限区间，数 $b-a$ 称为这些区间的长度. 从数轴上看，这些有限区间均是长度为有限的线段（见图 1.1）.

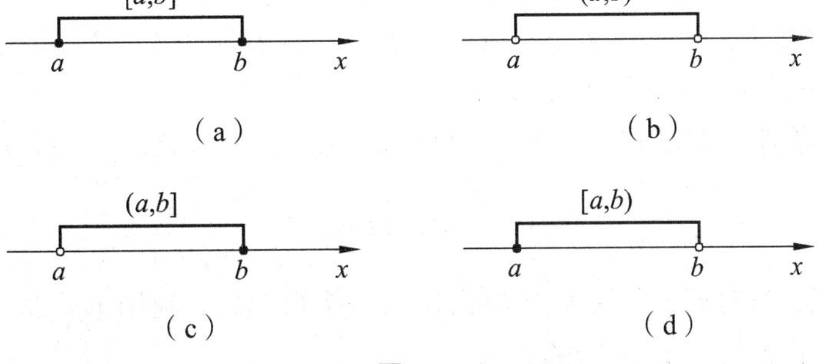

图 1.1

此外还有无限区间，为此需引进记号“$+\infty$”与“$-\infty$”，依次读作“正无穷大”与“负无穷大”. 因此对 $a\in\mathbf{R}$，有

$$[a,+\infty)=\{x|x\geqslant a\}, \quad (a,+\infty)=\{x|x>a\}$$

$$(-\infty,a]=\{x|x\leqslant a\}, \quad (-\infty,a)=\{x|x<a\}$$

$$(-\infty,+\infty)=\{x|x\in\mathbf{R}\}$$

有限区间和无限区间统称为区间. 以后在不需要辨明所论区间是否包含端点，以及是否是有限区间还是无限区间的场合，就简单的称它们为“区间”，且常用 I 表示.

邻域是一种常见的集合. 设 $a\in\mathbf{R}$，$\delta>0$，则开区间 $(a-\delta,a+\delta)$ 称作点 a 的 δ **邻域**，记做 $U(a,\delta)$，即

$$U(a,\delta)=\{x||x-a|<\delta\}=\{x|a-\delta<x<a+\delta\}$$

点 a 称为此邻域的中心，δ 称为此邻域的半径（见图 1.2）.

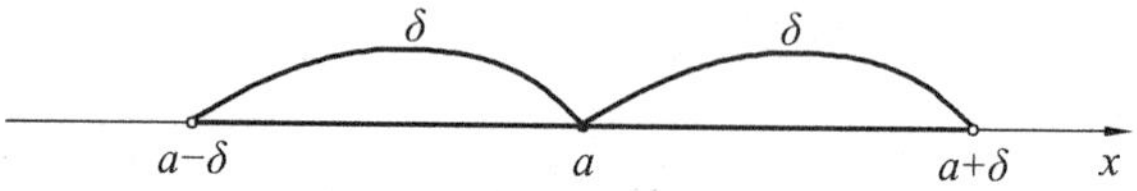

图 1.2

点 a 的去心 δ 邻域是指去掉邻域的中心后所得到的集合，记做 $\mathring{U}(a,\delta)$，即

$$\mathring{U}(a,\delta)=\{x|0<|x-a|<\delta\}$$

并将开区间 $(a-\delta,a)$ 称为点 a 的左 δ 邻域，将开区间 $(a,a+\delta)$ 称为点 a 的右 δ 邻域(见图 1.3).

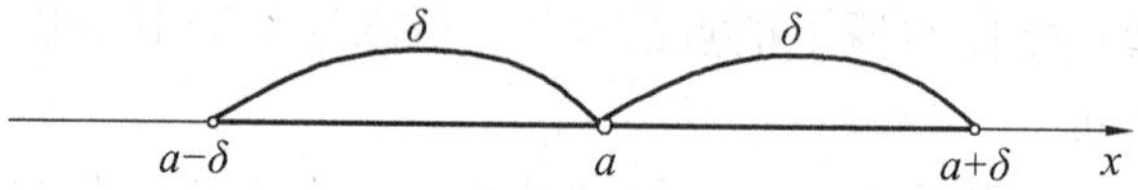

图 1.3

两个闭区间 $[a,b],[c,d]$ 的直积记做 $[a,b]\times[c,d]$，即

$$[a,b]\times[c,d]=\{(x,y)|x\in[a,b],\ y\in[c,d]\}$$

它表示平面上的矩形区域，这个区域在 x 轴与 y 轴上的投影分别是闭区间 $[a,b]$ 和闭区间 $[c,d]$.

2. 函数的定义

现实生活中的许多事物每时每刻都在发生着变化，然而这些变化中的很多现象都可以用数学来进行有效的描述. 其中有些变化着的现象中存在着两个变化的量，简称为变量. 它们不是彼此孤立的，而是相互联系的. 请看下面的例子.

例 1 在自由落体运动过程中，物体下落的位移 s 与时间 t 之间有关系：

$$s=\frac{1}{2}gt^2, \quad t\in[0,T]$$

其中 T 是落地时间. 当时间 t 在区间 $[0,T]$ 内任取一个数值时，利用上式就确定了一个 s 与之对应，上式也表明了变量 s 与 t 之间的关系.

例 2 某市出租汽车的收费标准为：乘车不超过 3 km，收费 9 元；若超过 3 km，超过的里程 1 km 加收 1.9 元.

乘客的乘车费用 P 与乘车里程 x 之间的数量关系是：

$$P=\begin{cases}9, & 0<x\leqslant 3\\ 9+1.9(x-3), & x>3\end{cases}$$

乘车里程 x 在其取值范围内任取一个数值，按照上式就有唯一一个确定的乘车费用 P 与之对应.

综上所述，当其中一个变量在某数集内取值时，按照一定的规则，另一个变量有唯一确定的值与之对应，变量之间的这种对应关系称为函数关系.

定义 1.1 设 x, y 是两个变量，D 是给定的非空数集，若对于每一个数 $x\in D$ 按照某一确定的对应法则 f，变量 y 总有唯一确定的数值与之对应，则称 y 是 x 的**函数**，记做

$$y=f(x),\ x\in D$$

其中 x 称为**自变量**，y 称为**因变量**，数集 D 称为函数的**定义域**，函数值 $f(x)$ 的全体所构成的集合称为函数的**值域**，记做 R_f 或 $f(D)$，即

$$R_f=f(D)=\{y\,|\,y=f(x),x\in D\}$$

上述定义简言之，函数就是从自变量的输入产生出输出值的一种法则或过程.

关于函数的定义，需做以下几点说明：

（1）表示函数的记号可以是任意选取的，除了常用的 f 外，还可以使用其他的英文字母或希腊字母，如 g, F, φ 等. 有时还可直接用因变量的记号来表示函数，即把函数记作 $y=y(x)$. 同一个问题中，不同的函数应该用不同的记号来表示.

（2）确定函数的要素有两个：函数的定义域和对应法则. 函数的值域可以由定义域和法则所决定，因此它一般称为派生要素. 只要函数的定义域相同，对应法则相同，它们就是相同的函数，而与变量用什么字母或符号表示无关.

例 3 判断下列函数是否是相同的函数.

（1）$y=1$ 与 $y=\sin^2 x+\cos^2 x$；（2）$y=|x|$ 与 $u=\sqrt{v^2}$；

（3）$y=\ln x^2$ 与 $y=2\ln x$；（4）$y=x+1$ 与 $y=\dfrac{x^2-1}{x-1}$.

解 因为（1）与（2）中两函数的定义域和对应法则两要素都相同，所以它们是相同的函数；而（3）与（4）两函数的定义域不同，所以它们是不同的函数.

（3）函数的定义域通常按以下两种情形确定：一种是对有实际背景的函数，根据背景中变量的实际意义确定. 如例 1 的自由落体运动中，定义域为下落时间 $[0,T]$. 另一种是对抽象地用算式表达的函数，函数的定义域常取使该算式有意义的一切实数组成的集合，这种定义域称为函数的“自然定义域”或“存在域”. 如函数 $y=\sqrt{1-x^2}$ 的定义域是闭区间 $[-1,1]$. 在这种情况下，函数的定义域可省略不写，而只用对应法则来表示函数，此时可简单地说函数 $y=\sqrt{1-x^2}$.

（4）函数 $y=f(x)$ 给出了定义域 D 和值域之间的单值对应. 在函数的定义中，对每一个 $x\in D$，只能有唯一的一个函数值 y 与它对应，这样定义的函数称为**单值函数**. 若同一个 x 值

可以对应多于一个的 y 值，则称这种函数为**多值函数**. 例如变量 x 和 y 之间的对应法则由方程 $x^2+y^2=1$ 给出. 当 x 取 $(-1,1)$ 内任何一值时，对应的 y 就有两个值与之对应，即 $y=\pm\sqrt{1-x^2}$，所以这个方程确定了一个多值函数. 对于多值函数，如果附加一些条件，使得在附加条件下，按照这个法则，对每个 $x\in D$，总有唯一确定的实数值 y 与之对应，这样就确定了一个函数. 我们称这样得到的函数为多值函数的单值分支. 例如，在由方程 $x^2+y^2=1$ 给出的对应法则中附加 $y\geqslant 0$ 的条件，就可得到一个单值分支 $y_1(x)=\sqrt{1-x^2}$. 在本书范围内，我们只讨论单值函数.

例 4 求下列函数的定义域.

（1）$y=\dfrac{1}{1-x}+\sqrt{4-x^2}$；（2）$y=\ln(x^2+2x)+\arcsin\dfrac{x-1}{2}$.

解 （1）由题意可得

$$\begin{cases}x\neq 1\\4-x^2\geqslant 0\end{cases}$$

则所求函数的定义域为 $[-2,1)\cup(1,2]$.

（2）由题意可得

$$\begin{cases}\left|\dfrac{x-1}{2}\right|\leqslant 1\\x^2+2x>0\end{cases}$$

解得

$$\begin{cases}-1\leqslant x\leqslant 3\\x>0 \text{ 或 } x<-2\end{cases}$$

故所求函数的定义域为 $(0,3]$

3. 函数的表示法

在中学课程里已经学过函数的三种表示法，即解析法（或称公式法）、列表法和图形法. 用一个或几个公式表示函数的方法即为解析法；用函数图形表示函数的方法称为图形法. 这时坐标平面上的点集

$$\{P(x,y)\,|\,y=f(x),x\in D\}$$

称为函数 $y=f(x),x\in D$ 的图形. 将解析法和图形法相结合来研究函数，可以将抽象函数具体化. 应该指出的是：产生微积分的源泉除了物理背景外，还有几何直观因素，几何直观对于理解微积分的概念、方法和结论是很有用的.

例 5 绝对值函数

$$y=|x|=\begin{cases}x, & x\geqslant 0\\-x, & x<0\end{cases}$$

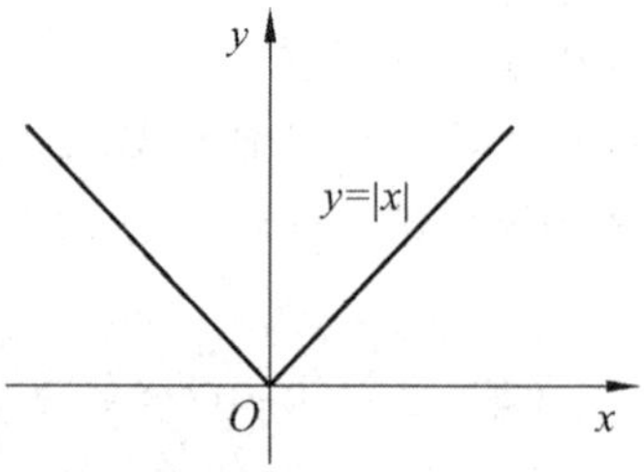

图 1.4

的定义域$D=(-\infty,+\infty)$，值域$R_f=[0,+\infty)$，它的图形如图 1.4 所示.

例 6　符号函数

$$y=\operatorname{sgn}x=\begin{cases}1, & x>0\\ 0, & x=0\\ -1, & x<0\end{cases}$$

的定义域$D=(-\infty,+\infty)$，值域$R_f=\{-1,0,1\}$，它的图形如图 1.5 所示.

对于任何实数x，下列关系成立：

$$x=|x|\operatorname{sgn}x$$

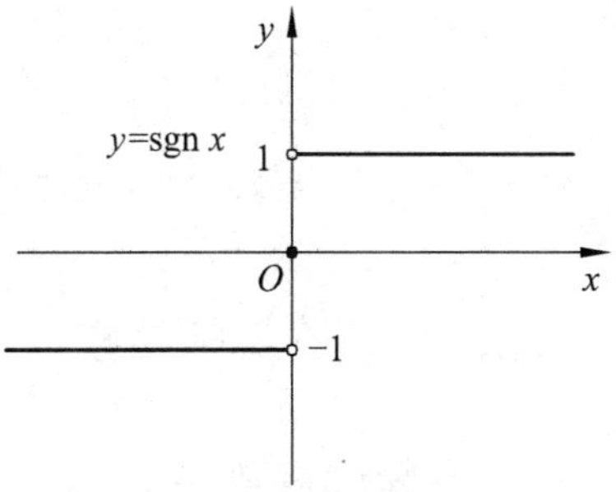

图 1.5

不难看出，例 2、例 5、例 6 具有这样的特征：对于自变量的不同取值，函数不能用一个式子表示，在定义域的不同部分需用不同的公式表达，这类函数通常称为**分段函数**. 在自然科学、工程技术和经济管理领域涉及的函数多属于分段函数这种形式.

例 7　设x为任意实数，不超过x的最大整数称为x的整数部分，记做$[x]$. 例如，$\left[\dfrac{1}{2}\right]=0$，$[\sqrt{2}]=1$，$[\pi]=3$，$[-2.64]=-3$，$[-4]=-4$. 把$x$看作变量，则函数$y=[x]$称为**取整函数**. 它的定义域$D=(-\infty,+\infty)$，值域$R_f=\mathbf{Z}$. 它的图形如阶梯形，故称为阶梯曲线（见图 1.6）. 在x为整数时，图形发生跳跃，跃度为 1.

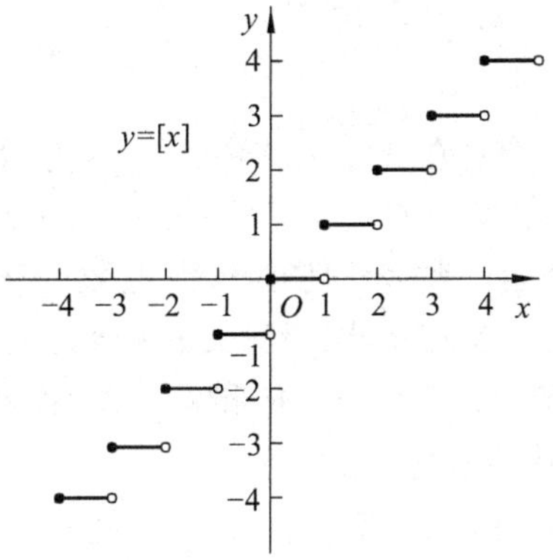

图 1.6

有些函数难以用解析法、列表法或图形法来表示，只能用语言来描述. 例如，

例 8　狄利克雷（Dirichlet）函数

$$D(x)=\begin{cases}1, & x\in\mathbf{Q}\\ 0, & x\in\mathbf{Q}^C\end{cases}$$

的定义域$D=(-\infty,+\infty)$，值域$R_f=\{0,1\}$，而且无法画出它的图形.

4. 函数的四则运算

设函数$f(x),g(x)$的定义域依次为D_1,D_2，$D=D_1\cap D_2\neq\varnothing$，则可以定义这两个函数的下列运算：

和（差）$f\pm g$：$(f\pm g)(x)=f(x)\pm g(x), x\in D$；

积 $f\cdot g$：$(f\cdot g)(x)=f(x)\cdot g(x),\ x\in D$；

商 $\dfrac{f}{g}$：$\left(\dfrac{f}{g}\right)(x)=\dfrac{f(x)}{g(x)},\ x\in D\setminus\{x\mid g(x)=0,\ x\in D\}$.

若 $D=D_1\cap D_2=\varnothing$，则两个函数不能进行四则运算. 例如，设

$$f(x)=\sqrt{1-x^2},\quad x\in D_1=\{x\,|\,|x|\leqslant 1\}$$

$$g(x)=\sqrt{x^2-4}, x\in D_2=\{x\,|\,|x|\geqslant 2\}$$

由于 $D=D_1\cap D_2=\varnothing$，所以表达式 $f(x)+g(x)=\sqrt{1-x^2}+\sqrt{x^2-4}$ 是没有意义的.

二、函数的几种特性

1. 函数的有界性

设函数 $f(x)$ 的定义域为 D，数集 $X\subset D$，若存在一常数 K_1，使得

$$f(x)\leqslant K_1$$

对任一 $x\in X$ 都成立，则称函数 $f(x)$ 在 X 上有**上界**，而 K_1 称为函数 $f(x)$ 在 X 上的一个上界. 如果存在数 K_2，使得

$$f(x)\geqslant K_2$$

对任一 $x\in X$ 都成立，则称函数 $f(x)$ 在 X 上有**下界**，而 K_2 为函数 $f(x)$ 在 X 上的一个下界.

根据定义，如果 K_1 为 $f(x)$ 在 X 上的上界，那么任何大于 K_1 的数也是 $f(x)$ 在 X 上的上界. 同理如果 K_2 为 $f(x)$ 在 X 上的下界，那么任何小于 K_2 的数也是 $f(x)$ 在 X 上的下界.

若函数 $f(x)$ 在 X 上既有上界又有下界，则称函数 $f(x)$ 在 X 上有界. 若函数 $f(x)$ 在其定义域上有界，则其函数图形介于两条直线 $y=M$ 和 $y=-M$ 之间.

函数的有界性也可以用下述方式定义：

若存在正数 M，使得对任一 $x\in X$，有

$$|f(x)|\leqslant M$$

则称函数 $f(x)$ 在 X 上**有界**，M 即为 $f(x)$ 在 X 上的一个界. 很容易证明这两个定义是等价的.

例 9 判定下列函数在指定区间上的有界性.

（1）$y=\sin x, x\in(-\infty,+\infty)$；（2）$y=\dfrac{1}{x}, x\in(0,1), x\in[1,+\infty)$.

解 因为对任意的实数 x，都有

$$|\sin x|\leqslant 1$$

成立，因此函数 $y=\sin x$ 在 $(-\infty,+\infty)$ 内是有界的. 它的界 M 可以取 1，当然也可取任何大于 1 的正数.

（2）当 $x\in(0,1)$ 时，有

$$\frac{1}{x} \geqslant 1$$

成立，因此函数 $y=\frac{1}{x}$ 在区间 $(0,1)$ 内有下界. 但是当 x 越靠近 0，函数值越大，因此找不到这样的正数 K_1，使得

$$\frac{1}{x} \leqslant K_1$$

成立，故函数 $y=\frac{1}{x}$ 在区间 $(0,1)$ 内没有上界. 因此当 $x \in (0,1)$ 时 $y=\frac{1}{x}$ 无界.

当 $x \in [1,+\infty)$ 时，有

$$\left|\frac{1}{x}\right| \leqslant 1$$

成立，因此函数 $y=\frac{1}{x}$ 在 $[1,+\infty)$ 上有界.

例 9 表明，讨论函数是否有界必须先指明自变量所在的区间.

2. 函数的单调性

设函数 $f(x)$ 的定义域为 D，区间 $I \subset D$. 如果对于区间 I 上任何两点 x_1 及 x_2，当 $x_1 < x_2$ 时，恒有

$$f(x_1) < f(x_2) \ (f(x_1) > f(x_2))$$

则称函数 $f(x)$ 在区间 I 上是**单调增加**的（见图 1.7）（**单调减少**的（见图 1.8））.单调增加和单调减少的函数统称为**单调函数**.

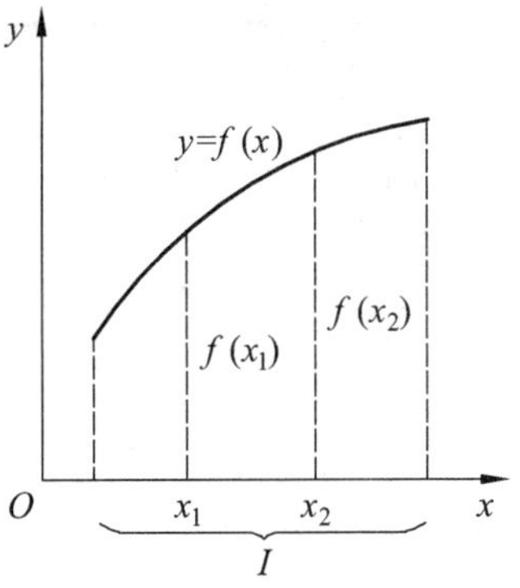

图 1.7

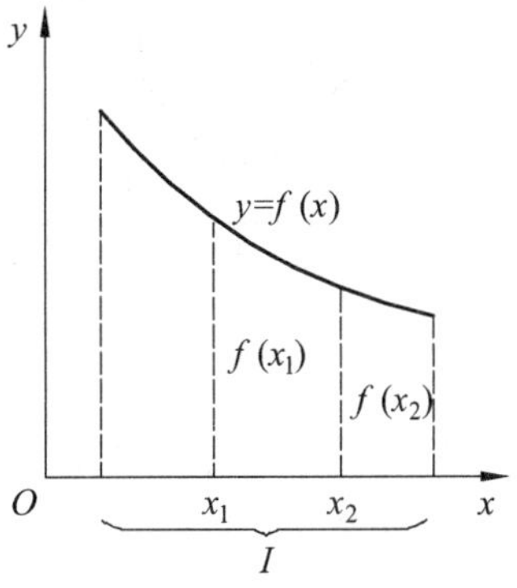

图 1.8

例如，函数 $y=x^3$ 在区间 $(-\infty,+\infty)$ 内是单调增加的（见图 1.9）. 函数 $y=x^2$ 在区间 $[0,+\infty)$ 上是单调增加的，在区间 $(-\infty,0]$ 上是单调减少的；在区间 $(-\infty,+\infty)$ 内 $y=x^2$ 不是单调的（见图 1.10）. 因此讨论函数的单调性也必须先指明自变量所在的区间.

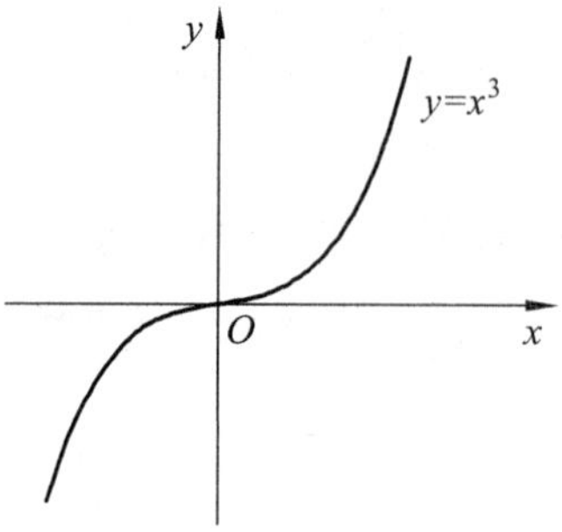

图 1.9

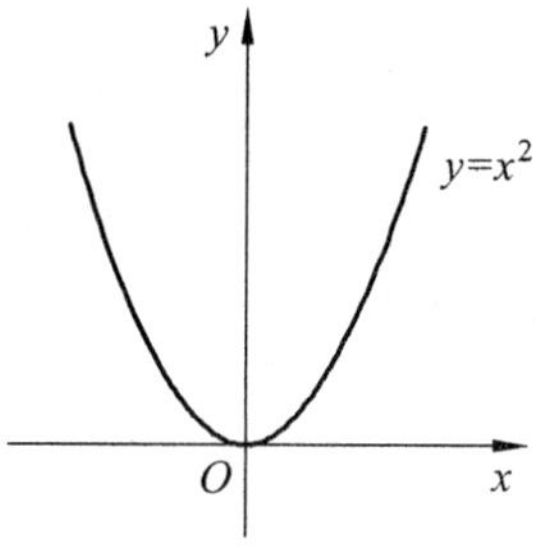

图 1.10

如何判断一个函数是否单调呢？这可以利用函数图形从直观上加以考察，也可以利用定义进行证明，但是这样做往往不容易. 那么能否给出判断函数是否单调的一种相当简便而又有效的方法呢？本书第三章就要解决这个问题.

3. 函数的奇偶性

设函数 $f(x)$ 的定义域 D 关于原点对称，如果对于任一 $x\in D$，

$$f(-x)=f(x)$$

恒成立，则称 $f(x)$ 为**偶函数**. 如果对于任一 $x\in D$，有

$$f(-x)=-f(x)$$

恒成立，则称 $f(x)$ 为**奇函数**.

偶函数的图形关于 y 轴对称（见图 1.11），奇函数的图形关于原点对称（见图 1.12）

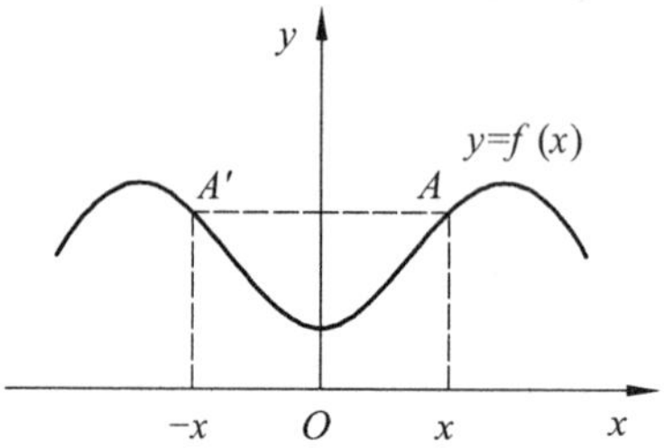

图 1.11

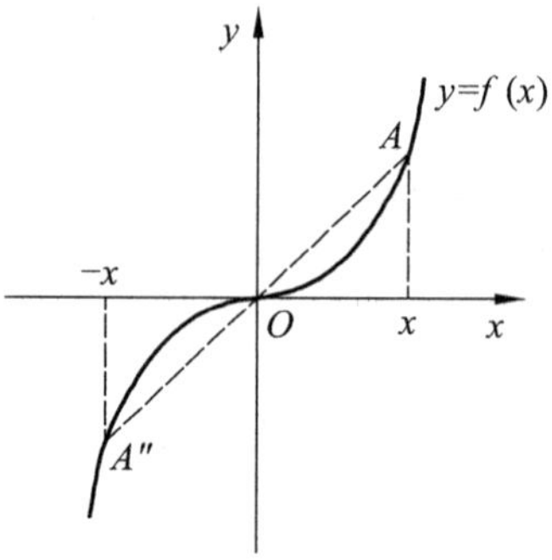

图 1.12

例 10 判断下列函数的奇偶性.

（1）$f(x)=2^x+2^{-x}$；（2）$f(x)=x+\cos x$；

（3）$f(x)=\dfrac{\sin x}{x^2}$；（4）$f(x)=\ln(x+\sqrt{1+x^2})$.

解 这四个函数的定义域均关于原点对称，又

（1）$f(-x)=2^{-x}+2^{-(-x)}=2^{-x}+2^x=f(x)$，所以该函数为偶函数；

（2）$f(-x)=-x+\cos(-x)=-x+\cos x$，所以该函数为非奇非偶函数；

（3） $f(-x)=\dfrac{\sin(-x)}{(-x)^2}=-\dfrac{\sin x}{x^2}=-f(x)$，所以该函数为奇函数；

（4） $f(-x)=\ln(-x+\sqrt{1+(-x)^2})=\ln\dfrac{1}{x+\sqrt{1+x^2}}=-\ln(x+\sqrt{1+x^2})=-f(x)$，所以该函数为奇函数.

4. 函数的周期性

设函数 $f(x)$ 的定义域为 D，如果存在一个正数 l，使得对于任一 $x\in D$ 有 $x+l\in D$，且

$$f(x+l)=f(x)$$

恒成立，则称 $f(x)$ 为**周期函数**，l 称为 $f(x)$ 的周期. 通常我们说周期函数的周期是指最小正周期.

例如，函数 $\sin x, \cos x$ 都是以 2π 为周期的周期函数；函数 $\tan x$ 是以 π 为周期的周期函数.

值得注意的是，并不是每个周期函数都有最小正周期. 例如，常数函数 $y=C$，其中 C 是一确定的常数，是周期函数，但是它不存在最小正周期. 又例如，狄利克雷函数是周期函数，因为任何正有理数都是它的周期，但是它也不存在最小正周期.

由函数周期性的概念可知，周期为 l 的周期函数 $y=f(x)$ 的图形沿 x 轴每隔一个周期 l 重复一次，因此对于周期函数只需讨论其在一个周期上的性态，描绘其图形时只需做出一个周期上的图形，然后沿 x 轴向两端延伸即可（见图 1.13）.

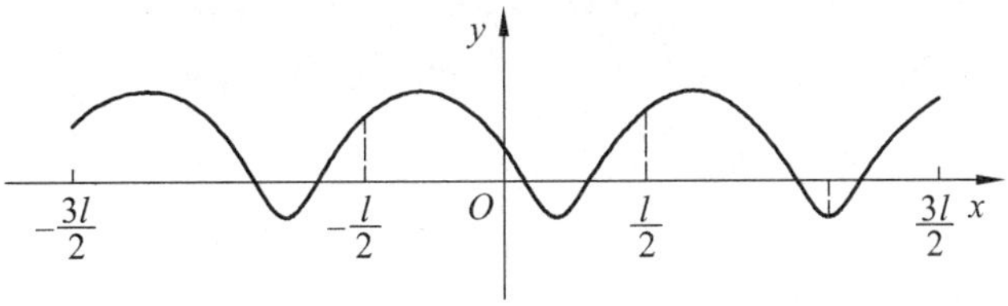

图 1.13

三、复合函数与反函数

1. 复合函数

在某一问题中，有时两个变量之间的联系不是直接的，而是通过另一个变量间接取得联系. 例如，函数 $y=\sqrt{u}$，$u=1+x^2$. 因为 y 是 u 的函数，u 是 x 的函数，所以 y 最终是 x 的函数 $y=\sqrt{1+x^2}$. 这种将一个函数代入另一个函数的运算称为函数的“复合”运算.

一般的，设函数 $y=f(u)$ 的定义域为 D_f，$u=g(x)$ 的定义域为 D_g，记

$$D_{f\circ g}=\{x\,|\,g(x)\in D_f\}$$

若 $D_{f\circ g}\neq\varnothing$，则对每一个 $x\in D_{f\circ g}$，可通过函数 $g(x)$ 对应 D_f 内唯一一个值 u，而 u 又通过 $f(u)$ 对应唯一一个值 y. 这样就确定了一个定义在 $D_{f\circ g}$ 上的函数，它以 x 为自变量，y 为因变量，记作

$$y=f[g(x)],\quad x\in D_{f\circ g}$$

称为函数 $u=g(x)$ 与函数 $y=f(u)$ 的**复合函数**．f 称为外函数，g 称为内函数，变量 u 称为中间变量．

函数 g 与函数 f 构成的复合函数，即按“先 g 后 f”的次序复合的函数，通常记为 $f\circ g$，即

$$(f\circ g)(x)=f[g(x)]$$

不是任意两个函数都可以复合，只有函数 g 的值域与函数 f 的定义域的交集非空，即 $D_f\cap g(D_g)\neq\varnothing$ 才能进行复合．例如，以 $y=f(u)=\arcsin u$，$u\in D_f=[-1,1]$ 为外函数，以 $u=g(x)=2+x^2$，$x\in D_g=\mathbf{R}$ 为内函数就不能进行复合．这是因为外函数的定义域 $D_f=[-1,1]$ 与内函数的值域 $g(D_g)=[2,+\infty)$ 不相交．

复合函数也可以由多个函数相继复合而成．例如，由三个函数 $y=\sin u, u=\sqrt{v}$ 与 $v=1-x^2$ 相继复合而得到的复合函数为 $y=\sin\sqrt{1-x^2}, x\in[-1,1]$．

例 11 求由下列所给函数构成的复合函数，并求复合函数的定义域．

（1）$y=\cos u, u=\ln x$；　　　　（2）$y=\sqrt{u}, u=\ln v, v=2x+3$．

解 （1）外函数 $y=\cos u$ 的定义域 D_f 为全体实数，内函数 $u=\ln x$ 的值域 $g(D_g)$ 也为全体实数，故两个函数可以复合．两个函数构成的复合函数为 $y=\cos\ln x$，定义域为内函数的定义域 $(0,+\infty)$．

（2）函数 $u=\ln v$ 的定义域与函数 $v=2x+3$ 的值域的交集非空，因此，可以生成复合函数 $u=\ln(2x+3)$．同样，函数 $y=\sqrt{u}$ 的定义域与复合函数 $u=\ln(2x+3)$ 的值域的交集也非空，因此三个函数生成的复合函数为 $y=\sqrt{\ln(2x+3)}$，其定义域为 $[-1,+\infty)$．

例 12 设 $f(x)=\dfrac{1}{1-x}$，求 $f(2), f\left(\dfrac{1}{x}\right)$ 及 $f[f(x)]$．

解 分别用 $2,\dfrac{1}{x},f(x)$ 替代 $f(x)=\dfrac{1}{1-x}$ 中的自变量 x，得

$$f(2)=\frac{1}{1-2}=-1$$

$$f\left(\frac{1}{x}\right)=\frac{1}{1-\dfrac{1}{x}}=\frac{x}{x-1}\quad(x\neq 0, x\neq 1)$$

$$f[f(x)]=\frac{1}{1-f(x)}=\frac{1}{1-\dfrac{1}{1-x}}=\frac{x-1}{x}\quad(x\neq 0, x\neq 1)$$

2. 反函数

在函数的定义中，一个变量是自变量，一个变量是因变量．但在实际问题中，谁是自变量，谁是因变量并不是绝对的．如例 1 的自由落体运动中，物体下落的位移 s 与时间 t 之间有关系

$$s=\frac{1}{2}gt^2, t\in[0,T]$$

已知时间即可由上式得到位移．但若已知位移求下落的时间，则应从上式中将 t 解出：

$$t=\sqrt{\frac{2s}{g}}$$

此时位移 s 为自变量，时间 t 为因变量.

这表明函数的自变量与因变量的地位在一定条件下可以相互转换. 这样得到的新函数称为原有函数的反函数.

设函数 $y=f(x)$，其值域为 R_f. 如果对于 R_f 中的每一个 y 值，都可以由 $y=f(x)$ 确定唯一的一个 x 值，则得到一个定义在 R_f 上的以 y 为自变量、x 为因变量的函数，称为函数 $y=f(x)$ 的**反函数**，记作 $x=f^{-1}(y)$. 其定义域为 $y=f(x)$ 的值域 R_f，值域是 $y=f(x)$ 的定义域.

按照反函数的定义，反函数 f^{-1} 的对应法则完全由函数 f 的对应法则确定（见图 1.14）.

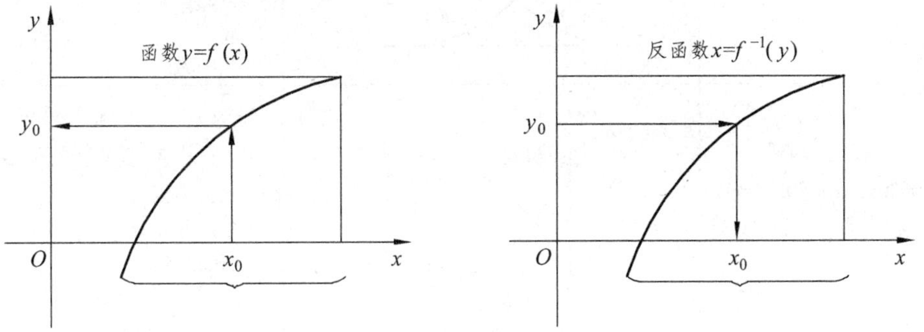

图 1.14

通常习惯用 x 表示自变量，y 表示因变量. 因此往往将反函数中 x 与 y 互换位置，函数 $y=f(x), x\in D$ 的反函数记成 $y=f^{-1}(x), x\in f(D)$. 在同一坐标系中，函数 $y=f(x)$ 与函数 $x=f^{-1}(y)$ 表示变量 x 与 y 之间的关系，它们的图形是同一条曲线（见图 1.14）; 函数 $y=f(x)$ 与其反函数 $y=f^{-1}(x)$ 的图形关于直线 $y=x$ 对称（见图 1.15）.

应该注意的是，并非每一个函数都存在反函数. 如果函数 $y=f(x)$ 在其定义域上是单调增加（或单调减少）的，则它的反函数存在，并且其反函数也是单调增加（单调减少）.

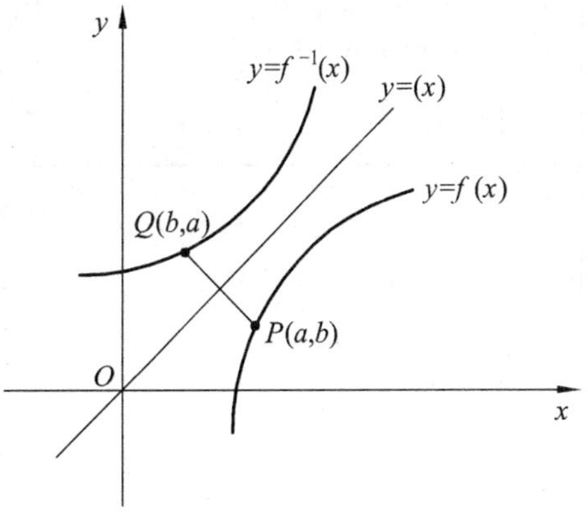

图 1.15

四、初等函数

1. 基本初等函数

幂函数：$y=x^{\mu}$ ($\mu\in\mathbf{R}$ 是常数).

指数函数：$y=a^x$ ($a>0$ 且 $a\neq 1$).

对数函数：$y=\log_a x$ ($a>0$ 且 $a\neq 1$. 特别地当 $a=\mathrm{e}$ 时，记为 $y=\ln x$).

三角函数：如 $y=\sin x$， $y=\cos x$， $y=\tan x$ 等.

反三角函数：如 $y=\arcsin x$， $y=\arccos x$， $y=\arctan x$ 等.

以上这五类函数统称为基本初等函数. 它们的性质、图形在中学阶段已经学过，现在表 1.1 中列出，以便查用.

表 1.1　基本初等函数的图形及性质

<table>
<tr><th>名称</th><th>函数表达式</th><th>函数的图形</th><th>函数的性质</th></tr>
<tr><td>指数函数</td><td>$y=a^x(a>0,\ a\neq 1)$
定义域：$(-\infty,+\infty)$</td><td>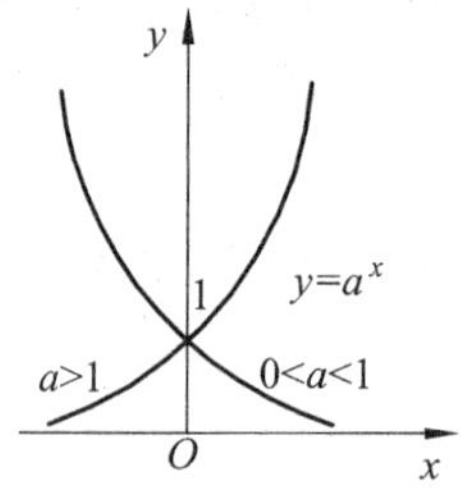
</td><td>（1）不论 x 为何值，y 总为正数；
（2）当 $x=0$ 时，$y=1$；
（3）当 $a>1$ 时单调增加，$0<a<1$ 时单调减少.</td></tr>
<tr><td>对数函数</td><td>$y=\log_a x(a>0,\ a\neq 1)$
定义域：$(0,+\infty)$</td><td>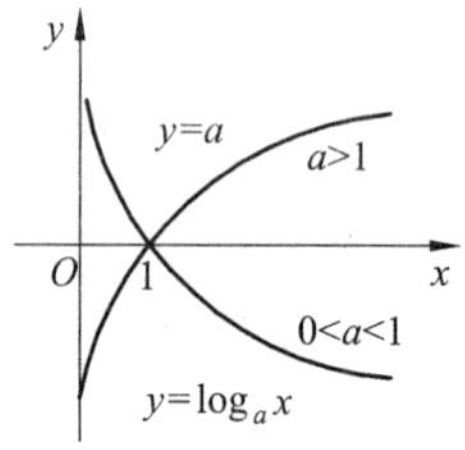
</td><td>（1）其图形总位于 y 轴右侧，并过（1,0）点；
（2）当 $a>1$ 时，单调增加，$0<a<1$ 时单调减少.</td></tr>
<tr><td>幂函数</td><td>$y=x^a$（a 为任意实数）
定义域：随 a 而不同，但在 $(0,+\infty)$ 中都有定义</td><td>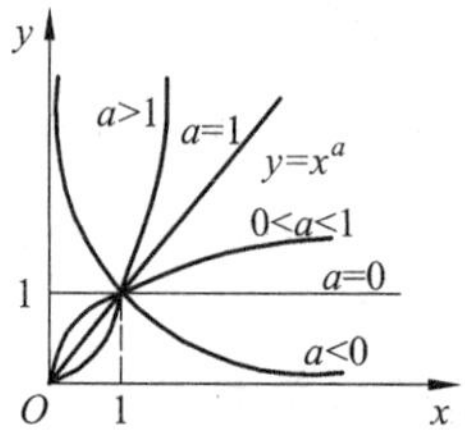
</td><td>（1）在第一象限内经过（1,1）点；
（2）当 $a>0$ 时单调增加，$a<0$ 时单调减少.</td></tr>
<tr><td rowspan="4">三角函数</td><td>$y=\sin x$
定义域：$(-\infty,+\infty)$</td><td rowspan="2">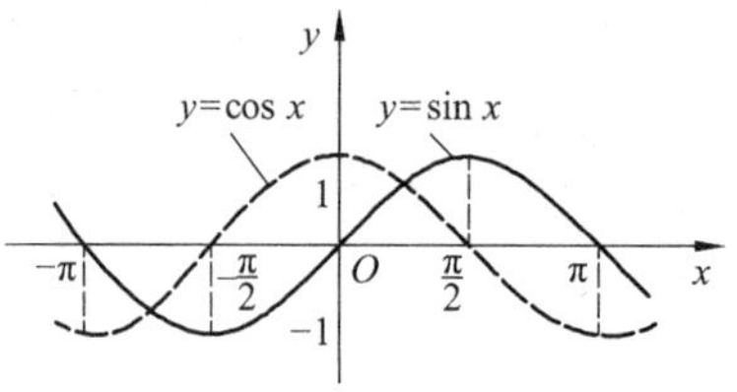
</td><td>（1）以 2π 为周期的奇函数；
（2）因 $|\sin x|\leqslant 1$，故为有界函数，图形位于两直线 $y=\pm 1$ 之间.</td></tr>
<tr><td>$y=\cos x$
定义域：$(-\infty,+\infty)$</td><td>（1）以 2π 为周期的偶函数；
（2）因 $|\cos x|\leqslant 1$，故为有界函数，图形位于两直线 $y=\pm 1$ 之间.</td></tr>
<tr><td>$y=\tan x$
定义域：$x\neq k\pi+\dfrac{\pi}{2}$
$k=0,\pm 1,\pm 2,\cdots$</td><td rowspan="2">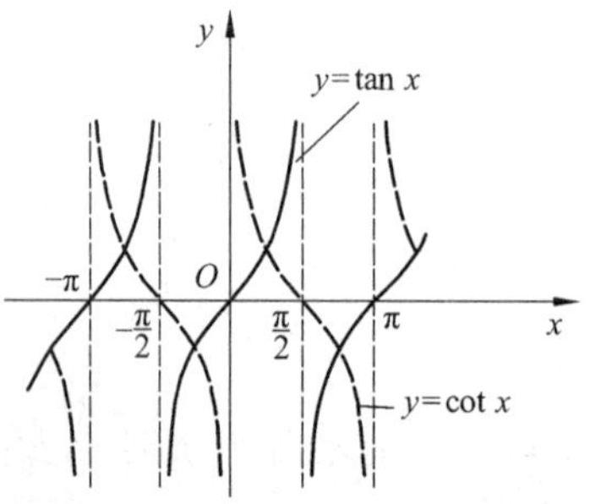
</td><td>（1）以 π 为周期的奇函数；
（2）在 $\left(-\dfrac{\pi}{2},\dfrac{\pi}{2}\right)$ 内为单调增加的无界函数.</td></tr>
<tr><td>$y=\cot x$
定义域：$x\neq k\pi$
$k=0,\pm 1,\pm 2,\cdots$</td><td>（1）以 π 为周期的奇函数；
（2）在 $(0,\pi)$ 内为单调减少的无界函数.</td></tr>
</table>

续表

名称	函数表达式	函数的图形	函数的性质
反三角函数	$y=\arcsin x$ 定义域：$[-1,1]$	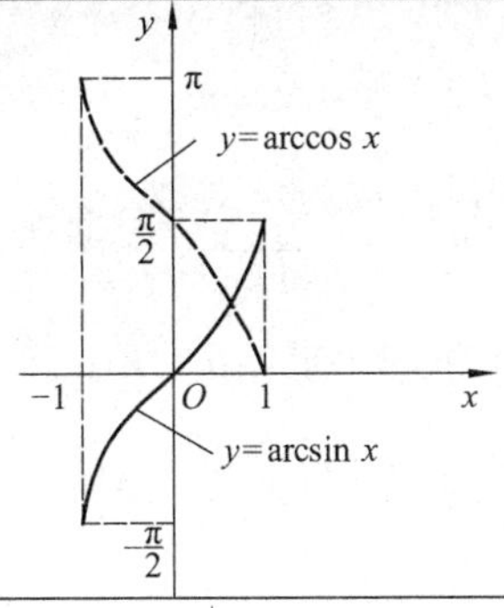	（1）主值区间为 $[-\pi/2,\pi/2]$； （2）单调增加的奇函数.
	$y=\arccos x$ 定义域：$[-1,1]$		（1）主值区间为 $[0,\pi]$； （2）单调减少.
	$y=\arctan x$ 定义域：$(-\infty,+\infty)$	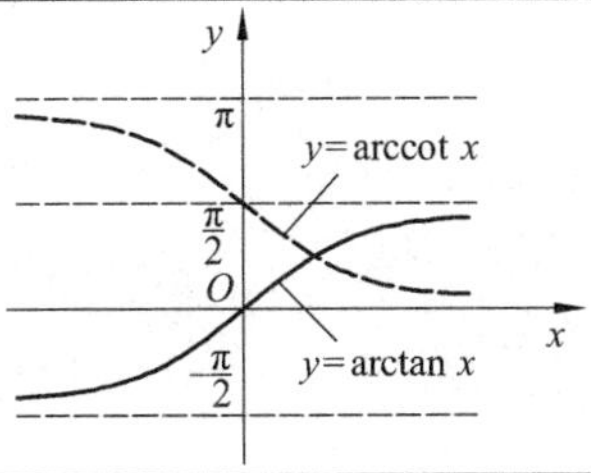	（1）主值区间为（$-\pi/2,\pi/2$）； （2）单调增加的奇函数.
	$y=\text{arccot}\, x$ 定义域：$(-\infty,+\infty)$		（1）主值区间为（$0,\pi$）； （2）单调减少.

2. 初等函数

由常数和基本初等函数经过有限次的四则运算和有限次的函数复合步骤所构成，并可用一个式子表示的函数，称为初等函数. 例如

$$x^2+2x,\quad \frac{x+1}{3x^2+4},\quad \sqrt{2x^3+5},\quad a^x\sin x$$

都是初等函数. 而符号函数、取整函数和狄利克雷函数都不是初等函数. 但是绝对值函数是初等函数，因为 $|x|=\sqrt{x^2}$ 为函数 $\sqrt{x}$ 与 x^2 的复合函数. 在本课程中所讨论的函数绝大多数都是初等函数.

例 13 分解下列复合函数.

（1）$y=\ln(\cos^2 x)$；　　（2）$y=\sqrt[3]{\sin x^2}$.

解 （1）函数 $y=\ln(\cos^2 x)$ 由基本初等函数 $y=\ln u, u=v^2, v=\cos x$ 复合而成.

（2）函数 $y=\sqrt[3]{\sin x^2}$ 由基本初等函数 $y=\sqrt[3]{u}, u=\sin v, v=x^2$ 复合而成.

必须强调的是，正确分析复合函数的构成决定了以后能否熟练掌握微积分的方法和技巧.

习题 1.1

1. 下列各组函数是否相同.

（1）$f(x)=\sin x$ 与 $g(x)=\sqrt{1-\cos^2 x}$；　　（2）$f(x)=1$ 与 $g(x)=\sec^2 x-\tan^2 x$；

（3）$f(x)=\dfrac{x^3-1}{x-1}$ 与 $g(x)=x^2+x+1$；　　（4）$f(x)=\ln\sqrt{x}$ 与 $g(x)=\dfrac{1}{2}\ln x$.

2. 求下列函数的定义域.

（1）$y=\sqrt{x^2-1}$；（2）$y=e^{\frac{1}{x}}$；（3）$y=\log_2(x-1)$；

（4）$y=\dfrac{x}{x-1}+\ln(4-x^2)$；（5）$y=\arcsin\dfrac{x-2}{3}$；（6）$y=\sqrt{3-x}+\arctan\dfrac{1}{x}$.

3. 若 $f(x)$ 的定义域为 $[2,3]$，求下列函数的定义域.

（1）$f(x+a)$；（2）$f(\sqrt{9-x^2})$.

4. 设 $f(x)=ax+2b$，若 $f(0)=1, f(2)=3$，求 a,b 的值.

5. 已知函数 $f(x)=\begin{cases} x^2+1, & x\geqslant 0 \\ 2^x, & x<0 \end{cases}$，求 $f(-1), f(0), f(1)$.

6. 已知 $f(x)=\begin{cases} x, & x\leqslant 0 \\ 0, & x>0 \end{cases}$，求 $f(-x)$.

7. 设 $f(x)=x^2, g(x)=2^x$，求$f[g(x)], g[f(x)]$.

8. 证明下列函数在指定区间上是单调函数.

（1）$y=x^3$，$(-\infty,+\infty)$；（2）$y=\dfrac{x}{1-x}$，$(-\infty,1)$.

9. 判断下列函数的奇偶性.

（1）$y=f(x)+f(-x)$；（2）$y=3x^3-5\sin x$；

（3）$y=e^x+e^{-x}$；（4）$y=\dfrac{a^x-1}{a^x+1}(a>0)$；

（5）$y=\sin x+\cos x-1$；（6）$y=x^2\cos x$.

10. 分解下列复合函数.

（1）$y=\sqrt{x+1}$；（2）$y=e^{\sin x}$；（3）$y=\sin(2x+1)$；

（4）$y=\ln^2(\cos x)$；（5）$y=\sqrt{1+\arctan^2 x}$；（6）$y=\dfrac{1}{\sqrt{1-\sin^3 x}}$.

11. 在下列各题中，求由所给函数构成的复合函数，并求这函数分别对应于给定自变量值 x_1 和 x_2 的函数值：

（1）$y=e^u, u=x^2+1, x_1=0, x_2=2$；

（2）$y=u^2+1, u=e^v-1, v=x+1, x_1=1, x_2=-1$.

12. 判断下列函数是否是周期函数，对于周期函数，指出其周期

（1）$y=\cos(x-1)$；（2）$y=\sin 2x$；（3）$y=2-\sin\pi x$；

（4）$y=x\sin x$；（5）$y=\cos^2 x$；（6）$y=\tan\dfrac{x}{2}$.

13. 设 $f(x)$ 为定义在 $(-l,l)$ 内的奇函数，若 $f(x)$ 在 $(0,l)$ 内单调增加，证明 $f(x)$ 在 $(-l,0)$ 内也单调增加.

14. 设下面所考虑的函数都是定义在 $(-l,l)$ 内的，证明：

（1）两个偶函数的和是偶函数，两个奇函数的和是奇函数；

（2）两个偶函数的乘积是偶函数，两个奇函数的乘积是偶函数，偶函数与奇函数的乘积是奇函数.

15. 当鸡蛋收购价为每千克 4.5 元时，某收购站每月能收购 5 000 kg 若收购价每千克提高 0.1 元，则收购量可增加 400 kg，求鸡蛋的线性供给函数.

16. 某城市的行政管理部门，在保证居民正常用水需要的前提下，为了节约用水，制订了如下收费方法：每户居民每月用水量不超过 4.5 t 时，水费按 0.64 元/吨计算. 超过部分每吨以 5 倍价格收费. 试建立每月用水费用与用水数量之间的函数关系，并计算用水量分别为 3.5 t、4.5 t、5.5 t 的用水费用.

第二节　数列的极限

第一节中已经学习了函数的概念，但如果只停留在函数概念本身去研究运动，即如果仅仅把运动看成物体在某一时刻在某一位置，那我们就还没有达到揭示变量变化内部规律的目的，还没有脱离初等数学的范围. 只有用动态的观点揭示出函数所确定的两个变量之间的变化关系时，才算真正进入高等数学的研究领域. 极限是进入高等数学的钥匙和工具. 这节课从最简单的也是最基本的数列极限开始研究，首先介绍数列极限的概念，然后学习数列极限的性质.

一、数列极限的定义

1. 数列的定义

如果按照某一对应法则，对每个 $n\in\mathbf{N}^+$，对应着一个确定的实数 x_n，这些实数 x_n 按照下标 n 从小到大的顺序排列得到了一个序列

$$x_1,\ x_2,\ \cdots,\ x_n,\ \cdots$$

就称为**数列**，简记为数列 $\{x_n\}$. 实际上，数列是特殊的函数

$$x_n=f(n),\ \ n\in\mathbf{N}^+$$

即是定义域为正整数、值域含于实数的函数.

数列中的每一个数叫作数列的项，第 n 项 x_n 称为数列的一般项或通项. 例如，

（1）$2,\frac{3}{2},\frac{4}{3},\frac{5}{4},\cdots,\frac{n+1}{n},\cdots$；　　（2）$2,4,8,\cdots,2^n,\cdots$；

（3）$-1,\frac{1}{2},-\frac{1}{3},\frac{1}{4},\cdots,\frac{(-1)^n}{n},\cdots$；　　（4）$-1,1,-1,1,\cdots,(-1)^n,\cdots$

都是数列的例子. 在几何上. 数列 $\{x_n\}$ 可以看作是在数轴跳动的点，它依次取数轴上的点 $x_1,x_2,\cdots,x_n,\cdots$（见图 1.16）.

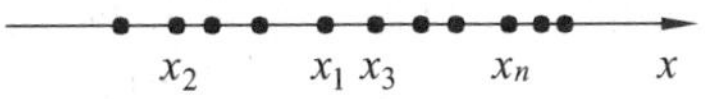

图 1.16

对于数列 $\{x_n\}$，如果存在正数 M，使得对于所有的 x_n 都满足不等式

$$|x_n| \leqslant M$$

则称数列$\{x_n\}$是**有界**的；如果这样的正数M不存在，就说数列$\{x_n\}$是**无界**的.

例如，数列$x_n=\dfrac{n}{n+1}(n=1,2,\cdots)$是有界的，因为可取$M=1$，而使

$$\left|\frac{n}{n+1}\right| \leqslant 1$$

对于一切正整数n都成立.

数列$x_n=2^n(n=1,2,\cdots)$是无界的，因为当n无限增加时，2^n可超过任何正数.

数轴上对应于有界数列的点x_n都落在闭区间$[-M,M]$上.

2. 数列的极限

数列极限来自实践，它有着丰富的实际背景. 我们的祖先很早就对数列进行了研究，早在战国时期就有了极限的思想. 古代哲学家庄周所著的《庄子·天下篇》引用过一句话："一尺之棰，日取其半，万世不竭." 其含义是：一根长为一尺的木棒，每天截下一半，这样的过程可以无限制地进行下去.

把每天截下部分的长度列出如下（单位为尺）：

第一天截下$\dfrac{1}{2}$，第二天截下$\dfrac{1}{2^2}$，……，第n天截下$\dfrac{1}{2^n}$，……，这样就得到一个数列：

$$\frac{1}{2},\frac{1}{2^2},\cdots,\frac{1}{2^n},\cdots \quad 或 \quad \left\{\frac{1}{2^n}\right\}$$

不难看出，数列$\left\{\dfrac{1}{2^n}\right\}$的通项$\dfrac{1}{2^n}$随着$n$的无限增大而无限地接近于0.

定义 2.1 对于数列$\{x_n\}$，若当n无限增大时x_n能无限地接近某一个常数a，则称此数列为**收敛数列**，常数a称为它的极限. 若数列$\{x_n\}$的极限不存在，则称数列$\{x_n\}$**发散**.

例 1 考察前面给出的数列，判断其是否是收敛数列.

解 随着项数n的无限增大，数列$\left\{\dfrac{n+1}{n}\right\}$各项的值越来越接近于1；数列$\{2^n\}$各项的值越变越大，而且无限增大；数列$\left\{\dfrac{(-1)^n}{n}\right\}$各项的值在数0的两边跳跃，越来越接近于0；数列$\{(-1)^n\}$各项的取值在$-1$与1之间来回摆动，它不会与任何常数无限接近. 因此，数列$\left\{\dfrac{n+1}{n}\right\}$和$\left\{\dfrac{(-1)^n}{n}\right\}$是收敛数列，而数列$\{2^n\}$和$\{(-1)^n\}$是发散数列.

为使极限概念易于理解和接受，上面只做了定性和直观的描述. 由于没有进行数量分析也没有给出严谨的定义，使我们无法在理论上进行推理和论证. 因此，必须用定量的数学语言来描述极限的概念.

在描述极限的语句中，关键的提法是"随着n的无限增大，x_n无限地接近某一常数a". 这就是说，当n充分大时，数列的通项x_n与常数a的距离无限变小，也就是说：无论你给出怎

样小的正数，它们之间的距离可以变得并保持比这个任意小的正数更小．实际上，这一改进揭示了极限的本质．

例如，对于数列 $2,\frac{3}{2},\frac{4}{3},\frac{5}{4},\cdots,\frac{n+1}{n},\cdots$，已经通过观察数列一般项的变化趋势得到它是收敛数列，极限为 1．其实数列的一般项与其极限的距离为

$$\left|\frac{n+1}{n}-1\right|=\frac{1}{n}$$

（1）若给出一个很小的正数 $\frac{1}{10}$，第 10 项以后的各项与 1 的距离都比 $\frac{1}{10}$ 还小；

（2） 若给出一个很小的正数 $\frac{1}{100}$，第 100 项以后的各项与 1 的距离都比 $\frac{1}{100}$ 还小；

（3） 若给出一个更小的正数 $\frac{1}{1\,000}$，第 1 000 项以后的各项与 1 的距离都比 $\frac{1}{1\,000}$ 还小；

（4）由于数列通项 $\frac{n+1}{n}$ 与 1 的距离无限变小，也就是说，如果给出一个任意小的正数 ε，要使

$$\left|\frac{n+1}{n}-1\right|=\frac{1}{n}<\varepsilon$$

只需 $n>\frac{1}{\varepsilon}$，即第 $\left[\frac{1}{\varepsilon}\right]$ 项之后的各项与 1 的距离都比 ε 还小．

这表明，对于无论怎样小的正数 ε，从第 $\left[\frac{1}{\varepsilon}\right]$ 项之后的各项与 1 的距离都能比 ε 小．这样，关于“数列 $\left\{\frac{n+1}{n}\right\}$ 以 1 为极限”的含义就一步一步的更加确切了：

当 n 无限增大时，$\frac{n+1}{n}$ 无限地接近于 1，即随着 n 的无限增大，差距 $\left|\frac{n+1}{n}-1\right|$ 无限的变小，也就是对于任意给定的正数 ε，总存在正整数 N，当 $n>N$ 时，$\left|\frac{n+1}{n}-1\right|<\varepsilon$．

定义 2.2 设 $\{x_n\}$ 为数列，如果存在常数 a，对于任意的正数 ε（无论它多么小），总存在正整数 N，使得当 $n>N$ 时，不等式

$$|x_n-a|<\varepsilon$$

都成立，则称数列 $\{x_n\}$ 收敛于 a，常数 a 称为数列 $\{x_n\}$ 的**极限**，并记作

$$\lim_{n\to\infty}x_n=a$$

或

$$x_n\to a(n\to\infty)$$

读作“当 n 趋于无穷大时，x_n 的极限等于 a 或 x_n 趋于 a”．

若数列 $\{x_n\}$ 没有极限，则称 $\{x_n\}$ 没有极限，$\lim\limits_{n\to\infty}x_n$ 不存在，或称 $\{x_n\}$ 为发散数列．这个定量化的定义常称为**数列极限的 $\varepsilon-N$ 定义**．

为了表达方便，引入记号“$\forall$”，它表示“对于任意给定的”或“对于每一个”；记号“$\exists$”

表示“存在”．于是，“对于任意给定的$\varepsilon>0$”写成“$\forall\varepsilon>0$”，“存在正整数N”写成“$\exists$正整数N”，数列极限$\lim\limits_{n\to\infty}x_n=a$的定义可表达为：

$\lim\limits_{n\to\infty}x_n=a\Leftrightarrow\forall\varepsilon>0$，$\exists$正整数$N$，当$n>N$时，有$|x_n-a|<\varepsilon$．

数列极限的概念产生以后，自然会提出如下的问题：（1）对于一个给定的数列$\{x_n\}$，是否有一个实数a为其极限？（2）当问题（1）的回答肯定时，能否求出其极限a？怎样求出其极限．

数列极限的定义并未直接提供如何去求数列极限的方法，这在以后要讲，现在只先举几个说明极限概念的例子．

例 2 证明：$\lim\limits_{n\to\infty}\dfrac{(-1)^n}{n+1}=0$．

证明 因为

$$\left|\frac{(-1)^n}{n+1}-0\right|=\frac{1}{n+1}$$

对$\forall\varepsilon>0$，只要

$$\frac{1}{n+1}<\varepsilon\quad 或\quad n>\frac{1}{\varepsilon}-1$$

所以，取$N=\left[\dfrac{1}{\varepsilon}-1\right]$，则当$n>N$时，便有

$$\left|\frac{(-1)^n}{n+1}-0\right|=\frac{1}{n+1}<\varepsilon$$

即

$$\lim_{n\to\infty}\frac{(-1)^n}{n+1}=0$$

例 3 证明：$\lim\limits_{n\to\infty}\dfrac{3n^2}{n^2-3}=3$．

证明 因为

$$\left|\frac{3n^2}{n^2-3}-3\right|=\frac{9}{n^2-3}\leqslant\frac{9}{n}\quad(n\geqslant 3)\tag{1}$$

对$\forall\varepsilon>0$，只要$\dfrac{9}{n}<\varepsilon$，便有

$$\left|\frac{3n^2}{n^2-3}-3\right|<\varepsilon$$

即当$n>\dfrac{9}{\varepsilon}$时，（1）式成立．又由于（1）式是在$n\geqslant 3$的条件下成立的，故取$N=\max\left\{3,\dfrac{9}{\varepsilon}\right\}$，则当$n>N$时，有不等式

$$\left|\frac{3n^2}{n^2-3}-3\right|<\varepsilon$$

成立，即

$$\lim_{n\to\infty}\frac{3n^2}{n^2-3}=3$$

注意：在利用数列极限定义论证某个数 a 是数列 $\{x_n\}$ 的极限时，重要的是对于任意给定的正数 ε，要能够指出定义中所说的这种正整数 N 确定存在，没有必要去求最小的 N. 如果知道 $|x_n-a|$ 小于某个量（这个量是 n 的一个函数），那么当这个量小于 ε 时，$|x_n-a|<\varepsilon$ 当然也成立. 若令这个量小于 ε 来定出 N 比较方便的话，就可以采用这种方法. 例 3 便是这样做的. 该方法称为用定义证明极限存在的放大法. 运用了适当放大的方法，求 N 就比较方便. 但应注意这种放大必须"适当"，以根据给定的 ε 能确定出 N.

例 4 证明 $\lim\limits_{n\to\infty}q^n=0$，这里 $|q|<1$.

证明 若 $q=0$，结果是显然的. 现设 $0<|q|<1$，对 $\forall\varepsilon>0(\varepsilon<1)$，有

$$|q^n-0|=|q|^n<\varepsilon$$

只要

$$n\ln|q|<\ln\varepsilon$$

即

$$n>\frac{\ln\varepsilon}{\ln|q|}$$

因此取 $N=\left[\dfrac{\lg\varepsilon}{\lg|q|}\right]$，当 $n>N$ 时，便有

$$|q^n-0|<\varepsilon$$

即

$$\lim_{n\to\infty}q^n=0$$

关于数列极限的 $\varepsilon-N$ 定义，通过以上几个例子，已经有了初步的认识. 对于这个定义的理解还应该注意下面几点：

（1）ε 是任意给定的正数这一点是很重要的，因为只有这样，不等式 $|x_n-a|<\varepsilon$ 才能刻画 x_n 无限接近于 a. 而 ε 一经选取，就可以根据它来寻找 N；又因为 ε 既然是任意小的正数，那么 $\dfrac{\varepsilon}{2},3\varepsilon$ 或 ε^2 等同样也是任意小的正数，因此定义中不等式 $|x_n-a|<\varepsilon$ 中的 ε 可用 $\dfrac{\varepsilon}{2},3\varepsilon$ 或 ε^2 等来代替. 同时，正由于 ε 是任意小正数，因此可限定 ε 小于一个确定的正数（如在例 4 给出的证明方法中限定 $\varepsilon<1$）.

（2）利用极限的定义验证极限时，关键是对任意给定的正数 ε，找到满足条件的 N. 一般来说，N 与 ε 有关，记为 $N=N(\varepsilon)$. 对于给定的正数 ε，N 不是唯一的. 因为，当 $n>N$ 时，均能使不等式

$$|x_n-a|<\varepsilon$$

成立，则当 $n>N_1(N_1>N)$ 时，上式也成立.

（3）从几何意义上看，当 $n>N$ 时，有

$$|x_n - a| < \varepsilon$$

即
$$-\varepsilon < x_n - a < \varepsilon$$

所以当 $n > N$ 时，所有的点 x_n 都落在开区间 $(a-\varepsilon, a+\varepsilon)$ 内，而只有有限个（至多只有 N 个）在这区间以外（见图 1.17）.

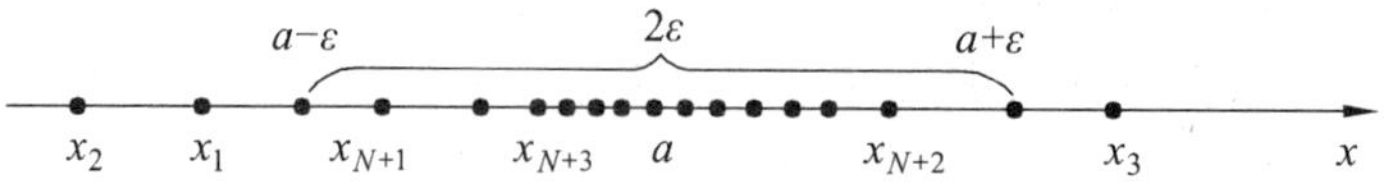

图 1.17

推论 数列 $\{x_n\}$ 收敛于 a 的充分必要条件是：对 a 的任一 ε 邻域 $U(a,\varepsilon)$，只有有限项 $x_n \notin U(a,\varepsilon)$.

二、收敛数列的性质

由数列极限的定义可以得到收敛数列的一些重要性质.

定理 2.1（唯一性） 若数列 $\{x_n\}$ 的极限存在，则其极限必唯一.

证明 用反证法. 假设同时有 $x_n \to a$ 及 $x_n \to b$，且 $a<b$，取 $\varepsilon = \dfrac{b-a}{2}$，因为 $\lim\limits_{n\to\infty} x_n = a$，故 ∃正整数 N_1，当 $n > N_1$ 时，不等式

$$|x_n - a| < \frac{b-a}{2} \tag{2}$$

成立. 同理，因为 $\lim\limits_{n\to\infty} x_n = b$，故 ∃正整数 N_2，当 $n > N_2$ 时，不等式

$$|x_n - a| < \frac{b-a}{2} \tag{3}$$

成立. 取 $N = \max\{N_1, N_2\}$（这式子表示 N 是 N_1 和 N_2 中较大的那个数），则当 $n > N$ 时，（2）式及（3）式同时成立. 但由（2）式有 $x_n < \dfrac{a+b}{2}$；由（3）式有 $x_n > \dfrac{a+b}{2}$，这是不可能的. 这矛盾证明了本定理的断言.

一个收敛数列一般含有无穷多个数，而它的极限只有一个数. 单凭这一个数就能估计出几乎全体项的大小. 收敛数列的以下性质，大都基于这一事实.

例 5 证明数列 $x_n = (-1)^{n-1}$ 是发散的.

证明 如果该数列收敛，根据定理 2.1 它有唯一的极限. 设极限为 a，即 $\lim\limits_{n\to\infty} x_n = a$，按数列极限的定义，对于 $\varepsilon = \dfrac{1}{2}$，∃正整数 N，当 $n > N$ 时，$|x_n - a| < \dfrac{1}{2}$ 成立；即当 $n > N$ 时，x_n 都在开区间 $\left(a-\dfrac{1}{2}, a+\dfrac{1}{2}\right)$ 内. 但这是不可能的，因为 $n \to \infty$ 时，x_n 无休止地一再重复取得 1 和 −1 这两个数，而这两个数不可能同时属于长度为 1 的开区间 $\left(a-\dfrac{1}{2}, a+\dfrac{1}{2}\right)$ 内. 因此这数列发散.

定理 2.2（有界性） 若数列 $\{x_n\}$ 收敛，则 $\{x_n\}$ 为有界数列，即存在正数 M，使得对一切正

整数有$|x_n| \leqslant M$.

证明 因为数列$\{x_n\}$收敛，设$\lim\limits_{n\to\infty} x_n = a$，由数列极限的定义，取$\varepsilon = 1$，存在正整数$N$，当$n>N$时，有不等式

$$|x_n - a| < 1$$

即

$$a-1 < x_n < a+1$$

成立．令$M = \max\{|a_1|, |a_2|, \cdots, |a_N|, |a-1|, |a+1|\}$，则对一切正整数$n$都有

$$|x_n| \leqslant M$$

注意：有界性只是数列收敛的必要条件，而非充分条件．例如，数列$\{(-1)^n\}$有界，但它并不收敛．但是如果数列$\{x_n\}$无界，那么它一定发散．例如，数列$\{2^n\}$的一般项随着项数n的增大无限增大，是一个无界数列，因此数列$\{2^n\}$发散．

定理 2.3（保号性） 若$\lim\limits_{n\to\infty} x_n = a$，且$a>0$（或$<0$），则存在正整数$N$，使得当$n>N$时有$x_n > 0$（或$x_n < 0$）．

证明 就$a>0$的情形证明．由数列极限的定义，对$\varepsilon = \dfrac{a}{2} > 0$，$\exists$正整数$N>0$，当$n>N$时，有

$$|x_n - a| < \frac{a}{2}$$

从而

$$x_n > a - \frac{a}{2} = \frac{a}{2} > 0$$

收敛数列的保号性是指当数列的项数n充分大时，数列项的符号与极限的符号保持不变．事实上，可以进一步证明，若$\lim\limits_{n\to\infty} x_n = a > 0$（或$<0$），则对任何$a' \in (0,a)$（或$a' \in (a,0)$），存在正整数$N$，使得当$n>N$时有

$$x_n > a' > 0 \text{（或 } x_n < a' < 0\text{）}$$

定理 2.4（保不等式性） 设$\{x_n\}$与$\{y_n\}$均为收敛数列，若存在正整数N，使得当$n>N$时，有$x_n \leqslant y_n$，则

$$\lim_{n\to\infty} x_n \leqslant \lim_{n\to\infty} y_n$$

证明 设$\lim\limits_{n\to\infty} x_n = a$，$\lim\limits_{n\to\infty} y_n = b$，由数列极限的定义，对$\forall \varepsilon > 0$，分别存在正整数$N_1$与$N_2$，使得当$n>N_1$时，有

$$a - \varepsilon < x_n \tag{4}$$

当$n>N_2$时有

$$y_n < b + \varepsilon \tag{5}$$

取$N_0 = \max\{N, N_1, N_2\}$，则当$n>N_0$时，由已知条件$x_n \leqslant y_n$及不等式（4）和（5）有

$$a - \varepsilon < x_n \leqslant y_n < b + \varepsilon$$

由此得到$a < b + 2\varepsilon$．由ε的任意性推得$a \leqslant b$，即

$$\lim_{n\to\infty} x_n \leqslant \lim_{n\to\infty} y_n$$

注意：如果把定理 2.4 中的条件 $x_n \leqslant y_n$ 换成严格不等式 $x_n < y_n$，那么结论仍然是 $\lim\limits_{n\to\infty} x_n \leqslant \lim\limits_{n\to\infty} y_n$．例如，对于数列 $x_n = \dfrac{1}{n}$，$y_n = \dfrac{2}{n}$，对任意的正整数 n，都有 $x_n < y_n$，但是 $\lim\limits_{n\to\infty} x_n = \lim\limits_{n\to\infty} y_n = 0$．

定理 2.5（绝对值数列的收敛性） 若数列 $\{x_n\}$ 收敛，且 $\lim\limits_{n\to\infty} x_n = a$，则 $\{|x_n|\}$ 也收敛，且 $\lim\limits_{n\to\infty} |x_n| = |a|$．

证明 因为 $\lim\limits_{n\to\infty} x_n = a$，则根据数列极限的定义，对 $\forall \varepsilon > 0$，总存在正整数 N，当 $n > N$ 时，不等式

$$|x_n - a| < \varepsilon$$

成立．又因为

$$\big||x_n| - |a|\big| \leqslant |x_n - a|$$

则对 $\forall \varepsilon > 0$，总存在正整数 N，当 $n > N$ 时，不等式

$$\big||x_n| - |a|\big| < \varepsilon$$

总成立，这就证明了

$$\lim_{n\to\infty} |x_n| = |a|$$

注意：定理 2.5 的逆命题不成立．例如，$\lim\limits_{n\to\infty} \left|(-1)^n\right| = 1$，但是 $\lim\limits_{n\to\infty} (-1)^n$ 不存在．不过，若 $\lim\limits_{n\to\infty} |x_n| = 0$，可以仿照前面证明的方法得到 $\lim\limits_{n\to\infty} x_n = 0$．

最后，介绍数列的子列概念和关于子列的一个重要定理．

设 $\{x_n\}$ 为一个数列，$\{n_k\}$ 为正整数集 $\mathbf{N}^+$ 的无限子集，且 $n_1 < n_2 < \cdots < n_k < \cdots$，则数列

$$a_{n_1},\ a_{n_2},\ \cdots,\ a_{n_k},\ \cdots$$

称为数列 $\{x_n\}$ 的一个**子数列**（或子列）简记为 $\{x_{n_k}\}$．

注意：$\{x_n\}$ 的子列 $\{x_{n_k}\}$ 的各项都选自 $\{x_n\}$，且保持这些项在 $\{x_n\}$ 中的先后次序．$\{x_{n_k}\}$ 中的第 k 项是 $\{x_n\}$ 中的第 n_k 项，故总有 $n_k \geqslant k$．实际上 $\{n_k\}$ 本身也是正整数数列 $\{n\}$ 的子列．

例如，子列 $\{x_{2k}\}$ 由数列 $\{x_n\}$ 的所有偶数项组成，而子列 $\{x_{2k-1}\}$ 则由 $\{x_n\}$ 的所有奇数项组成．又 $\{x_n\}$ 本身也是 $\{x_n\}$ 的一个子列，此时 $n_k = k(k = 1, 2, \cdots)$

定理 2.6（收敛数列与其子列间的关系） 数列 $\{x_n\}$ 收敛于 a，那么它的任一子列也收敛，且极限也是 a．

证明 设数列 $\{x_{n_k}\}$ 是数列 $\{x_n\}$ 的任一子数列，由于 $\lim\limits_{n\to\infty} x_n = a$，故 $\forall \varepsilon > 0$，$\exists$正整数 N，当 $n>N$ 时，

$$|x_n - a| < \varepsilon$$

成立．取 $K = N$，则当 $k>K$ 时，$n_k > n_K = n_N \geqslant N$，于是

$$|x_n - a| < \varepsilon$$

这就证明了 $\lim\limits_{k\to\infty} x_{n_k} = a$．

由定理 2.6 可见，若数列$\{x_n\}$收敛，那么它的所有子列都收敛，且所有这些子列与$\{x_n\}$收敛于同一个极限．于是，若数列$\{x_n\}$有一个子列发散，或有两个子列收敛而极限不相等，则数列$\{x_n\}$一定发散．例如，例 5 中的数列$\{(-1)^{n-1}\}$，由其奇数项组成的子列$\{(-1)^{2n}\}$收敛于 1，而由其偶数项组成的子列$\{(-1)^{2k-1}\}$收敛于-1，从而$\{(-1)^{n-1}\}$发散．再如，数列$\left\{\sin\frac{n\pi}{2}\right\}$，它的奇数项组成的子列$\left\{\sin\frac{2k-1}{2}\pi\right\}$，即为$\{(-1)^{k-1}\}$，由于这个子列发散，故数列$\left\{\sin\frac{n\pi}{2}\right\}$发散．由此可见，定理 2.6 是判断数列发散的有力工具．

在求数列极限时，常需要使用极限的四则运算法则．

定理 2.7（四则运算法则） 若$\{x_n\}$与$\{y_n\}$均为收敛数列，则$\{x_n+y_n\}$，$\{x_n-y_n\}$，$\{x_ny_n\}$也都是收敛数列，且有

$$\lim_{n\to\infty}(x_n\pm y_n)=\lim_{n\to\infty}x_n\pm\lim_{n\to\infty}y_n$$

$$\lim_{n\to\infty}(x_ny_n)=\lim_{n\to\infty}x_n\cdot\lim_{n\to\infty}y_n$$

若再假设$y_n\neq 0$及$\lim\limits_{n\to\infty}y_n\neq 0$，则$\left\{\frac{x_n}{y_n}\right\}$也是收敛数列，且有

$$\lim_{n\to\infty}\frac{x_n}{y_n}=\frac{\lim\limits_{n\to\infty}x_n}{\lim\limits_{n\to\infty}y_n}$$

证明 由于$x_n-y_n=x_n+(-1)y_n$及$\frac{x_n}{y_n}=x_n\cdot\frac{1}{y_n}$，因此只需证明和、积与倒数运算的结论成立即可．

设$\lim\limits_{n\to\infty}x_n=a,\lim\limits_{n\to\infty}y_n=b$，根据数列极限的定义，对$\forall\varepsilon>0$，分别存在正整数$N_1$与$N_2$，使得

$$|x_n-a|<\varepsilon,\quad \text{当 } n>N_1 \text{ 时}$$

$$|y_n-b|<\varepsilon,\quad \text{当 } n>N_2 \text{ 时}$$

取$N=\max\{N_1,N_2\}$，则当$n>N$时上述两不等式同时成立，从而有

$$|(x_n+y_n)-(a+b)|\leqslant|x_n-a|+|y_n-b|<2\varepsilon$$

即

$$\lim_{n\to\infty}(x_n+y_n)=\lim_{n\to\infty}x_n+\lim_{n\to\infty}y_n$$

由收敛数列的有界性定理，存在正数M，对一切$n\in\mathbf{N}^+$，有

$$|y_n|<M$$

因此当$n>N$时，有

$$\begin{aligned}|x_ny_n-ab|&=|(x_n-a)y_n+a(y_n-b)|\\&\leqslant|x_n-a||y_n|+|a||y_n-b|<(M+|a|)\varepsilon\end{aligned}$$

由ε的任意性，得

$$\lim_{n\to\infty}(x_ny_n)=\lim_{n\to\infty}x_n\cdot\lim_{n\to\infty}y_n$$

由于$\lim\limits_{n\to\infty} y_n = b \neq 0$,根据收敛数列的保号性，存在正整数$N_3$，当$n > N_3$时有

$$|y_n| > \frac{1}{2}|b|$$

取$N_4 = \max\{N_2, N_3\}$，则当$n > N_4$时有

$$\left|\frac{1}{y_n} - \frac{1}{b}\right| = \frac{|y_n - b|}{|y_n b|} < \frac{2|y_n - b|}{b^2} < \frac{2\varepsilon}{b^2}$$

由ε的任意性，可得

$$\lim_{n\to\infty} \frac{1}{y_n} = \frac{1}{b}$$

推论 当$\{x_n\}$为收敛数列，y_n为常数c时，有

$$\lim_{n\to\infty}(x_n + c) = \lim_{n\to\infty} x_n + c, \quad \lim_{n\to\infty} cx_n = c\lim_{n\to\infty} x_n$$

也就是说，求极限时常数因子可以提到极限符号的外面.

综合运用定理 2.7 可以得到：有限个收敛数列的和、差、积、商的极限等于它们极限的相应的和、差、积、商.

例 6 设$x_n = \frac{1}{n^2} + \frac{2}{n^2} + \cdots + \frac{n}{n^2}$，求$\lim\limits_{n\to\infty} x_n$.

解 按等差数列求和公式，有$1 + 2 + \cdots + n = \frac{1}{2}n(n+1)$，则

$$\lim_{n\to\infty} x_n = \lim_{n\to\infty} \frac{n+1}{2n} = \lim_{n\to\infty} \frac{1 + \frac{1}{n}}{2} = \frac{1}{2}$$

注意：这里的x_n不是有限个数列，而是n个数列$\frac{1}{n^2}, \frac{2}{n^2}, \cdots, \frac{n}{n^2}$的和. 如果盲目运用定理 2.7 的结论，而得到$\lim\limits_{n\to\infty} x_n = \lim\limits_{n\to\infty} \frac{1}{n^2} + \lim\limits_{n\to\infty} \frac{2}{n^2} + \cdots + \lim\limits_{n\to\infty} \frac{n}{n^2} = 0$则是错误的.

例 7 求$\lim\limits_{n\to\infty} \frac{a_m n^m + a_{m-1} n^{m-1} + \cdots + a_1 n + a_0}{b_k n^k + b_{k-1} n^{k-1} + \cdots + b_1 n + b_0}$，其中$m \leqslant k$，$a_m \neq 0, b_k \neq 0$.

解 以n^{-k}同乘分子分母后，所求极限式化为

$$\lim_{n\to\infty} \frac{a_m n^{m-k} + a_{m-1} n^{m-1-k} + \cdots + a_1 n^{1-k} + a_0 n^{-k}}{b_k + b_{k-1} n^{-1} + \cdots + b_1 n^{1-k} + b_0 n^{-k}}$$

由于当$\alpha > 0$时有$\lim\limits_{n\to\infty} n^{-\alpha} = 0$. 于是，当$m = k$时，上式除了分子分母的第一项分别为$a_m$与$b_m$外，其余各项的极限皆为 0，根据数列极限的四则运算法则，此时所求的极限等于$\frac{a_m}{b_m}$；

当 $m<k$ 时，由于 $n^{m-k}\to 0(n\to\infty)$，根据数列极限的四则运算法则，此时所求的极限等于 0. 综上所述，

$$\lim_{n\to\infty}\frac{a_m n^m+a_{m-1}n^{m-1}+\cdots+a_1 n+a_0}{b_k n^k+b_{k-1}n^{k-1}+\cdots+b_1 n+b_0}=\begin{cases}\dfrac{a_m}{b_m}, & k=m\\ 0, & k>m\end{cases}$$

例 8 求 $\lim\limits_{n\to\infty}\dfrac{a^n}{a^n+1}$，其中 $a\neq -1$.

解 若 $a=1$，则显然有 $\lim\limits_{n\to\infty}\dfrac{a^n}{a^n+1}=\dfrac{1}{2}$；

若 $|a|<1$，则由 $\lim\limits_{n\to\infty}a^n=0$ 及数列极限的四则运算法则，得

$$\lim_{n\to\infty}\frac{a^n}{a^n+1}=\frac{\lim\limits_{n\to\infty}a^n}{\lim\limits_{n\to\infty}(a^n+1)}=0$$

若 $|a|>1$，则根据数列极限的四则运算法则，得

$$\lim_{n\to\infty}\frac{a^n}{a^n+1}=\lim_{n\to\infty}\frac{1}{1+\dfrac{1}{a^n}}=\frac{1}{1+0}=1$$

例 9 求 $\lim\limits_{n\to\infty}\sqrt{n}(\sqrt{n+1}-\sqrt{n})$.

解 因为

$$\sqrt{n}(\sqrt{n+1}-\sqrt{n})=\frac{\sqrt{n}}{\sqrt{n+1}+\sqrt{n}}=\frac{1}{\sqrt{1+\dfrac{1}{n}}+1}$$

由 $1+\dfrac{1}{n}\to 1(n\to\infty)$ 及数列极限的四则运算法则得

$$\lim_{n\to\infty}\sqrt{n}(\sqrt{n+1}-\sqrt{n})=\lim_{n\to\infty}\frac{1}{\sqrt{1+\dfrac{1}{n}}+1}=\frac{1}{2}$$

习题 1.2

1. 写出下面数列的前 5 项，并观察数列的变化趋势，哪些是收敛数列？哪些是发散数列？写出收敛数列的极限.

（1）$x_n=1-\dfrac{1}{2^n}$；（2）$x_n=\dfrac{n^2-1}{n}$；（3）$x_n=n(-1)^n$；

（4）$x_n=\dfrac{n-1}{n+1}$；（5）$x_n=\sin\dfrac{\pi}{n}$；（6）$x_n=\dfrac{2^n-1}{3^n}$.

2. 根据数列极限的定义证明：

（1）$\lim\limits_{n\to\infty}\dfrac{1}{n^2}=0$；（2）$\lim\limits_{n\to\infty}\dfrac{2n+1}{3n+1}=\dfrac{2}{3}$；

（3）$\lim\limits_{n\to\infty}\dfrac{\sin n}{n}=0$；（4）$\lim\limits_{n\to\infty}(\sqrt{n+1}-\sqrt{n})=0$.

3. 设 $a_n=\dfrac{2n+1}{3n+1}(n=1,2,3,\cdots)$，

（1）求 $\left|a_1-\dfrac{2}{3}\right|,\left|a_{10}-\dfrac{2}{3}\right|,\left|a_{100}-\dfrac{2}{3}\right|$ 的值；

（2）求 N，使当 $n>N$ 时，不等式 $\left|a_n-\dfrac{2}{3}\right|<10^{-4}$ 成立；

（3）求 N，使当 $n>N$ 时，不等式 $\left|a_n-\dfrac{2}{3}\right|<\varepsilon$ 成立.

4. 设数列 $\{x_n\}$ 有界，且 $\lim\limits_{n\to\infty}y_n=0$，证明 $\lim\limits_{n\to\infty}x_ny_n=0$.

5. 对于数列 $\{x_n\}$，若 $x_{2k-1}\to a(k\to\infty)$，$x_{2k}\to a(k\to\infty)$，证明 $x_n\to a(n\to\infty)$.

第三节　函数的极限

因为数列 $\{x_n\}$ 可看作自变量为 n 的函数：$x_n=f(n),n\in\mathbf{N}^+$，所以，数列 $\{x_n\}$ 的极限为 a，就是：当自变量 n 取正整数而无限增大（即 $n\to\infty$）时，对应的函数值 $f(n)$ 无限接近于确定的数 a. 把数列极限概念中的函数为 $f(n)$ 而自变量的变化过程为 $n\to\infty$ 等特殊性撇开，就可以引出函数极限的一般概念. 本节首先介绍函数极限的概念，然后学习函数极限的性质.

一、函数极限的定义

由于数列中自变量是正整数，因此它只有一种变化趋势. 而函数中自变量的变化趋势要比数列复杂得多，自变量的变化过程主要有两种情形：

（1）自变量 x 的绝对值 $|x|$ 无限增大，即趋于无穷大（记做 $x\to\infty$）时，对应的函数值 $f(x)$ 的变化趋势.

（2）自变量 x 任意地接近于有限值 x_0，或者说趋于有限值（记做 $x\to x_0$）时，对应的函数值 $f(x)$ 的变化趋势.

1. 自变量趋于无穷大时函数的极限

设函数 $f(x)$ 在 $[a,+\infty)$ 上有定义，类似于数列的情形，首先研究当自变量 x 趋于正无穷大时，对应的函数值的变化情况. 例如，对于函数 $f(x)=\dfrac{1}{x}$，从它的图形上可以看出，当 x 无限增大时，函数值无限地接近于 0；而对于函数 $g(x)=\arctan x$，则当 $x\to+\infty$ 时函数值无限地接

近于 $\dfrac{\pi}{2}$，则称这两个函数当 x 趋于正无穷大时有极限. 一般地，当 x 趋于正无穷大时函数极限的精确定义如下：

定义 3.1 设 $f(x)$ 为定义在 $[a,+\infty)$ 上的函数，如果存在常数 A，对任意给定的 $\varepsilon>0$（不论多么小），总存在正数 $X(\geqslant a)$，使得当 $x>X$ 时有

$$|f(x)-A|<\varepsilon$$

则称**函数 $f(x)$ 当 x 趋于正无穷大时以 A 为极限**，记作

$$\lim_{x\to+\infty} f(x)=A \quad 或 \quad f(x)\to A(x\to+\infty)$$

在定义 3.1 中正数 X 的作用与数列极限定义中的 N 相类似，它表明自变量 x 充分大的程度；但这里所考虑的是比 X 大的所有实数 x，而不仅仅是正整数 n. 因此，当 $x\to+\infty$ 时函数 $f(x)$ 以 A 为极限意味着：当自变量 x 充分大时，对应的函数值 $f(x)$ 都含在以 A 为中心、ε 为半径的任意小的邻域内.

定义 3.1 的几何意义如图 1.18 所示. 对任给的 $\varepsilon>0$，在坐标平面上均有平行于 x 轴的两条

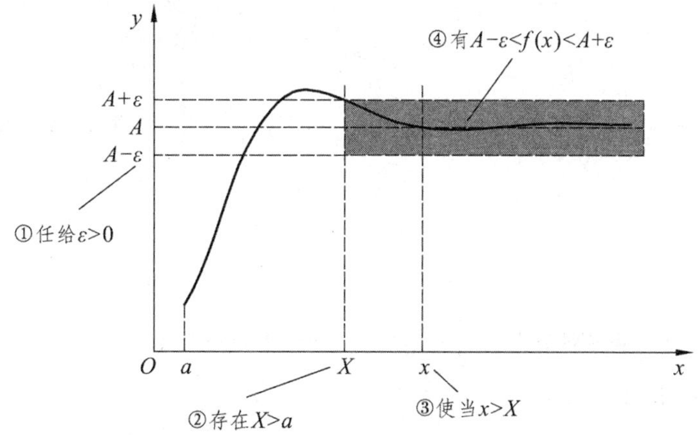

图 1.18

直线 $y=A+\varepsilon$ 与 $y=A-\varepsilon$，它们围成以直线 $y=A$ 为中心线、宽为 2ε 的带形区域；定义中的“当 $x>X$ 时有 $|f(x)-A|<\varepsilon$”表示：在直线 $x=X$ 的右方，曲线 $y=f(x)$ 全部落在这个带形区域之内. 如果正数 ε 给得小一点，即当带形区域更窄一点，那么直线 $x=X$ 一般要往右平移；但无论带形区域如何窄，总存在这样的正数 X，使得曲线 $y=f(x)$ 在直线 $x=X$ 的右边部分全部落在这更窄的带形区域内.

设 $f(x)$ 在 $(-\infty,b)$ 或在 $|x|$ 大于某一正数时有定义，当 $x\to-\infty$ 或 $x\to\infty$ 时，若函数值 $f(x)$ 能无限地接近某定数 A，则称 f 当 $x\to-\infty$ 或 $x\to\infty$ 时以 A 为极限，分别记作

$$\lim_{x\to-\infty} f(x)=A \quad 或 \quad f(x)\to A(x\to-\infty)$$

$$\lim_{x\to\infty} f(x)=A \quad 或 \quad f(x)\to A(x\to\infty)$$

这两种函数极限的精确定义与定义 3.1 相仿，只需把定义 3.1 中的“$x > X$”分别改为“$x < -X$”或“$|x| > X$”即可.

不难证明：若 $f(x)$ 在 $|x|$ 大于某一正数时有定义，则

$$\lim_{x\to\infty} f(x) = A \Leftrightarrow \lim_{x\to+\infty} f(x) = \lim_{x\to-\infty} f(x) = A$$

例 1 证明 $\lim\limits_{x\to\infty}\dfrac{1}{x} = 0$.

证明 $\forall \varepsilon > 0$，要证 $\exists X > 0$，当 $|x| > X$ 时，不等式

$$\left|\frac{1}{x} - 0\right| < \varepsilon$$

成立. 因这个不等式相当于

$$\frac{1}{|x|} < \varepsilon$$

或
$$|x| > \frac{1}{\varepsilon}$$

由此可知，如果取 $X = \dfrac{1}{\varepsilon}$，那么当 $|x| > X = \dfrac{1}{\varepsilon}$ 时，不等式 $\left|\dfrac{1}{x} - 0\right| < \varepsilon$ 成立，这就证明了

$$\lim_{x\to\infty}\frac{1}{x} = 0$$

例 2 证明（1）$\lim\limits_{x\to-\infty}\arctan x = -\dfrac{\pi}{2}$；（2）$\lim\limits_{x\to+\infty}\arctan x = \dfrac{\pi}{2}$.

证明 $\forall \varepsilon > 0$，由于

$$\left|\arctan x - \left(-\frac{\pi}{2}\right)\right| < \varepsilon$$

即
$$-\varepsilon - \frac{\pi}{2} < \arctan x < \varepsilon - \frac{\pi}{2}$$

而此不等式的左半部分对任何 x 都成立，故只需考察其右半部分 x 的变化范围. 为此，先限制 $\varepsilon < \dfrac{\pi}{2}$，则有

$$x < \tan\left(\varepsilon - \frac{\pi}{2}\right) = -\tan\left(\frac{\pi}{2} - \varepsilon\right)$$

则对 $\forall \varepsilon > 0 \left(\varepsilon < \dfrac{\pi}{2}\right)$，只需取 $X = \tan\left(\dfrac{\pi}{2} - \varepsilon\right) > 0$，则当 $x < -X$ 时便有

$$\left|\arctan x-\left(-\frac{\pi}{2}\right)\right|<\varepsilon$$

即
$$\lim_{x\to-\infty}\arctan x=-\frac{\pi}{2}$$

类似可以证明 $\lim\limits_{x\to+\infty}\arctan x=\frac{\pi}{2}$. 由前面的结论可知，当 $x\to\infty$ 时 $\arctan x$ 不存在极限.

2. 自变量趋于有限值时函数的极限

考察函数 $g(x)=x+1$ 与函数 $f(x)=\frac{x^2-1}{x-1}$ 当 $x\to1$ 时的变化趋势. $g(x)$ 在点 x=1 处有定义，$f(x)$ 在 x=1 处没有定义，但此处并非求函数值 $f(1)$，而是考察当 $x\to1$ 时 $f(x)$ 的变化情况. 由于当 x 不论从左边还是从右边无限趋近于 1 时，此时 x 取不到 1，因此

$$\frac{x^2-1}{x-1}=x+1\quad(x\neq1)$$

所以 $g(x)$与 $f(x)$都无限接近于 2.

那么如何用数学语言刻画自变量无限趋近于 x_0 时，对应的函数值无限接近于 A 呢？

在 $x\to x_0$ 的过程中，对应的函数值 $f(x)$ 无限接近于 A，就是 $|f(x)-A|$ 能任意小. 如数列极限概念所述，$|f(x)-A|$ 能任意小可以用 $|f(x)-A|<\varepsilon$ 来表达，其中 ε 是任意给定的正数. 因为函数值 $f(x)$ 无限接近于 A 是在 $x\to x_0$ 的过程中实现的，所以对于任意给定的正数 ε，只要求充分接近于 x_0 的 x 所对应的函数值 $f(x)$ 满足不等式 $|f(x)-A|<\varepsilon$；而充分接近于 x_0 的 x 可表达为 $0<|x-x_0|<\delta$，其中 δ 是某个正数. 从几何上看，适合不等式 $0<|x-x_0|<\delta$ 的 x 的全体，就是点 x_0 的去心 δ 邻域，而邻域半径 δ 则体现了 x 接近于 x_0 的程度.

通过以上分析，我们给出 $x\to x_0$ 时函数的极限的定义.

定义 3.2（函数极限的 ε-δ 定义） 设函数 $f(x)$ 在点 x_0 的某个去心邻域内有定义，如果存在常数 A，对 $\forall\varepsilon>0$，存在正数 δ，使得当 x 满足不等式 $0<|x-x_0|<\delta$ 时，对应的函数值都满足

$$|f(x)-A|<\varepsilon$$

则称**函数 $f(x)$ 当 x 趋于 x_0 时以 A 为极限**，记作

$$\lim_{x\to x_0}f(x)=A\quad 或\quad f(x)\to A(x\to x_0)$$

我们指出，定义中 $0<|x-x_0|$ 表示 $x\neq x_0$，所以 $x\to x_0$ 时 $f(x)$ 有没有极限，与 $f(x)$ 在点 x_0 是否有定义并无关系.

例 3 证明 $\lim\limits_{x\to x_0}c=c$，此处 c 是一个常数.

证明 这里

$$|f(x)-A|=|c-c|=0$$

因此 $\forall\varepsilon>0$，可任取 $\delta>0$，当 $0<|x-x_0|<\delta$ 时，能使不等式

$$|f(x)-A|=|c-c|=0<\varepsilon$$

成立. 所以

$$\lim_{x\to x_0} c=c$$

例 4 证明 $\lim\limits_{x\to 1}\dfrac{x^2-1}{2x^2-x-1}=\dfrac{2}{3}$.

证明 这里, 函数在点 $x=1$ 是没有定义的, 但是函数当 $x\to 1$ 时的极限存在与否与它并无关系.

$$\left|\frac{x^2-1}{2x^2-x-1}-\frac{2}{3}\right|=\left|\frac{x+1}{2x+1}-\frac{2}{3}\right|=\frac{|x-1|}{3|2x+1|}$$

若限制自变量 x 在 $0<|x-1|<1$（此时 $x>0$）内, 则 $|2x+1|>1$, 于是, 对 $\forall\varepsilon>0$ 只要取 $\delta=\min\{3\varepsilon,1\}$, 则当 $0<|x-1|<\delta$ 时, 便有

$$\left|\frac{x^2-1}{2x^2-x-1}-\frac{2}{3}\right|<\frac{|x-1|}{3}<\varepsilon$$

即

$$\lim_{x\to 1}\frac{x^2-1}{2x^2-x-1}=\frac{2}{3}$$

关于函数极限的 $\varepsilon-\delta$ 定义的几点说明:

（1）定义 3.2 中的正数 δ, 相当于数列极限 $\varepsilon-N$ 定义中的 N, 它依赖于 ε, 但也不是由 ε 唯一确定. 一般来说, ε 越小, δ 也相应越小, 而且把 δ 取得更小些也无妨.

（2）定义中只要求函数 $f(x)$ 在点 x_0 的某一去心邻域内有定义, 而一般不考虑 $f(x)$ 在点 x_0 处是否有定义, 或者取什么值. 这是因为, 对于函数极限, 我们所研究的是当 x 趋于 x_0 过程中函数值的变化趋势. 如在例 4 中, 函数 $f(x)$ 在点 $x=1$ 是没有定义的, 但当 $x\to 1$ 时, $f(x)$ 的函数值趋于一个定数.

（3）定义 3.2 可以简单的表述为:

$\lim\limits_{x\to x_0} f(x)=A\Leftrightarrow\forall\varepsilon>0, \exists\delta>0$, 当 $0<|x-x_0|<\delta$ 时, 有 $|f(x)-A|<\varepsilon$.

（4）函数 $f(x)$ 当 $x\to x_0$ 时的极限为 A 的几何解释如下: 任意给定一正数 ε, 作平行于 x 轴的两条直线 $y=A+\varepsilon$ 和 $y=A-\varepsilon$, 介于这两条直线之间是一横条区域. 根据定义, 对于给定的 ε, 存在着点 x_0 的一个 δ 邻域 $(x_0-\delta, x_0+\delta)$, 当 $y=f(x)$ 的图形上的点的横坐标 x 在邻域 $(x_0-\delta, x_0+\delta)$ 内, 但 $x\neq x_0$ 时, 这些点的纵坐标 $f(x)$ 满足不等式

$$|f(x)-A|<\varepsilon$$

或

$$A-\varepsilon<f(x)<A+\varepsilon$$

亦即这些点落在上面所作的横条区域内（见图 1.19）.

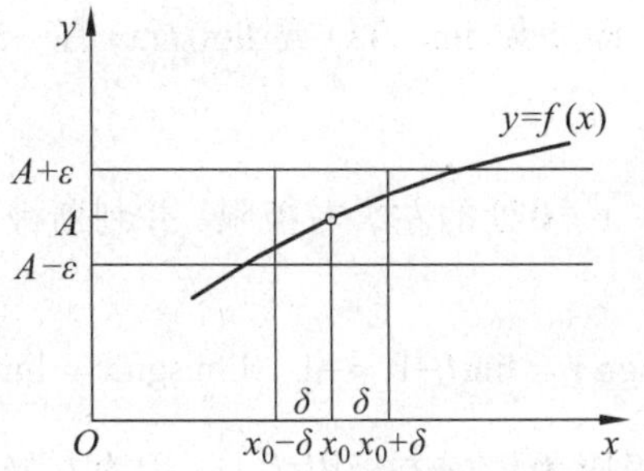

图 1.19

有些函数在其定义域上某些点左侧与右侧的解析式不同(如分段函数定义域上的某些点),或函数在某些点仅在其一侧有定义(如在定义区间端点处),这时函数在那些点上的极限只能单侧地给出定义.

例如,函数

$$f(x)=\begin{cases}x^2, & x\geqslant 0\\ x, & x<0\end{cases} \tag{1}$$

当 $x>0$ 而趋于 0 时,应按 $f(x)=x^2$ 来考察函数值的变化趋势;当 $x<0$ 而趋于 0 时,则应按 $f(x)=x$ 来考察. 又如,函数 $\sqrt{1-x^2}$ 在其定义区间 $[-1,1]$ 端点 $x=\pm1$ 处的极限,也只能在点 $x=-1$ 的右侧和点 $x=1$ 的左侧来分别讨论.

定义 3.3 设函数 $f(x)$ 在点 x_0 的右 δ'(左 δ')邻域内有定义,若存在常数 A,对 $\forall\varepsilon>0$,总存在正数 $\delta(<\delta')$,使得当 $x_0<x<x_0+\delta$(或 $x_0-\delta<x<x_0$)时有

$$|f(x)-A|<\varepsilon$$

则称常数 A 为函数 $f(x)$ 当 x 趋于 x_0 时的**右(左)极限**,

$$\lim_{x\to x_0^+}f(x)=A\quad\left(\lim_{x\to x_0^-}f(x)=A\right)$$

或

$$f(x)\to A(x\to x_0^+)\quad (f(x)\to A(x\to x_0^-))$$

右极限与左极限统称为**单侧极限**. $f(x)$ 在点 x_0 的右极限与左极限又分别记为

$$f(x_0^+)=\lim_{x\to x_0^+}f(x)\quad 与 \quad f(x_0^-)=\lim_{x\to x_0^-}f(x)$$

按定义 3.3 容易验证函数(1)在 $x=0$ 处的左、右极限分别为

$$f(0^-)=\lim_{x\to 0^-}f(x)=\lim_{x\to 0^-}x=0,\quad f(0^+)=\lim_{x\to 0^+}f(x)=\lim_{x\to 0^+}x^2=0$$

根据函数极限 $\lim\limits_{x\to x_0}f(x)$ 以及左极限和右极限的定义,可以证明下述定理:

定理 3.1 $\lim\limits_{x\to x_0}f(x)=A\Leftrightarrow\lim\limits_{x\to x_0^+}f(x)=\lim\limits_{x\to x_0^-}f(x)=A$.

应用定理 3.1,除了可验证函数极限的存在性(如对函数(1)有 $\lim\limits_{x\to 0}f(x)=0$),还常可

说明某些函数的极限不存在. 即如果 $\lim\limits_{x\to x_0^-} f(x)$ 或 $\lim\limits_{x\to x_0^+} f(x)$ 有一个不存在，或者它们都存在但不相等，那么 $\lim\limits_{x\to x_0} f(x)$ 不存在.

例 5 求符号函数 $\operatorname{sgn} x$ 在 $x=0$ 处的左、右极限，并判断极限是否存在

解 因为

$$\lim_{x\to 0^-}\operatorname{sgn} x=\lim_{x\to 0^-}(-1)=-1,\quad \lim_{x\to 0^+}\operatorname{sgn} x=\lim_{x\to 0^+}1=1$$

即符号函数在点 $x=0$ 处的左极限为 -1，右极限为 1. 因为左极限和右极限存在但不相等，所以 $\lim\limits_{x\to 0}\operatorname{sgn} x$ 不存在.

例 6 讨论函数 $\sqrt{1-x^2}$ 在定义区间端点 ± 1 处的单侧极限.

解 由于 $|x|\leqslant 1$，故有 $1-x^2=(1+x)(1-x)\leqslant 2(1-x)$. 对 $\forall \varepsilon>0$，当 $2(1-x)<\varepsilon^2$ 时，就有

$$\left|\sqrt{1-x^2}-0\right|<\varepsilon$$

于是取 $\delta=\dfrac{\varepsilon^2}{2}$，则当 $0<1-x<\delta$，即 $1-\delta<x<1$ 时，

$$\left|\sqrt{1-x^2}-0\right|<\varepsilon$$

成立. 所以

$$\lim_{x\to 1^-}\sqrt{1-x^2}=0$$

类似可得

$$\lim_{x\to(-1)^+}\sqrt{1-x^2}=0$$

二、函数极限的性质

前面我们引入了下述六种类型的函数极限：

（1）$\lim\limits_{x\to+\infty} f(x)$；（2）$\lim\limits_{x\to-\infty} f(x)$；（3）$\lim\limits_{x\to\infty} f(x)$；

（4）$\lim\limits_{x\to x_0} f(x)$；（5）$\lim\limits_{x\to x_0^+} f(x)$；（6）$\lim\limits_{x\to x_0^-} f(x)$.

它们具有与数列极限相类似的一些性质，下面以第（4）种类型的极限为代表来叙述这些性质. 至于其他类型极限的性质，只要相应地做些修改即可. 证明也与数列极限证明的方法类似，故略去.

定理 3.2（唯一性） 若极限 $\lim\limits_{x\to x_0} f(x)$ 存在，则此极限是唯一的.

定理 3.3（局部有界性） 若 $\lim\limits_{x\to x_0} f(x)$ 存在，则 $f(x)$ 在点 x_0 的某去心邻域 $\mathring{U}(x_0)$ 内有界.

定理 3.4（局部保号性） 若 $\lim\limits_{x\to x_0} f(x)=A$，且 $A>0$（或 <0），则对任何正数 $r<A$（或 $r<-A$），存在 $\mathring{U}(x_0)$，使得对一切 $x\in\mathring{U}(x_0)$ 有

$$f(x) > r > 0 \quad (\text{或 } f(x) < -r < 0)$$

注：在以后应用局部保号性时，常取 $r = \dfrac{A}{2}$.

定理 3.5（保不等式性） 设 $\lim\limits_{x \to x_0} f(x)$ 与 $\lim\limits_{x \to x_0} g(x)$ 都存在，且在某邻域 $\mathring{U}(x_0, \delta')$ 内有 $f(x) \leqslant g(x)$，则

$$\lim_{x \to x_0} f(x) \leqslant \lim_{x \to x_0} g(x)$$

定理 3.6（四则运算法则） 若极限 $\lim\limits_{x \to x_0} f(x)$ 与 $\lim\limits_{x \to x_0} g(x)$ 都存在，则函数 $f(x) \pm g(x), f(x) \cdot g(x)$ 当 $x \to x_0$ 时极限也存在，且

（1） $\lim\limits_{x \to x_0} [f(x) \pm g(x)] = \lim\limits_{x \to x_0} f(x) \pm \lim\limits_{x \to x_0} g(x)$；

（2） $\lim\limits_{x \to x_0} [f(x) g(x)] = \lim\limits_{x \to x_0} f(x) \cdot \lim\limits_{x \to x_0} g(x)$；

又若 $\lim\limits_{x \to x_0} g(x) \neq 0$，则 $\dfrac{f(x)}{g(x)}$ 当 $x \to x_0$ 时极限存在，且有

（3） $\lim\limits_{x \to x_0} \dfrac{f(x)}{g(x)} = \dfrac{\lim\limits_{x \to x_0} f(x)}{\lim\limits_{x \to x_0} g(x)}$.

利用函数极限的四则运算法则，可从一些简单的函数极限出发，计算较复杂的函数极限.

例 7 求 $\lim\limits_{x \to 1} (x^2 + 2x - 1)$.

解 $\lim\limits_{x \to 1} (x^2 + 2x - 1) = \lim\limits_{x \to 1} x^2 + \lim\limits_{x \to 1} 2x + \lim\limits_{x \to 1} (-1) = 1 + 2 - 1 = 2$.

例 7 表明若 $f(x)$ 为多项式，则

$$\lim_{x \to x_0} f(x) = f(x_0)$$

例 8 求 $\lim\limits_{x \to 2} \dfrac{x^2 + 5}{x - 3}$.

解 这里分母的极限不为零，故

$$\lim_{x \to 2} \frac{x^2 + 5}{x - 3} = \frac{\lim\limits_{x \to 2} (x^2 + 5)}{\lim\limits_{x \to 2} (x - 3)} = \frac{\lim\limits_{x \to 2} x^2 + \lim\limits_{x \to 2} 5}{\lim\limits_{x \to 2} x - \lim\limits_{x \to 2} 3} = \frac{4 + 5}{2 - 3} = -9$$

例 8 表明若 $\dfrac{f(x)}{g(x)}$ 为两个多项式的商，且 $g(x_0) \neq 0$ 时，可采用**代入法**求函数 $\dfrac{f(x)}{g(x)}$ 当 $x \to x_0$ 的极限，即

$$\lim_{x \to x_0} \frac{f(x)}{g(x)} = \frac{f(x_0)}{g(x_0)} \text{（代入法）}$$

例 9 求 $\lim\limits_{x \to -1} \left(\dfrac{1}{x + 1} - \dfrac{3}{x^3 + 1} \right)$.

解 当 $x+1\neq 0$ 时有

$$\frac{1}{x+1}-\frac{3}{x^3+1}=\frac{(x+1)(x-2)}{x^3+1}=\frac{x-2}{x^2-x+1}$$

故所求的极限等于

$$\lim_{x\to -1}\frac{x-2}{x^2-x+1}=\frac{-1-2}{(-1)^2-(-1)+1}=-1$$

例 9 表明若 $\dfrac{f(x)}{g(x)}$ 为两个多项式的商，当 $x\to x_0$ 时，$f(x_0)=g(x_0)=0$，则采用**约去零因子法**求函数 $\dfrac{f(x)}{g(x)}$ 当 $x\to x_0$ 的极限.

例 10 求 $\lim\limits_{x\to\infty}\dfrac{x^2+2x-1}{5x^2-1}$.

解 $\lim\limits_{x\to\infty}\dfrac{x^2+2x-1}{5x^2-1}=\lim\limits_{x\to\infty}\dfrac{1+\dfrac{2}{x}-\dfrac{1}{x^2}}{5-\dfrac{1}{x^2}}=\dfrac{1}{5}$.

例 10 表明若分式 $\dfrac{f(x)}{g(x)}$，当 $x\to\infty$ 时，分子分母的绝对值都无限增大，则采用分子分母同除以 x 的最高次幂的方法. 该方法称作**无穷小分出法**.

定理 3.7（复合函数的极限） 设函数 $y=f[g(x)]$ 是由函数 $u=g(x)$ 与函数 $y=f(u)$ 复合而成，$f[g(x)]$ 在点 x_0 的某去心邻域内有定义，若 $\lim\limits_{x\to x_0}g(x)=u_0$，$\lim\limits_{u\to u_0}f(u)=A$，且存在 $\delta_0>0$，当 $x\in \mathring{U}(x_0,\delta_0)$ 时，有 $g(x_0)\neq u_0$，则

$$\lim_{x\to x_0}f[g(x)]=\lim_{u\to u_0}f(u)=A$$

在定理 3.7 中，$\lim\limits_{u\to u_0}f(u)=A$ 换成 $\lim\limits_{u\to\infty}f(u)=A$，可得类似的定理. 定理 3.7 表示如果函数 $g(x)$ 和 $f(u)$ 满足该定理的条件，那么作代换 $u=g(x)$ 可把求 $\lim\limits_{x\to x_0}f[g(x)]$ 化为求 $\lim\limits_{u\to u_0}f(u)$，这里 $u_0=\lim\limits_{x\to x_0}g(x)$.

习题 1.3

1. 观察图 1.20 所示函数的图形，判断下列函数的极限是否存在，并说明理由.

（1）$\lim\limits_{x\to 0}f(x)$；　　（2）$\lim\limits_{x\to 1}g(x)$；$\lim\limits_{x\to 2}g(x)$；

（3）$\lim\limits_{x\to 0}h(x)$；　　（4）$\lim\limits_{x\to 2}\phi(x)$.

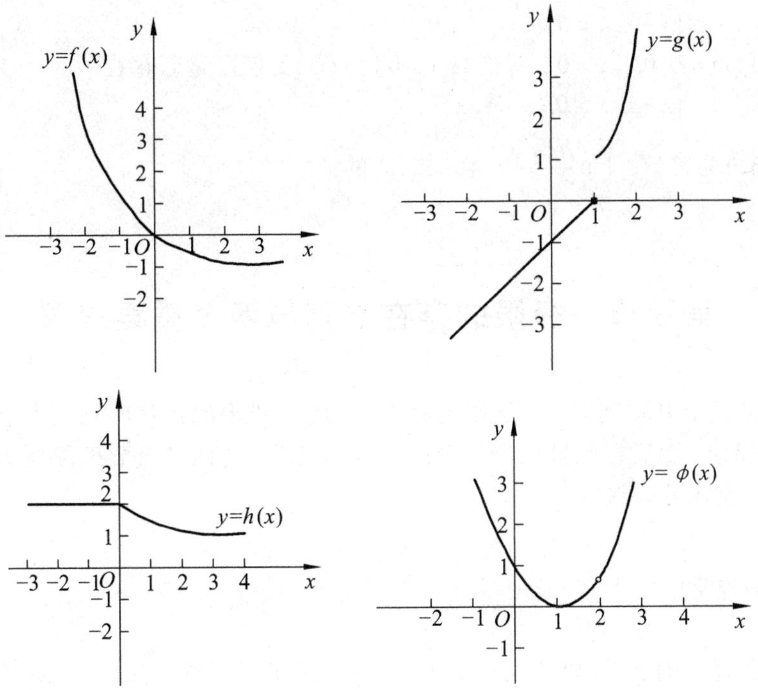

图 1.20

2. 用 $\varepsilon - X$ 或 $\varepsilon - \delta$ 语言，写出下列各函数极限的定义：

（1）$\lim\limits_{x\to-\infty} f(x)=1$；（2）$\lim\limits_{x\to\infty} f(x)=a$；

（3）$\lim\limits_{x\to a^+} f(x)=b$；（4）$\lim\limits_{x\to 3^-} f(x)=-8$.

3. 当 $x\to 1$ 时，$y=x^2+3\to 4$．问 δ 等于多少，使当 $|x-1|<\delta$ 时，$|y-4|<0.01$？

4. 当 $x\to\infty$ 时，$y=\dfrac{2x^2+1}{x^2-3}\to 2$．问 X 等于多少，使当 $|x|>X$ 时，$|y-2|<0.001$？

5. 根据函数极限的定义证明：

（1）$\lim\limits_{x\to 3}(2x-1)=5$；（2）$\lim\limits_{x\to\infty}\dfrac{3x+5}{x-1}=3$；

（3）$\lim\limits_{x\to -2}\dfrac{x^2-4}{x+2}=-4$；（4）$\lim\limits_{x\to+\infty}\dfrac{\sin x}{\sqrt{x}}=0$.

6. 证明若 $x\to+\infty$ 及 $x\to-\infty$ 时，函数 $f(x)$ 的极限都存在且都等于 A，则 $\lim\limits_{x\to\infty} f(x)=A$.

7. 求下列极限：

（1）$\lim\limits_{x\to 1}\dfrac{x^2-1}{x^2-5x+4}$；（2）$\lim\limits_{x\to 2}\dfrac{x^3+1}{x^2-5x+3}$；（3）$\lim\limits_{h\to 0}\dfrac{(x+h)^3-x^3}{h}$；

（4）$\lim\limits_{x\to 1}\dfrac{x^3-1}{x-1}$；（5）$\lim\limits_{x\to 1}\dfrac{3x^2+1}{x^2-4x+1}$；（6）$\lim\limits_{x\to 0}\dfrac{\sqrt{1+x^2}-1}{x^2}$；

（7）$\lim\limits_{x\to 4}\dfrac{\sqrt{x}-2}{x-4}$；（8）$\lim\limits_{x\to\infty}\dfrac{x^2+x}{5x^3-3x+1}$.

8. 设 $f(x)=\begin{cases} e^x, & x<0 \\ 2x+a, & x\geqslant 0 \end{cases}$，问当 a 为何值时，极限 $\lim\limits_{x\to 0} f(x)$ 存在？

9.设函数 $f(x)=\begin{cases} x-1, & x<0 \\ 0, & x=0 \\ x+1, & x>0 \end{cases}$，讨论当 $x\to 0$ 时，$f(x)$的极限是否存在.

10. 已知 a,b 为常数，$\lim\limits_{x\to 1}\dfrac{ax+b}{x-1}=4$，求 a,b 的值.

第四节　极限的存在准则与两个重要极限

极限理论的两个基本问题是：极限的存在性问题；极限的计算问题. 本节首先重点讨论极限的存在性问题，然后在此基础上给出两个重要极限，这两个重要极限在实际应用和计算中经常用到，一定要灵活掌握.

一、夹逼准则

准则 I（夹逼准则） 如果数列$\{x_n\}$，$\{y_n\}$及$\{z_n\}$满足下列条件：

（1）从某项起，即 $\exists n_0\in\mathbf{N}$，当 $n>n_0$ 时，有

$$y_n\leqslant x_n\leqslant z_n$$

（2）$\lim\limits_{n\to\infty}y_n=a,\ \lim\limits_{n\to\infty}z_n=a$，

那么数列$\{x_n\}$的极限存在，且 $\lim\limits_{n\to\infty}x_n=a$.

证明　因 $y_n\to a,\ z_n\to a$，所以根据数列极限的定义，$\forall\varepsilon>0$，$\exists$正整数 N_1，当 $n>N_1$ 时，有

$$|y_n-a|<\varepsilon$$

又$\exists$正整数 N_2，当 $n>N_2$ 时，有

$$|z_n-a|<\varepsilon$$

现在取 $N=\max\{n_0,N_1,N_2\}$，则当 $n>N$ 时，有

$$|y_n-a|<\varepsilon,\ |z_n-a|<\varepsilon$$

同时成立，即

$$a-\varepsilon<y_n<a+\varepsilon,\ a-\varepsilon<z_n<a+\varepsilon$$

同时成立. 又因当 $n>N$ 时，x_n 介于 y_n 和 z_n 之间，从而有

$$a-\varepsilon<y_n\leqslant x_n\leqslant z_n<a+\varepsilon$$

即

$$|x_n-a|<\varepsilon$$

成立. 这就证明了

$$\lim_{n\to\infty} x_n = a$$

夹逼准则不仅给出了判定数列收敛的一种方法，而且也提供了一个求极限的工具.

例 1 求 $\lim\limits_{n\to\infty}\left(\frac{n}{n^2+1}+\frac{n}{n^2+2}+\cdots+\frac{n}{n^2+n}\right)$

解 由于

$$\frac{n^2}{n^2+n} \leqslant \frac{n}{n^2+1}+\frac{n}{n^2+2}+\cdots+\frac{n}{n^2+n} \leqslant \frac{n^2}{n^2+1}$$

而 $\lim\limits_{n\to\infty}\frac{n^2}{n^2+1}=1$，$\lim\limits_{n\to\infty}\frac{n^2}{n^2+n}=1$，则由夹逼准则得

$$\lim_{n\to\infty}\left(\frac{n}{n^2+1}+\frac{n}{n^2+2}+\cdots+\frac{n}{n^2+n}\right)=1$$

上述数列极限存在准则可以推广到函数的极限；

准则 Ⅰ′ 如果

（1）当 $x\in \mathring{U}(x_0,r)$（或 $|x|>M$）时，

$$g(x)\leqslant f(x)\leqslant h(x)$$

（2）$\lim\limits_{\substack{x\to x_0\\(x\to\infty)}} g(x)=A,\ \lim\limits_{\substack{x\to x_0\\(x\to\infty)}} h(x)=A$，

那么 $\lim\limits_{\substack{x\to x_0\\(x\to\infty)}} f(x)$ 存在，且等于 A.

作为准则 Ⅰ′的应用，下面证明一个重要的极限

$$\lim_{x\to 0}\frac{\sin x}{x}=1$$

首先注意到，函数 $\frac{\sin x}{x}$ 对于一切 $x\neq 0$ 都有定义.

图 1.21 所示的四分之一的单位圆中，设圆心角 $\angle AOB = x\left(0<x<\frac{\pi}{2}\right)$，点 A 处的切线与 OB 的延长线相交于 D，又 $BC\perp OA$，则 $\sin x = CB$，$x=\overset{\frown}{AB}$，$\tan x = AD$．因为

△AOB 的面积<扇形 AOB 的面积<△AOD 的面积

所以

$$\frac{1}{2}\sin x<\frac{1}{2}x<\frac{1}{2}\tan x$$

即

$$\sin x < x < \tan x$$

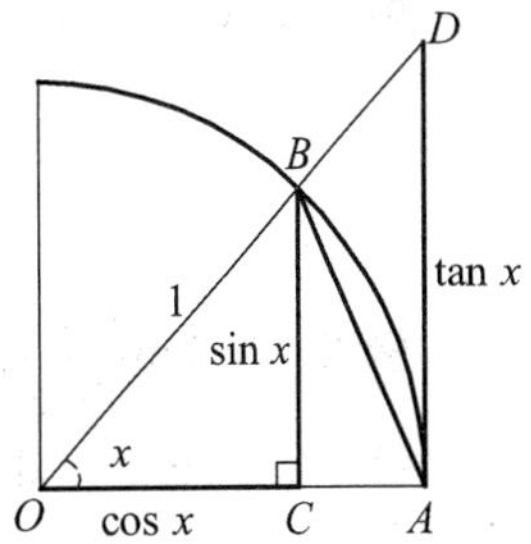

图 1.21

不等号各边都除以 sin$x$，有

$$1<\frac{x}{\sin x}<\frac{1}{\cos x}$$

或

$$\cos x<\frac{\sin x}{x}<1 \qquad (1)$$

因为当 x 用 $-x$ 代替时, $\cos x$ 与 $\dfrac{\sin x}{x}$ 都不变，所以上面的不等式对于开区间 $\left(-\dfrac{\pi}{2},0\right)$ 内的一切 x 也是成立的.

为了对（1）式应用准则 I′，下面来证 $\lim\limits_{x\to 0}\cos x=1$.

事实上，当 $0<|x|<\dfrac{\pi}{2}$ 时,

$$0<|\cos x-1|=1-\cos x=2\sin^2\frac{x}{2}<2\left(\frac{x}{2}\right)^2=\frac{x^2}{2}$$

即
$$0<1-\cos x<\frac{x^2}{2}$$

当 $x\to 0$ 时，$\dfrac{x^2}{2}\to 0$，由准则 I′有 $\lim\limits_{x\to 0}(1-\cos x)=0$，所以

$$\lim_{x\to 0}\cos x=1$$

由于 $\lim\limits_{x\to 0}\cos x=1$, $\lim\limits_{x\to 0}1=1$，由不等式（1）及准则 I′，即得

$$\lim_{x\to 0}\frac{\sin x}{x}=1$$

从图 1.22 中，也可以看出这个重要极限.

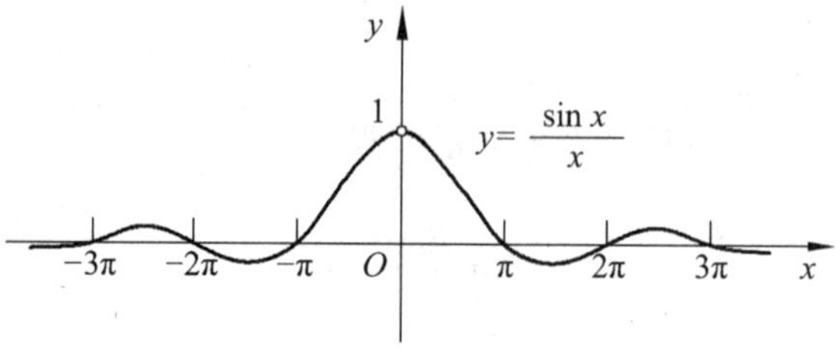

图 1.22

例 2 求 $\lim\limits_{x\to\infty}x\sin\dfrac{1}{x}$.

解 令 $x=\dfrac{1}{t}$，则当 $x\to\infty$ 时 $t\to 0$. 利用复合函数的极限运算法则，有

$$\lim_{x\to\infty}x\sin\frac{1}{x}=\lim_{t\to 0}\frac{\sin t}{t}=1$$

例 3 求 $\lim\limits_{x\to\pi}\dfrac{\sin x}{\pi-x}$.

解 令 $t=\pi-x$，则 $\sin x=\sin(\pi-t)$，且当 $x\to\pi$ 时 $t\to 0$. 利用复合函数的极限运算法则，有

$$\lim_{x\to\pi}\frac{\sin x}{\pi-x}=\lim_{t\to 0}\frac{\sin t}{t}=1$$

例 4　求 $\lim\limits_{x\to 0}\dfrac{\tan x}{x}$.

解　$\lim\limits_{x\to 0}\dfrac{\tan x}{x}=\lim\limits_{x\to 0}\dfrac{\sin x}{x}\dfrac{1}{\cos x}=\lim\limits_{x\to 0}\dfrac{\sin x}{x}\cdot\lim\limits_{x\to 0}\dfrac{1}{\cos x}=1$.

例 5　求 $\lim\limits_{x\to 0}\dfrac{1-\cos x}{x^2}$.

解　$\lim\limits_{x\to 0}\dfrac{1-\cos x}{x^2}=\lim\limits_{x\to 0}\dfrac{1}{2}\left[\dfrac{\sin\frac{x}{2}}{\frac{x}{2}}\right]^2=\dfrac{1}{2}$.

例 6　求 $\lim\limits_{x\to 0}\dfrac{\arcsin x}{x}$.

解　令 $t=\arcsin x$，则 $x=\sin t$，当 $x\to 0$ 时，有 $t\to 0$. 于是由复合函数的极限运算法则得

$$\lim_{x\to 0}\frac{\arcsin x}{x}=\lim_{t\to 0}\frac{t}{\sin t}=1$$

同理可以得到 $\lim\limits_{x\to 0}\dfrac{\arctan x}{x}=1$.

二、单调有界收敛准则

利用极限的运算法则求极限，前提条件是预先知道一些数列的极限；根据数列极限的定义求极限，需要先猜想数列的极限是多少，然后加以证明. 但是数列的极限往往是复杂的，要知道或猜想一个数列的极限是多少，常常是非常困难的. 而对于求数列极限的值，判断它的极限是否存在更加重要. 因为如果能够判断数列的极限是存在的，根据数列极限的定义，可以选取充分大的项 x_n 来近似代替它的极限值.

为了确定某个数列是否存在极限，根本的办法是直接从数列本身的特征来做出判断. 下面考察单调数列.

若数列 $\{x_n\}$ 的各项满足条件

$$x_n\leqslant x_{n+1}\ (x_n\geqslant x_{n+1})$$

则称数列 $\{x_n\}$ 为**单调增加**或**单调递增**（单调减少或单调递减）的数列. 单调增加和单调减少的数列统称为**单调数列**. 如数列 $\left\{\dfrac{1}{n}\right\}$ 为单调递减数列，数列 $\left\{\dfrac{n}{n+1}\right\}$ 和数列 $\{n^2\}$ 都为单调递增数列，而数列 $\left\{\dfrac{(-1)^n}{n}\right\}$ 不是单调数列.

在第二节中已经证明：收敛数列必有界，但是有界的数列不一定收敛. 那么增加什么样的条件就可以保证有界数列收敛呢?

准则Ⅱ（单调有界收敛准则）　单调有界数列必有极限.

对准则Ⅱ我们不作证明，而给出如下的几何解释.

从数轴上看，对应于单调数列的点 x_n 只可能向一个方向移动，所以只有两种可能情形：

或者点 x_n 沿数轴移向无穷远 ($x_n \to +\infty$ 或 $x_n \to -\infty$)；或者点 x_n 无限趋近于某一个定点 A (见图 1.23)，也就是数列 $\{x_n\}$ 趋于一个极限. 但现在假定数列是有界的，而有界数列的点 x_n 都落在数轴上某一个区间 $[-M, M]$ 内，那么上述第一种情形就不可能发生了. 这就表示这个数列趋于一个极限，并且这个极限的绝对值不超过 M.

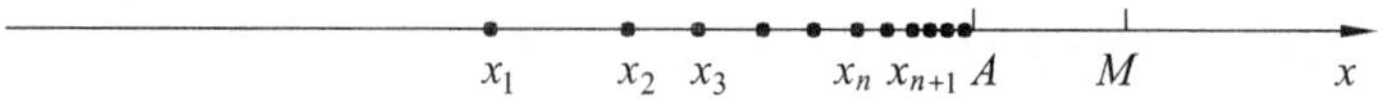

图 1.23

极限. 值得注意的是，准则Ⅱ是收敛数列的充分非必要条件，即收敛的数列不一定单调. 例如，数列 $\left\{\dfrac{(-1)^n}{n}\right\}$ 收敛于 0，但是它并不是单调数列.

例 7 设数列

$$x_n = 1+\frac{1}{2^2}+\frac{1}{3^2}+\cdots+\frac{1}{n^2}$$

证明数列 $\{x_n\}$ 收敛.

证明 显然数列 $\{x_n\}$ 是单调递增数列，并且

$$\begin{aligned}x_n &= 1+\frac{1}{2^2}+\frac{1}{3^2}+\cdots+\frac{1}{n^2} \leqslant 1+\frac{1}{1\cdot 2}+\frac{1}{2\cdot 3}+\cdots+\frac{1}{(n-1)n}\\ &= 1+\left(1-\frac{1}{2}\right)+\left(\frac{1}{2}-\frac{1}{3}\right)+\cdots+\left(\frac{1}{n-1}-\frac{1}{n}\right)\\ &= 2-\frac{1}{n} < 2, \quad (n=1,2,\cdots)\end{aligned}$$

即 $\{x_n\}$ 是单调增加有上界的数列，于是由单调有界收敛准则可知 $\{x_n\}$ 收敛.

作为准则Ⅱ的一个重要应用，讨论另一个重要极限：

$$\lim_{x\to\infty}\left(1+\frac{1}{x}\right)^x$$

首先考虑特殊情况，当 x 取正整数 n 的情形：$\lim\limits_{n\to\infty}\left(1+\dfrac{1}{n}\right)^n$. 写出此数列的前几项看一看它的规律：

$$2,\ \frac{9}{4},\ \frac{64}{17},\ \frac{625}{256},\ \cdots$$

从前几项可以看出该数列是单调增加的，且增加的速度很缓慢. 但其极限肯定大于 2.

下面就来严格证明此数列单调增加有上界. 由二项式定理，得

$$\begin{aligned}x_n &= \left(1+\frac{1}{n}\right)^n\\ &= 1+\frac{n}{1!}\cdot\frac{1}{n}+\frac{n(n-1)}{2!}\cdot\frac{1}{n^2}+\frac{n(n-1)(n-2)}{3!}\cdot\frac{1}{n^3}+\cdots+\frac{n(n-1)\cdots(n-n+1)}{n!}\cdot\frac{1}{n^n}\\ &= 1+1+\frac{1}{2!}\left(1-\frac{1}{n}\right)+\frac{1}{3!}\left(1-\frac{1}{n}\right)\left(1-\frac{2}{n}\right)+\cdots+\frac{1}{n!}\left(1-\frac{1}{n}\right)\left(1-\frac{2}{n}\right)\cdots\left(1-\frac{n-1}{n}\right)\end{aligned}$$

同理得

$$x_{n+1}=1+1+\frac{1}{2!}\left(1-\frac{1}{n+1}\right)+\frac{1}{3!}\left(1-\frac{1}{n+1}\right)\left(1-\frac{2}{n+1}\right)+\cdots+$$
$$\frac{1}{n!}\left(1-\frac{1}{n+1}\right)\left(1-\frac{2}{n+1}\right)\cdots\left(1-\frac{n-1}{n+1}\right)+$$
$$\frac{1}{(n+1)!}\left(1-\frac{1}{n+1}\right)\left(1-\frac{2}{n+1}\right)\cdots\left(1-\frac{n}{n+1}\right)$$

比较 x_n，x_{n+1} 的展开式，可以看到除前两项外，x_n 的每一项都小于 x_{n+1} 的对应项，并且 x_{n+1} 还多了最后一项，其值大于 0，因此

$$x_n < x_{n+1}$$

这就说明数列$\{x_n\}$是单调增加的.

这个数列同时还是有界的. 因为，如果 x_n 的展开式中各项括号内的数用较大的数 1 代替，得

$$x_n<1+1+\frac{1}{2!}+\frac{1}{3!}+\cdots+\frac{1}{n!}<1+1+\frac{1}{2}+\frac{1}{2^2}+\cdots+\frac{1}{2^{n-1}}$$
$$=1+\frac{1-\frac{1}{2^n}}{1-\frac{1}{2}}=3-\frac{1}{2^{n-1}}<3$$

这表明数列$\{x_n\}$是有界的. 根据极限的存在准则Ⅱ，数列$\{x_n\}$的极限存在.

人们为纪念首次发现此数的数学家欧拉（Euler, 1707—1783），给出

$$\lim_{n\to\infty}\left(1+\frac{1}{n}\right)^n=\mathrm{e}$$

可以利用准则 I 来证明 $\lim\limits_{x\to\infty}\left(1+\frac{1}{x}\right)^x=\mathrm{e}$，证明略. e 是继π之后，又一个用字母代表的非常有用的实数. 数列 $\left(1+\frac{1}{n}\right)^n$ 是 e 的近似值数列中的一个，以后还将见到 e 的另一个近似值数列：

$$1+\frac{1}{1!}+\frac{1}{2!}+\cdots+\frac{1}{n!}$$

e 的前十三位数字是 $\mathrm{e}\approx 2.718\,281\,828\,459$.

例 8 求极限 $\lim\limits_{x\to 0}(1+x)^{\frac{1}{x}}$.

解 令 $x=\frac{1}{t}$，则当 $x\to 0$ 时，$t\to\infty$. 利用复合函数的极限运算法则，得

$$\lim_{x\to 0}(1+x)^{\frac{1}{x}}=\lim_{t\to\infty}\left(1+\frac{1}{t}\right)^t=\mathrm{e}$$

例 9 求极限 $\lim\limits_{x\to\infty}\left(1-\dfrac{1}{x}\right)^{x}$.

解 $\lim\limits_{x\to\infty}\left(1-\dfrac{1}{x}\right)^{x}=\lim\limits_{x\to\infty}\left[\left(1+\dfrac{1}{-x}\right)^{-x}\right]^{-1}=\dfrac{1}{\mathrm{e}}$.

相应于单调有界数列必有极限的准则Ⅱ，函数极限也有类似的准则. 对于自变量的不同变化过程 ($x\to x_0^-$, $x\to x_0^+$, $x\to-\infty$, $x\to+\infty$)，准则有不同的形式. 现以 $x\to x_0^-$ 为例，将相应的准则叙述如下：

准则Ⅱ′ 设函数 $f(x)$ 在点 x_0 的某个左邻域内单调并且有界，则 $f(x)$ 在点 x_0 的左极限 $f(x_0^-)$ 必定存在.

习题 1.4

1. 计算下列极限：

（1）$\lim\limits_{x\to0}x\cot x$；（2）$\lim\limits_{x\to0}\dfrac{\sin 2x}{3x}$；（3）$\lim\limits_{x\to0}\dfrac{\tan 4x}{2x}$；

（4）$\lim\limits_{x\to0}\dfrac{\arctan x}{\sin 2x}$；（5）$\lim\limits_{x\to\infty}x\cdot\sin\dfrac{1}{x}$；（6）$\lim\limits_{x\to0}\dfrac{\cos x-\cos 3x}{5x}$；

（7）$\lim\limits_{n\to\infty}2^n\sin\dfrac{x}{2^n}$($x$ 为不等于零的常数)；（8）$\lim\limits_{x\to0}\dfrac{x\sin x}{1-\cos 2x}$；

（9）$\lim\limits_{x\to2}\dfrac{\sin(x^2-4)}{x-2}$；（10）$\lim\limits_{x\to0^+}\dfrac{\cos x-1}{x^{\frac{3}{2}}}$.

2. 计算下列极限：

（1）$\lim\limits_{x\to\infty}\left(1+\dfrac{1}{2x}\right)^{x}$；（2）$\lim\limits_{x\to0}(1-x)^{\frac{2}{x}}$；（3）$\lim\limits_{x\to0}\left(1+\dfrac{x}{2}\right)^{\frac{-1}{x}}$；

（4）$\lim\limits_{x\to\infty}\left(1-\dfrac{2}{x}\right)^{2x}$；（5）$\lim\limits_{x\to2}\left(\dfrac{x}{2}\right)^{\frac{1}{x-2}}$；（6）$\lim\limits_{x\to\infty}\left(\dfrac{x+5}{x-5}\right)^{x}$；

（7）$\lim\limits_{x\to\frac{\pi}{2}}(1+\cos x)^{3\sec x}$；（8）$\lim\limits_{x\to0}(1+2\sin x)^{\frac{1}{x}}$.

3. 利用极限存在准则证明：

（1）$\lim\limits_{n\to\infty}\left(\dfrac{1}{\sqrt{n^6+n}}+\dfrac{2^2}{\sqrt{n^6+2n}}+\cdots+\dfrac{n^2}{\sqrt{n^6+n^2}}\right)=\dfrac{1}{3}$；

（2）$\lim\limits_{n\to\infty}\sqrt{1+\dfrac{3}{n}}=1$；

（3）$\lim\limits_{x\to0^+}x\left[\dfrac{1}{x}\right]=1$；

（4）数列 $\sqrt{2},\sqrt{2+\sqrt{2}},\underbrace{\sqrt{2+\sqrt{2+\cdots+\sqrt{2}}}}_{n\text{个根号}},\cdots$ 的极限存在，并求其极限.

第五节　无穷小与无穷大

本节课将介绍在理论上和应用上都很重要的无穷小和无穷大，并考察两个无穷小的比，及对两个无穷小趋于零的快慢程度作出判断.

一、无穷小

1. 无穷小的定义

定义 5.1　设函数 $f(x)$ 在 x_0 的某去心邻域 $\mathring{U}(x_0)$ 内有定义，若 $\lim\limits_{x\to x_0} f(x)=0$，则称 $f(x)$ 为当 $x\to x_0$ 时的**无穷小**.

类似地可定义当 $x\to {x_0}^+, x\to {x_0}^-, x\to +\infty, x\to -\infty$ 以及 $x\to\infty$ 时的无穷小.

例如，（1）$x^2, \sin x$ 与 $1-\cos x$ 都是当 $x\to 0$ 时的无穷小；

（2）$\sqrt{1-x}$ 是当 $x\to 1^-$ 时的无穷小；

（3）$\dfrac{1}{n}$ 为 $n\to\infty$ 时的无穷小；

注意：（1）无穷小不是“很小的数”. 无穷小离不开自变量的变化，它是指在自变量的某一变化过程中，函数的绝对值可以小于任意给定的正数. 零是可以作为无穷小的唯一常数.

（2）无穷小与极限过程密切相关. 因为函数在某一个极限过程中是无穷小，但在另一极限过程中可能不是无穷小. 如 $\sqrt{1-x}$ 当 $x\to 1^-$ 时是无穷小，但是当 $x\to 0$ 时就不是无穷小.

2. 无穷小与函数极限的关系

定理 5.1　在自变量的同一变化过程 $x\to x_0$（或 $x\to\infty$）中，函数 $f(x)$ 具有极限 A 的充分必要条件是 $f(x)=A+\alpha$，其中 α 是无穷小.

证明　先证必要性. 设 $\lim\limits_{x\to x_0} f(x)=A$，则 $\forall\varepsilon>0$，$\exists\delta>0$，使当 $0<|x-x_0|<\delta$ 时，有

$$|f(x)-A|<\varepsilon$$

令 $\alpha=f(x)-A$，则 α 是当 $x\to x_0$ 时的无穷小，且

$$f(x)=A+\alpha$$

这就证明了 $f(x)$ 等于它的极限 A 与一个无穷小 α 之和.

再证充分性. 设 $f(x)=A+\alpha$，其中 A 是常数，α 是当 $x\to x_0$ 时的无穷小，于是

$$|f(x)-A|=|\alpha|$$

因 α 是当 $x\to x_0$ 时的无穷小，所以 $\forall\varepsilon>0$，$\exists\delta>0$，使当 $0<|x-x_0|<\delta$ 时，有

$$|\alpha|<\varepsilon$$

即
$$|f(x)-A|<\varepsilon$$

这就证明了 A 是 $f(x)$ 当 $x\to x_0$ 时的极限.

类似地可证明当 $x \to \infty$ 时的情形.

3. 无穷小的运算性质

由于无穷小是极限存在（为 0）的一种特殊情况，所以凡是函数极限或者数列极限满足的性质，对于无穷小来说都成立.

定理 5.2 在自变量的同一变化过程下，无穷小具有如下的一些运算性质：

（1）有限个无穷小的代数和仍然是无穷小；

（2）有限个无穷小的乘积仍是无穷小；

（3）有界函数与无穷小的乘积是无穷小.

前两个性质是极限性质的特殊情况. 我们只证明第三个结论.

证明 设函数 u 在 x_0 的某一去心邻域 $\mathring{U}(x_0,\delta_1)$ 内是有界的，即 $\exists M>0$ 使

$$|u| \leqslant M$$

对一切 $x \in \mathring{U}(x_0,\delta_1)$ 成立. 又设 α 是当 $x \to x_0$ 时的无穷小，即 $\forall \varepsilon > 0$，$\exists \delta_2 > 0$，当 $x \in \mathring{U}(x_0,\delta_2)$ 时，有

$$|\alpha| < \frac{\varepsilon}{M}$$

取 $\delta = \min\{\delta_1,\delta_2\}$，则当 $x \in \mathring{U}(x_0,\delta)$ 时，

$$|u| \leqslant M \quad \text{及} \quad |\alpha| < \frac{\varepsilon}{M}$$

同时成立. 从而

$$|u\alpha| = |u| \cdot |\alpha| < M \cdot \frac{\varepsilon}{M} = \varepsilon$$

这就证明了 $u\alpha$ 是当 $x \to x_0$ 时的无穷小.

例 1 求极限 $\lim\limits_{x \to 0} x^2 \sin\dfrac{1}{x}$.

解 当 $x \to 0$ 时，x^2 是无穷小，$\sin\dfrac{1}{x}$ 是有界函数，故由定理 5.2 性质（3）即得

$$\lim_{x \to 0} x^2 \sin\frac{1}{x} = 0$$

函数 $y = x^2 \sin\dfrac{1}{x}$ 的图形如图 1.24 所示.

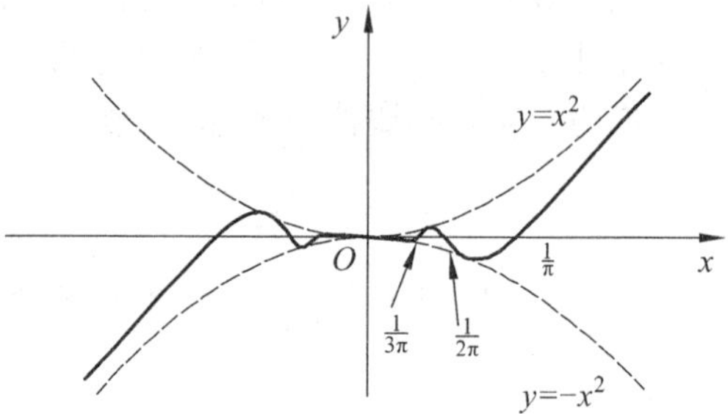

图 1.24

二 、无穷大

1. 无穷大的定义

定义 5.2 设函数 $f(x)$ 在 x_0 的某一去心邻域 $\mathring{U}(x_0)$ 内有定义，若对于任意给定的正数 M（不论它多么大），总存在 $\delta > 0$，使得当 $0 < |x - x_0| < \delta$ 时，有

$$|f(x)| > M$$

则称函数 $f(x)$ 为当 $x \to x_0$ 时的**无穷大**，记作 $\lim\limits_{x \to x_0} f(x) = \infty$.

类似地定义当 $x \to x_0^+, x \to x_0^-$, $x \to +\infty, x \to -\infty$ 以及 $x \to \infty$ 时的无穷大.

注：（1）无穷大是没有极限的变量，但无极限的变量不一定是无穷大．例如，$\lim\limits_{x \to \infty} \sin x$ 不存在，但 $x \to \infty$ 时，$\sin x$ 是有界函数而不是无穷大.

（2）无穷大是变量，不是很大的数，它在某一极限过程中绝对值可以无限增大，任何常数都不是无穷大.

（3）无穷大一定是无界函数，但是无界函数不一定是无穷大.

例 2 证明 $\lim\limits_{x \to 1} \dfrac{1}{x-1} = \infty$.

证明 设 $\forall M > 0$，要使

$$\left|\frac{1}{x-1}\right| > M$$

只要

$$|x-1| < \frac{1}{M}$$

所以，取 $\delta = \dfrac{1}{M}$，则只要 x 适合不等式 $0 < |x-1| < \delta = \dfrac{1}{M}$，就有

$$\left|\frac{1}{x-1}\right| > M$$

这就证明了 $\lim\limits_{x \to 1} \dfrac{1}{x-1} = \infty$.

直线 $x = 1$ 是函数 $y = \dfrac{1}{x-1}$ 的图形的铅直渐近线.

一般来说，如果 $\lim\limits_{x \to x_0} f(x) = \infty$，则直线 $x = x_0$ 是函数 $y = f(x)$ 的图形的**铅直渐近线**.

2. 无穷小与无穷大的关系

尽管无穷小与无穷大之间差别很大，但它们之间还是有密切的关系.

定理 5.3 在自变量的同一变化过程中，如果 $f(x)$ 为无穷大，则 $\dfrac{1}{f(x)}$ 为无穷小；反之，如果 $f(x)$ 为无穷小，且 $f(x) \neq 0$，则 $\dfrac{1}{f(x)}$ 为无穷大.

证明略．有了这个结论，要证明一个变量是无穷大除了用无穷大的定义直接证明以外，还可以利用无穷小与无穷大之间的关系，即证明这个变量的倒数是无穷小.

三、无穷小阶的比较

前面我们已经知道，两个无穷小的和、差及乘积仍是无穷小，但是两个无穷小的商会出现什么情况呢？请看下面的例子：

（1）当 $x \to 0$ 时，$f(x) = \sin^2 x$ 与 $g(x) = x$ 都是无穷小，但

$$\lim_{x\to 0}\frac{f(x)}{g(x)}=\lim_{x\to 0}\frac{\sin^2 x}{x}=\lim_{x\to 0}\frac{\sin x}{x}\sin x=0$$

（2）当 $x\to 0$ 时，$f(x)=\tan x$ 与 $g(x)=x$ 都是无穷小，但

$$\lim_{x\to 0}\frac{f(x)}{g(x)}=\lim_{x\to 0}\frac{\tan x}{x}=1$$

（3）当 $x\to 1$ 时，$f(x)=1-x$ 与 $g(x)=(1-x)^2$ 都是无穷小，但

$$\lim_{x\to 1}\frac{f(x)}{g(x)}=\lim_{x\to 1}\frac{1-x}{(1-x)^2}=\lim_{x\to 1}\frac{1}{1-x}=\infty$$

（4）当 $x\to 0$ 时，$f(x)=x\sin\dfrac{1}{x}$ 与 $g(x)=x^2$ 都是无穷小，但

$$\lim_{x\to 0}\frac{f(x)}{g(x)}=\lim_{x\to 0}\frac{1}{x}\sin\frac{1}{x}$$

不存在.

两个无穷小之比的极限的各种不同情况，反映了无穷小趋于零的“快慢”程度. 就上面的例子而言，在 $x\to 0$ 的过程中，$\sin^2 x$ 比 x 快些，反过来，x 比 $\sin^2 x$ 慢些，而 $\tan x$ 与 x 趋于零的快慢程度相仿.

下面，我们就无穷小之比的极限存在或为无穷大时，来说明两个无穷小之间的比较. 应当注意，下面的 α 及 β 都是在同一个自变量的变化过程中的无穷小，且 $\alpha\neq 0$, $\lim\dfrac{\beta}{\alpha}$ 也是在这个变化过程中的极限.

定义 5.3

如果 $\lim\dfrac{\beta}{\alpha}=0$，就说 β 是比 α **高阶的无穷小**，记作 $\beta=o(\alpha)$；

如果 $\lim\dfrac{\beta}{\alpha}=\infty$，就说 β 是比 α **低阶的无穷小**；

如果 $\lim\dfrac{\beta}{\alpha}=c\neq 0$，就说 β 与 α 是**同阶无穷小**；

特别的，如果 $\lim\dfrac{\beta}{\alpha}=1$，就说 β 与 α 是**等价无穷小**，记作 $\alpha\sim\beta$;

如果 $\lim\dfrac{\beta}{\alpha^k}=c\neq 0$, $k>0$，就说 β 是关于 α 的 k **阶无穷小**.

显然，等价无穷小是同阶无穷小的特殊情形，即 $c=1$ 的情形.

根据定义，可得前面的例子中几个无穷小之间的关系：

（1）$\sin^2 x=o(x)(x\to 0)$；　　（2）$\tan x\sim x(x\to 0)$；

（3）$(1-x)^2=o(1-x)(x\to 1)$.

特别地，$f(x)$ 为当 $x\to x_0$ 时的无穷小量，记作 $f(x)=o(1)\ (x\to x_0)$.

例如，当 $x\to 0$ 时，$x,x^2,\cdots,x^n$（n 为正整数）等都是无穷小，因而有

$$x^k=o(1)\ (x\to 0),\qquad (k=1,2,\cdots)$$

而且它们中后一个为前一个的高阶无穷小，即有 $x^{k+1}=o(x^k)\ (x\to 0)$.

注：（1）等式 $f(x)=o(g(x))(x\to x_0)$ 与通常等式的含义是不同的. 这里等式左边是一个函数，右边是一个函数类，而中间等号的含义是“属于”. 例如，前面已经得到 $\sin^2 x=o(x)(x\to 0)$，其中 $o(x)=\left\{f(x)\Big|\lim\limits_{x\to 0}\dfrac{f(x)}{x}=0\right\}$，等式 $\sin^2 x=o(x)(x\to 0)$ 表示函数 $\sin^2 x$ 属于此函数类.

（2）以上讨论了两个无穷小阶的比较. 但应指出，并不是任何两个无穷小都可以进行这种阶的比较. 例如，前面给出的（4）中的两个无穷小就不能进行阶的比较.

例 3　证明当 $x\to 0$ 时，$\sqrt{1+x}-1$ 是 x 的同阶无穷小.

解　由于

$$\lim_{x\to 0}\frac{\sqrt{1+x}-1}{x}=\lim_{x\to 0}\frac{1}{\sqrt{1+x}+1}=\frac{1}{2}$$

由无穷小阶的比较的定义可知当 $x\to 0$ 时，$\sqrt{1+x}-1$ 是 x 的同阶无穷小.

此例也表明 $\sqrt{1+x}-1\sim\dfrac{x}{2}(x\to 0)$，进一步，可以证明

$$(1+x)^a-1\sim ax \qquad (x\to 0, a\neq 0)$$

下述定理显示了等价无穷小在求极限问题中的作用.

定理 5.4　设 $\alpha\sim\alpha', \beta\sim\beta'$，且 $\lim\dfrac{\beta'}{\alpha'}$ 存在，则

$$\lim\frac{\beta}{\alpha}=\lim\frac{\beta'}{\alpha'}$$

证明　$\lim\dfrac{\beta}{\alpha}=\lim\left(\dfrac{\beta}{\beta'}\cdot\dfrac{\beta'}{\alpha'}\cdot\dfrac{\alpha'}{\alpha}\right)=\lim\dfrac{\beta}{\beta'}\cdot\lim\dfrac{\beta'}{\alpha'}\cdot\lim\dfrac{\alpha'}{\alpha}=\lim\dfrac{\beta'}{\alpha'}$.

定理 5.4 表明对求极限的分子或分母中的因式可以进行等价无穷小代换. 已知的等价无穷小有：当 $x\to 0$ 时，

$$\sin x\sim x,\quad \tan x\sim x,\quad \arcsin x\sim x,\quad 1-\cos x\sim\frac{1}{2}x^2,\quad (1+x)^a-1\sim ax$$

上式中的 $x\to 0$ 也可以换成其他的无穷小，例如 $\sin\alpha(x)\sim\alpha(x)$，其中 $\alpha(x)$ 是自变量的某一变化过程下的无穷小.

例 4　求 $\lim\limits_{x\to 0}\dfrac{\arctan x}{\sin 4x}$.

解　由于 $\arctan x\sim x(x\to 0)$，$\sin 4x\sim 4x(x\to 0)$. 故由定理 5.4，得

$$\lim_{x\to 0}\frac{\arctan x}{\sin 4x}=\lim_{x\to 0}\frac{x}{4x}=\frac{1}{4}$$

例 5　求 $\lim\limits_{x\to 0}\dfrac{\tan x-\sin x}{\sin x^3}$.

解　由于 $\tan x-\sin x=\dfrac{\sin x}{\cos x}(1-\cos x)$，而

$$\sin x \sim x(x \to 0),\quad 1-\cos x \sim \frac{x^2}{2}(x \to 0),\quad \sin x^3 \sim x^3(x \to 0)$$

故有
$$\lim_{x\to 0}\frac{\tan x-\sin x}{\sin x^3}=\lim_{x\to 0}\frac{1}{\cos x}\cdot\frac{x\cdot\frac{x^2}{2}}{x^3}=\frac{1}{2}$$

注：在利用等价无穷小代换求极限时，应注意只有对所求极限式中相乘或相除的因式才能用等价无穷小来替代，而对极限式中的相加或相减部分则不能随意替代．如在例 6 中，若因有 $\tan x \sim x(x \to 0)$，$\sin x \sim x(x \to 0)$ 而推出
$$\lim_{x\to 0}\frac{\tan x-\sin x}{\sin x^3}=\lim_{x\to 0}\frac{x-x}{\sin x^3}=0$$
得到的则是错误的结果．

例 6 求 $\lim\limits_{x\to 0}\dfrac{\sqrt{1+x^2}-1}{\cos x-1}$.

解 当 $x \to 0$ 时，$\sqrt{1+x^2}-1 \sim \dfrac{x^2}{2}$，$\cos x-1 \sim -\dfrac{1}{2}x^2$，故由定理 5.4，得
$$\lim_{x\to 0}\frac{\sqrt{1+x^2}-1}{\cos x-1}=\lim_{x\to 0}-\frac{\frac{1}{2}x^2}{\frac{1}{2}x^2}=-1$$

如同对无穷小进行阶的比较的讨论一样，对两个无穷大量也可定义高阶无穷大量、同阶无穷大量等概念，这里就不在详述了．

习题 1.5

1. 下列函数在什么情况下是无穷小量，什么情况下是无穷大量？

（1）$y=\dfrac{1}{x^3}$；　　（2）$y=\dfrac{x-1}{x^2-1}$；

（3）$y=\mathrm{e}^{-x}$；　　（4）$y=\ln(x+1)$．

2. 根据定义证明 $y=\dfrac{1+3x}{x}$ 为当 $x \to 0$ 时的无穷大．

3. 当 $x \to 0$ 时，$x-2x^2$ 与 $3x^2-2x^3$ 相比，哪一个是高阶无穷小？

4. 当 $x \to 0$ 时，指出关于 x^2 的同阶无穷小、高阶无穷小、等价无穷小．
$$\sqrt{1+x^2}-1,\quad x^4+x^6,\quad \sin x^2,\quad \cos x-1,\quad 2(\sec x-1),\quad (\tan x)^3$$

5. 利用等价无穷小的性质，求下列极限：

（1）$\lim\limits_{x\to 0}\dfrac{\tan nx}{\sin mx}$（$n,m$ 为正整数）；　　（2）$\lim\limits_{x\to 0}\dfrac{\arcsin 2x}{\tan 3x}$；

（3）$\lim\limits_{x\to 0}\dfrac{\sqrt{2}-\sqrt{1+\cos x}}{\sin^2 3x}$；　　（4）$\lim\limits_{x\to 0}\dfrac{x\sin 3x}{\tan 5x\sin\frac{x}{2}}$；

（5）$\lim\limits_{x\to 0}\dfrac{\sqrt{1+x+2x^2}-1}{\sin 3x}$；　　（6）$\lim\limits_{x\to 0^+}\dfrac{1-\sqrt{\cos x}}{x(1-\cos\sqrt{x})}$.

6. 当 $x\to 0$ 时，若 $(1-ax^2)^{\frac{1}{4}}-1$ 与 $x\sin x$ 是等价无穷小，试求 a.

7. 求下列曲线的水平渐近线和铅直渐近线：

（1）$y=\dfrac{x^3}{x^2+2x-3}$；　　（2）$y=\dfrac{x^2-2}{x^2-x-2}$；

（3）$y=2^{-\frac{1}{x}}$；　　（4）$y=\dfrac{x^2}{2x-1}$.

8. 函数 $y=x\sin x$ 在 $(0,+\infty)$ 内是否有界？该函数是否为 $x\to+\infty$ 时的无穷大？

第六节　函数的连续性

自然界有许多量的变化是连续的，如时间的变化、温度的变化、流体的流动等. 微积分中研究的函数多是连续函数，可以说微积分是连续性数学. 但是，随着现代科学的发展，在计算机科学、统计学、混沌理论和数学建模中出现了大量的间断函数，因此研究连续性和间断问题就具有重大的理论和实际意义.

从几何形象上粗略地说，连续函数在坐标平面上的图形是一条连绵不断的曲线，或者可以说是“一笔画”. 但是有很多函数的图形是不能够一笔画出来的，因此我们不能满足于这种直观的认识，而应给出函数连续性的精确定义，并由此出发研究连续函数的性质. 本节中先给出函数连续性的精确定义，然后对间断点进行分类，并讨论连续函数的运算性质.

一、函数的连续性

1. 函数在一点的连续性

先回顾一下函数在点 x_0 的极限 $\lim\limits_{x\to x_0}f(x)=A$ 的定义.

设函数 $f(x)$ 在点 x_0 的某个去心邻域内有定义，如果存在常数 A，对 $\forall\varepsilon>0$，存在正数 δ，使得当 x 满足不等式 $0<|x-x_0|<\delta$ 时，对应的函数值都满足

$$|f(x)-A|<\varepsilon$$

则称函数 $f(x)$ 当 x 趋于 x_0 时以 A 为极限.

这里 $f(x_0)$ 可以有三种情况：

（1）$f(x_0)$ 无定义. 例如，重要极限 $\lim\limits_{x\to x_0}\dfrac{\sin(x-x_0)}{x-x_0}=1$（见图 1.25）；

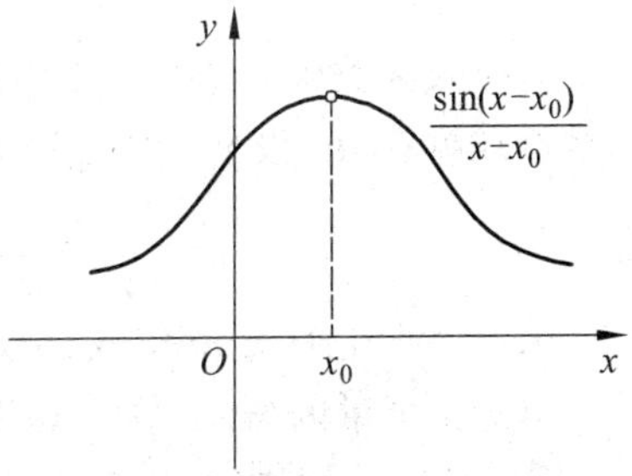

图 1.25

（2）$f(x_0)$ 有定义，但是 $f(x_0)\neq A$. 例如

$$f(x)=\begin{cases}x, & x\neq x_0\\ x_0+1, & x=x_0\end{cases}$$

但是 $\lim\limits_{x\to x_0} f(x)=x_0\neq f(x_0)$（见图 1.26）；

（3）$f(x_0)$有定义，并且 $f(x_0)=A$（见图 1.27）.

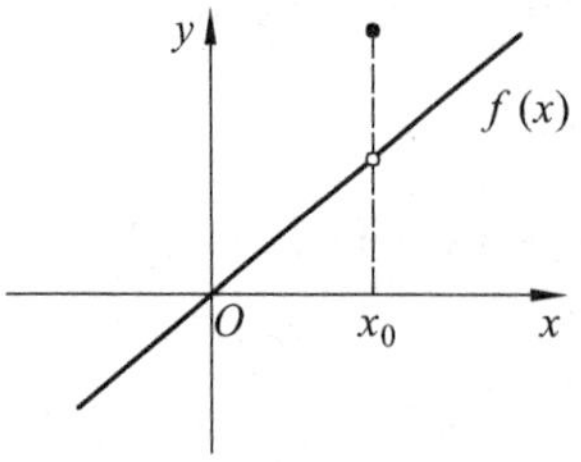

图 1.26

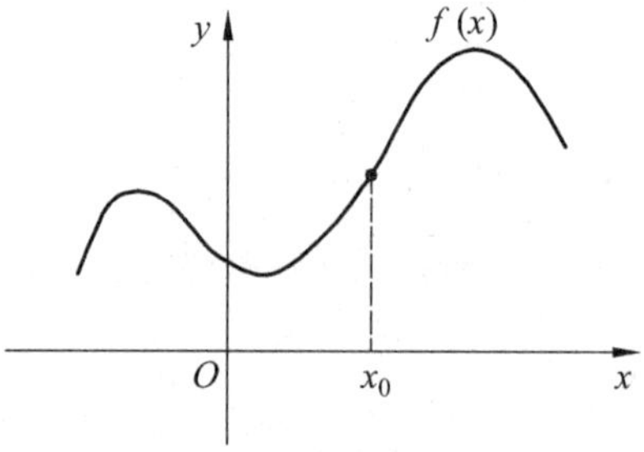

图 1.27

对（1）、（2）两种情况，曲线在点 x_0 处都出现了间断；第（3）种情况与前两种情况不同，曲线在点 x_0 处连绵不断，称这种情况为：$\lim\limits_{x\to x_0} f(x)=A=f(x_0)$时，$f(x)$在点 x_0 处连续. 为此给出函数 $f(x)$在点 x_0 连续的定义：

定义 6.1 设函数 $f(x)$在点 x_0 的某个邻域 $U(x_0)$ 内有定义，若

$$\lim_{x\to x_0} f(x)=f(x_0) \qquad (1)$$

则称 $f(x)$在点 x_0 **连续**.

例如，函数 $f(x)=2x+1$在点 $x=2$连续，因为

$$\lim_{x\to 2} f(x)=\lim_{x\to 2}(2x+1)=5=f(2)$$

又如，函数

$$f(x)=\begin{cases}x\sin\dfrac{1}{x}, & x\neq 0\\ 0, & x=0\end{cases}$$

在点 $x=0$连续，因为

$$\lim_{x\to 0} f(x)=\lim_{x\to 0} x\sin\frac{1}{x}=0=f(0)$$

为引入函数 $y=f(x)$在点 x_0 处连续的另一种表述，记 $\Delta x=x-x_0$，称为自变量 x（在点 x_0）的增量或改变量. 设 $y_0=f(x_0)$，相应的函数 y（在点 x_0）的增量记为：

$$\Delta y=f(x)-f(x_0)=f(x_0+\Delta x)-f(x_0)=y-y_0$$

注：自变量的增量 Δx 或函数的增量 Δy 可以是正数，也可以是 0 或负数.

引进了增量的概念之后，函数 $y=f(x)$在点 x_0 连续的定义可叙述如下：

定义 6.1′ 设函数 $f(x)$在点 x_0 的某个邻域 $U(x_0)$ 内有定义. 若

$$\lim_{\Delta x\to 0}\Delta y=\lim_{\Delta x\to 0}[f(x_0+\Delta x)-f(x_0)]=0$$

则称 $f(x)$ 在点 x_0 **连续**（见图 1.28）.

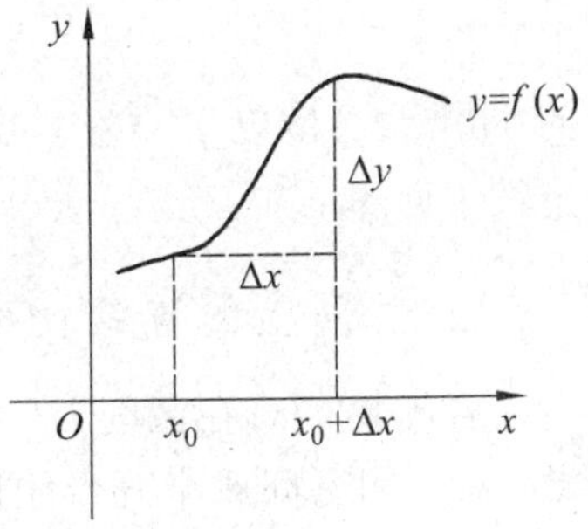

图 1.28

定义 6.1′表明连续函数的共性是：当自变量的变化极微小时，对应函数值的变化也极微小.

（1）式又可表示为：

$$\lim_{x\to x_0}f(x)=f(\lim_{x\to x_0}x)$$

可见“$f(x)$ 在点 x_0 连续”意味着极限运算 $\lim\limits_{x\to x_0}$ 与对应法则 f 是可交换的.

例 1 证明 $y=\sin x$ 在定义域内连续.

证明 设 x 是区间 $(-\infty,\ +\infty)$ 内任意取定的一点，当 x 有增量Δx 时，对应函数的增量为

$$\Delta y=\sin(x+\Delta x)-\sin x$$

由三角公式有

$$\sin(x+\Delta x)-\sin x=2\sin\frac{\Delta x}{2}\cos\left(x+\frac{\Delta x}{2}\right)$$

注意到 $\left|\cos\left(x+\frac{\Delta x}{2}\right)\right|\leqslant 1$，可推得

$$|\Delta y|=|\sin(x+\Delta x)-\sin x|\leqslant 2\left|\sin\frac{\Delta x}{2}\right|$$

因为对于任意的角度α，当 $\alpha\neq 0$ 时有 $|\sin\alpha|<|\alpha|$，所以

$$0\leqslant|\Delta y|=|\sin(x+\Delta x)-\sin x|<|\Delta x|$$

因此，当 $\Delta x\to 0$ 时，由夹逼准则得

$$|\Delta y|\to 0$$

这就证明了 $y=\sin x$ 对于任一 $x\in(-\infty,\ +\infty)$ 是连续的.

类似地可以证明，函数 $y=\cos x$ 在区间 $(-\infty,\ +\infty)$ 内是连续的.

相应于左、右极限的概念，下面给出左、右连续的定义.

定义 6.2 设函数 $f(x)$ 在点 x_0 的某个右邻域（左邻域）内有定义，若

$$\lim_{x\to x_0^+}f(x)=f(x_0)\quad\left(\lim_{x\to x_0^-}f(x)=f(x_0)\right)$$

则称 $f(x)$ 在点 x_0 **右（左）连续**.

根据上述定义 6.1 与定义 6.2，不难推出如下的定理.

定理 6.1 函数 $f(x)$ 在点 x_0 连续的充要条件是：$f(x)$ 在点 x_0 既是右连续又是左连续.

例 2 讨论函数 $f(x)=\begin{cases}x+2, & x\geqslant 0\\ x-2, & x<0\end{cases}$ 在点 $x=0$ 的连续性.

解 因为

$$\lim_{x\to 0^+} f(x) = \lim_{x\to 0^+}(x+2) = 2$$

$$\lim_{x\to 0^-} f(x) = \lim_{x\to 0^-}(x-2) = -2$$

而 $f(0)=2$，所以 $f(x)$ 在点 $x=0$ 右连续，但不左连续，从而它在 $x=0$ 不连续（见图 1.29）.

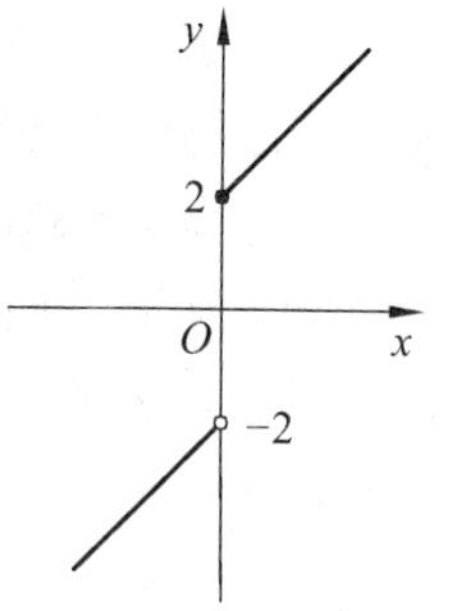

图 1.29

2. 区间上的连续函数

若函数 $f(x)$ 在区间 I 上的每一点都连续，则称 $f(x)$ 为 I 上的**连续函数**. 对于闭区间或半开半闭区间的端点，函数在这些点上连续是指左连续或右连续.

例如，函数 $y=c, y=x, y=\sin x$ 和 $y=\cos x$ 都是 $\mathbf{R}$ 上的连续函数. 又如，函数 $y=\sqrt{1-x^2}$ 在 $(-1,1)$ 内每一点处都连续，而在 $x=1$ 为左连续，而在 $x=-1$ 为右连续，因而它在 $[-1,1]$ 上连续.

例 3 已知函数

$$f(x)=\begin{cases} x^2+2, & x<0 \\ 3x+b, & x\geqslant 0 \end{cases}$$

在点 $x=0$ 连续，求 b 的值.

解 因为

$$\lim_{x\to 0^-} f(x) = \lim_{x\to 0^-}(x^2+2) = 2，\quad \lim_{x\to 0^+} f(x) = \lim_{x\to 0^+}(3x+b) = b$$

又因为 $f(x)$ 在点 $x=0$ 处连续，则 $\lim\limits_{x\to 0} f(x)$ 存在且等价于

$$\lim_{x\to 0^-} f(x) = \lim_{x\to 0^+} f(x)$$

即 $b=2$.

二、间断点及其分类

定义 6.3 设函数 $f(x)$ 在点 x_0 的某个去心邻域内有定义，若 $f(x)$ 在点 x_0 无定义，或 $f(x)$ 在点 x_0 有定义而不连续，则称点 x_0 为函数 $f(x)$ 的**间断点**或**不连续点**.

按此定义以及上一段中关于极限与连续性之间联系的讨论，若 x_0 为函数 $f(x)$ 的间断点，则必出现下列情形之一：

（1）$f(x)$ 在点 x_0 无定义；

（2）$f(x)$ 在点 x_0 有定义，但极限 $\lim\limits_{x\to x_0} f(x)$ 不存在；

（3）$f(x)$ 在点 x_0 有定义，且极限 $\lim\limits_{x\to x_0} f(x)$ 存在，但 $\lim\limits_{x\to x_0} f(x)\neq f(x_0)$.

据此，对函数的间断点做如下分类：

1. 第一类间断点

设 x_0 为函数 $f(x)$ 的间断点，若 $f(x_0^+)$ 与 $f(x_0^-)$ 都存在，则称 x_0 为函数 $f(x)$ 的**第一类间断点**.

第一类间断点又可以分成两类：可去间断点和跳跃间断点.

（1）可去间断点. 若 $\lim\limits_{x\to x_0} f(x)=A$，而 $f(x)$ 在点 x_0 无定义，或有定义但 $f(x_0)\neq A$，则称 x_0 为 $f(x)$ 的**可去间断点**.

例 4 验证 $x=0$ 为 $f(x)=|\operatorname{sgn} x|$ 和 $g(x)=\dfrac{\sin x}{x}$ 的可去间断点.

解 对于函数 $f(x)=|\operatorname{sgn} x|$，因 $f(0)=0$，而

$$\lim_{x\to 0} f(x)=1\neq f(0)$$

故 $x=0$ 为 $f(x)=|\operatorname{sgn} x|$ 的可去间断点.

对于函数 $g(x)=\dfrac{\sin x}{x}$，由于 $\lim\limits_{x\to 0} g(x)=1$，而 $g(x)$ 在 $x=0$ 无定义，所以 $x=0$ 是函数 $g(x)$ 的可去间断点.

设 x_0 为函数 $f(x)$ 的可去间断点，且 $\lim\limits_{x\to x_0} f(x)=A$，可以按如下方法定义一个函数 $\hat{f}(x)$：

当 $x\neq x_0$ 时，$\hat{f}(x)=f(x)$；当 $x=x_0$ 时，$\hat{f}(x_0)=A$

易见，对于函数 $\hat{f}(x)$，x_0 是它的连续点. 例如，对例 4 中的 $f(x)=|\operatorname{sgn} x|$，定义

$$\hat{f}(x)=\begin{cases}|\operatorname{sgn} x|, & x\neq 0\\ 1, & x=0\end{cases}$$

则 $\hat{f}(x)$ 在点 $x=0$ 连续. 对函数 $g(x)=\dfrac{\sin x}{x}$，定义：

$$\hat{g}(x)=\begin{cases}\dfrac{\sin x}{x}, & x\neq 0\\ 1, & x=0\end{cases}$$

则 $\hat{g}(x)$ 在点 $x=0$ 连续. 即若 x_0 为函数 $f(x)$ 的可去间断点，只要补充（或修改）定义 $f(x_0)$ 为 $\lim\limits_{x\to x_0} f(x)$，则 $f(x)$ 在点 x_0 就连续了.

（2）跳跃间断点. 若函数 $f(x)$ 在点 x_0 的左、右极限都存在，但

$$\lim_{x\to x_0^+} f(x)\neq \lim_{x\to x_0^-} f(x)$$

则称点 x_0 为函数 $f(x)$ 的**跳跃间断点**.

例 5 符号函数 $f(x)=\operatorname{sgn} x$ 在点 $x=0$ 处的左、右极限分别为 -1 和 1，故 $x=0$ 是 $f(x)=\operatorname{sgn} x$ 的跳跃间断点.

2. 第二类间断点

函数的所有其他形式的间断点，即 $f(x_0^+)$ 与 $f(x_0^-)$ 至少有一个不存在的那些点，称为**第二类间断点**.

例 6 讨论函数 $f(x)=\dfrac{1}{x-1}$ 在点 $x=1$ 的连续性.

解 因为 $x=1$ 时，$f(x)$ 无定义，故 $x=1$ 是函数 $f(x)$ 的间断点．又

$$\lim_{x\to 1}\frac{1}{x-1}=\infty$$

所以 $x=1$ 是 $f(x)=\dfrac{1}{x-1}$ 的第二类间断点．这类间断点称作无穷间断点.

例 7 函数 $f(x)=\sin\dfrac{1}{x}$ 在点 $x=0$ 处左、右极限都不存在，当 $x\to 0$ 时，函数值在 -1 与 1 之间无限次振荡，故 $x=0$ 是 $\sin\dfrac{1}{x}$ 的第二类间断点．这类间断点称作振荡间断点（见图 1.30）.

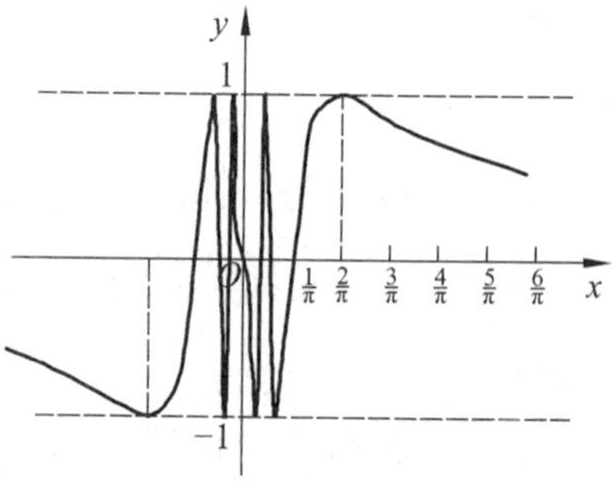

图 1.30

三、连续函数的运算

1. 连续函数的四则运算

由于函数的连续性是由极限定义的，所以根据极限的四则运算法则，立即可得出连续函数的四则运算法则.

定理 6.2 若函数 $f(x)$ 和 $g(x)$ 在点 x_0 连续，则 $f\pm g, f\cdot g, f/g$（这里 $g(x_0)\neq 0$）也都在点 x_0 连续.

例 8 对常量函数 $y=c$ 和函数 $y=x$ 反复应用定理 6.2，能推出多项式函数 $P(x)=a_0x^n+a_1x^{n-1}+\cdots+a_{n-1}x+a_n$ 和有理函数 $R(x)=\dfrac{P(x)}{Q(x)}$（$P(x), Q(x)$ 为多项式）在其定义域内的每一点都是连续的.

例 9 由正弦函数 $y=\sin x$ 和余弦函数 $y=\cos x$ 在 $\mathbf{R}$ 上的连续性，可推出正切函数 $y=\tan x$、余切函数 $y=\cot x$、正割函数 $y=\sec x$ 和余割函数 $y=\csc x$ 在其定义域内的每一点都连续.

2. 反函数的连续性

定理 6.3 如果函数 $y=f(x)$ 在区间 I_x 上单调增加（或单调减少）且连续，那么它的反函数 $x=f^{-1}(y)$ 也在对应的区间 $I_y=\{y\mid y=f(x), x\in I_x\}$ 上单调增加（或单调减少）且连续.

例 10 由于 $y=\sin x$ 在闭区间 $\left[-\dfrac{\pi}{2},\dfrac{\pi}{2}\right]$ 上单调增加且连续，所以它的反函数 $y=\arcsin x$ 在闭区间 $[-1,1]$ 上也是单调增加且连续的．同理，$y=\arccos x$ 在闭区间 $[-1,1]$ 上单调减少且连续．而其他的反三角函数在它们的定义域内也都是连续的.

3. 复合函数的连续性

利用复合函数极限的运算法则可以得到复合函数连续性的如下定理：

定理 6.4 设函数 $y=f[g(x)]$ 由函数 $u=g(x)$ 与函数 $y=f(u)$ 复合而成，$\mathring{U}(x_0)\subset D_{f\circ g}$．若 $\lim\limits_{x\to x_0}g(x)=u_0$，而函数 $y=f(u)$ 在 $u=u_0$ 连续，则

$$\lim_{x\to x_0}f[g(x)]=\lim_{u\to u_0}f(u)=f(u_0) \tag{2}$$

注：根据连续性的定义，上述定理的结论可表为

$$\lim_{x\to x_0}f(g(x))=f(\lim_{x\to x_0}g(x))=f(g(x_0)) \tag{3}$$

（3）式表示，在定理 6.4 的条件下，函数符号和极限符号可以交换次序．

例 11 求 $\lim\limits_{x\to 1}\sin(1-x^2)$．

解 $\sin(1-x^2)$ 可看作函数 $f(u)=\sin u$ 与 $g(x)=1-x^2$ 的复合，由（3）式得

$$\lim_{x\to 1}\sin(1-x^2)=\sin(\lim_{x\to 1}(1-x^2))=\sin 0=0$$

注：若复合函数 $f\circ g$ 的内函数 g 当 $x\to x_0$ 时极限为 a，而 $a\neq g(x_0)$ 或 g 在 x_0 无定义（即 x_0 为 g 的可去间断点），又外函数 f 在 $u=a$ 连续，则仍可用上述定理来求复合函数的极限，即有

$$\lim_{x\to x_0}g(f(x))=g(\lim_{x\to x_0}f(x)) \tag{4}$$

还可证明：（4）式不仅对于 $x\to x_0$ 这种类型的极限成立，而且对于 $x\to+\infty$，$x\to-\infty$ 或 $x\to x_0^-$，$x\to x_0^+$ 等类型的极限也是成立的．

例 12 求极限：（1）$\lim\limits_{x\to 0}\sqrt{2-\dfrac{\sin x}{x}}$；（2）$\lim\limits_{x\to\infty}\sqrt{2-\dfrac{\sin x}{x}}$．

解 （1）$\lim\limits_{x\to 0}\sqrt{2-\dfrac{\sin x}{x}}=\sqrt{2-\lim\limits_{x\to 0}\dfrac{\sin x}{x}}=\sqrt{2-1}=1$．

（2）$\lim\limits_{x\to\infty}\sqrt{2-\dfrac{\sin x}{x}}=\sqrt{2-\lim\limits_{x\to\infty}\dfrac{\sin x}{x}}=\sqrt{2-0}=\sqrt{2}$．

四、初等函数的连续性

前面证明了三角函数及反三角函数在它们的定义域内是连续的．

我们指出（但不详细讨论），**指数函数 $a^x(a>0, a\neq 1)$ 对于一切实数 x 都有定义，且在区间 $(-\infty,+\infty)$ 内是单调的和连续的，它的值域为 $(0,+\infty)$**．

由指数函数的单调性和连续性，利用定理 6.3 可得：**对数函数 $\log_a x(a>0,a\neq 1)$ 在区间 $(0,+\infty)$ 内是单调且连续的**．

幂函数 $y=x^\mu$ 的定义域随 μ 的值而异，但无论 μ 为何值，在区间 $(0,+\infty)$ 内幂函数总是有定义的．下面我们来证明，在 $(0,+\infty)$ 内幂函数是连续的．

事实上，设 $x>0$，则

$$y = x^{\mu} = a^{\mu \log_a x}$$

因此，幂函数 $y = x^{\mu}$ 可看作是由 $y = a^{u}, \mu = \mu \log_a x$ 复合而成的，由定理 6.4 可知，它在 $(0,+\infty)$ 内连续.

如果对于 μ 取各种不同值加以分别讨论，可以证明（证明从略）**幂函数在它的定义域内是连续的**.

定理 6.5 一切基本初等函数都是定义域上的连续函数.

由于任何初等函数都是由基本初等函数经过有限次四则运算与复合运算得到的,所以有：

定理 6.6 任何初等函数都是其定义区间上的连续函数.

下面举两个利用函数的连续性求极限的例子.

例 13 求 $\lim\limits_{x \to 2} \dfrac{x^3 - 1}{x^2 - 5x + 3}$.

解 分母 $x^2 - 5x + 3$ 在 2 处不为 0，利用有理函数的连续性，可得

$$\lim_{x \to 2} \frac{x^3 - 1}{x^2 - 5x + 3} = \frac{2^3 - 1}{2^2 - 5 \cdot 2 + 3} = -\frac{7}{3}$$

例 14 求 $\lim\limits_{x \to 0} \dfrac{\ln(1+x)}{x}$.

解 由对数函数的连续性有

$$原式 = \lim_{x \to 0} \ln(1+x)^{\frac{1}{x}} = \ln\left[\lim_{x \to 0}(1+x)^{\frac{1}{x}}\right] = \ln \mathrm{e} = 1$$

例 15 求 $\lim\limits_{x \to 0} \dfrac{a^x - 1}{x}$.

解 令 $a^x - 1 = t$，则 $x = \log_a(1+t)$，当 $x \to 0$ 时 $t \to 0$，于是

$$\lim_{x \to 0} \frac{a^x - 1}{x} = \lim_{t \to 0} \frac{t}{\log_a(1+t)} = \ln a$$

这样我们又得到了两个重要的等价无穷小，当 $x \to 0$ 时，

$$x \sim \ln(1+x) \sim \mathrm{e}^x - 1$$

一般的，对于形如 $u(x)^{v(x)} (u(x) > 0, u(x) \neq 1)$ 的函数（通常称为**幂指函数**），如果

$$\lim u(x) = a > 0, \quad \lim v(x) = b$$

那么

$$\lim u(x)^{v(x)} = a^b$$

注意：这里三个 lim 都表示在同一自变量变化过程中的极限.

例 16 求 $\lim\limits_{x \to 1} x^{\frac{1}{1-x}}$.

解 $\lim\limits_{x \to 1} x^{\frac{1}{1-x}} = \lim\limits_{x \to 1} \{[1 + (x-1)]^{\frac{1}{x-1}}\}^{-1} = \mathrm{e}^{-1}$.

习题 1.6

1. 求下列极限：

（1）$\lim\limits_{x\to1}\sin\left(\pi\sqrt{\dfrac{x+1}{5x+3}}\right)$；（2）$\lim\limits_{x\to+\infty}\arcsin(\sqrt{x^2+x}-x)$；

（3）$\lim\limits_{x\to1}\dfrac{\dfrac{1}{2}+\ln(2-x)}{3\arctan x-\dfrac{\pi}{4}}$；（4）$\lim\limits_{x\to0}(1-4x)^{\frac{1-x}{x}}$；

（5）$\lim\limits_{x\to0}[1+\ln(1+x)]^{\frac{2}{x}}$；（6）$\lim\limits_{x\to0}(1+x^2\mathrm{e}^x)^{\frac{1}{1-\cos x}}$；

（7）$\lim\limits_{x\to0}(\cos x)^{\cot^2 x}$.

2. 设函数 $f(x)$ 与 $g(x)$ 在点 x_0 连续，证明函数

$$\varphi(x)=\max\{f(x),g(x)\},\quad \psi(x)=\min\{f(x),g(x)\}$$

在点 x_0 也连续.

3. 若函数 $f(x)=\begin{cases}a+bx^2, x\leqslant0\\ \dfrac{\sin bx}{x}, x>0\end{cases}$ 在 $(-\infty,+\infty)$ 内连续，确定 a 和 b 之间的关系.

4. 设 $\lim\limits_{x\to\infty}\left(\dfrac{x+2a}{x-a}\right)^x=8$，且 $a\neq0$，求常数 a 的值.

5. 指出下列函数的间断点，并判断其类型. 如果是可去间断点，则补充或修改函数的定义使其连续.

（1）$y=\dfrac{x^2-1}{x^2-3x+2}$；（2）$y=\dfrac{x^2-x}{|x|(x^2-1)}$；

（3）$y=\dfrac{\tan x}{x}$；（4）$y=\dfrac{1}{1+\mathrm{e}^{\frac{1}{x}}}$.

6. 讨论下列函数的连续性，并做出函数的图形.

（1）$f(x)=\lim\limits_{n\to\infty}\dfrac{1}{1+x^n}(x\geqslant0)$；（2）$f(x)=\lim\limits_{n\to\infty}\dfrac{1-x^{2n}}{1+x^{2n}}x$.

第七节　闭区间上连续函数的性质

从本质上讲，函数在一点连续只描述了函数在这一点附近的局部性质，所以说连续只是一个局部概念. 但如果函数在某个闭区间上连续，那么函数就具有一些整体性质. 本节介绍闭区间上连续函数的整体性质，这些性质非常有用，在几何上看也很自然，但是它们的严格证明却相当困难，需要较多的预备知识，感兴趣的读者可以参看数学分析教材.

一、最大值、最小值的存在性定理

定义 7.1 设 $f(x)$ 为定义在区间 I 上的函数，若存在 $x_0 \in I$，使得对一切 $x \in I$ 有

$$f(x_0) \geqslant f(x) \quad (f(x_0) \leqslant f(x))$$

则称 $f(x)$ 在 I 上有最大（最小）值，并称 $f(x_0)$ 为 f 在 I 上的**最大（最小）值**.

例如，$\sin x$ 在 $[0,\pi]$ 上有最大值 1，最小值 0. 但一般而言，函数 $f(x)$ 在其定义域 D 上不一定有最大值或最小值（即使 $f(x)$ 在 D 上有界）. 如 $f(x)=x$ 在 $(0,1)$ 上有界，但既无最大值也无最小值. 又如

$$g(x)=\begin{cases}\dfrac{1}{x}, & x\in(0,1)\\ 2, & x=0\text{与}1\end{cases} \tag{1}$$

它在闭区间 $[0,1]$ 上也无最大值、最小值. 下述定理给出了函数能取得最大值、最小值的充分条件.

定理 7.1（最大值、最小值存在定理） 若函数 $f(x)$ 在闭区间 $[a,b]$ 上连续，则 $f(x)$ 在 $[a,b]$ 上有最大值与最小值.

推论（有界性定理） 若函数 $f(x)$ 在闭区间 $[a,b]$ 上连续，则 $f(x)$ 在 $[a,b]$ 上有界.

注：（1）开区间上连续的函数不一定存在最大值或最小值. 例如，$y=\tan x$ 在区间 $\left(-\dfrac{\pi}{2},\dfrac{\pi}{2}\right)$ 内连续，但是无界；

（2）开区间连续有界的函数也不一定存在最大值或最小值. 例如，前面提到的 $f(x)=x$ 在 $(0,1)$ 上既无最大值也无最小值. 又如，$f(x)=\sin x$ 在区间 $(0,\pi)$ 只取到最大值，但是没有最小值.

（3）闭区间上间断的函数也不一定存在最大值或最小值. 例如，函数

$$f(x)=\begin{cases}-x+1, & 0\leqslant x<1\\ 1, & x=1\\ -x+3, & 1<x\leqslant 2\end{cases}$$

在闭区间 $[0,2]$ 上有间断点 $x=1$. 它在闭区间 $[0,2]$ 上虽然有界，但是函数 $f(x)$ 既无最大值也无最小值（见图 1.31）.

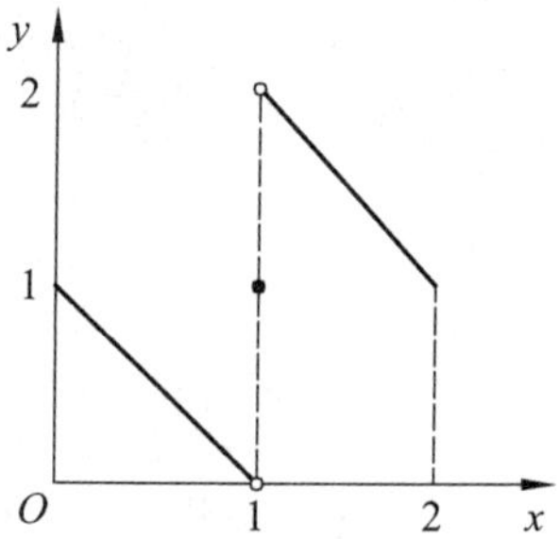

图 1.31

二、介值性与零点定理

定理 7.2（介值性定理） 设函数 $f(x)$ 在闭区间 $[a,b]$ 上连续，且 $f(a)\neq f(b)$. 若 μ 为介于 $f(a)$ 与 $f(b)$ 之间的任何实数 $(f(a)<\mu<f(b)$ 或 $f(a)>\mu>f(b))$，则至少存在一点 $\xi\in(a,b)$，使得 $f(\xi)=\mu$.

这个定理表明，若 $f(x)$ 在 $[a,b]$ 上连续，又不妨设 $f(a)<f(b)$，则 $f(x)$ 在 $[a,b]$ 上必能取得区间 $[f(a),f(b)]$ 中的一切值，即有

$$[f(a),f(b)]\subset f([a,b])$$

其几何意义如图 1.32 所示.

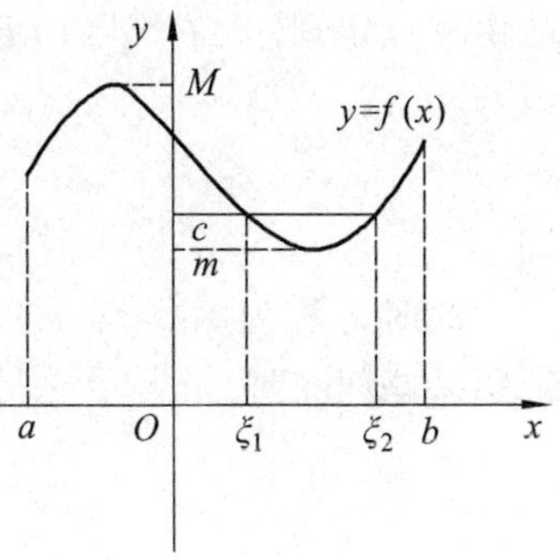

图 1.32

推论 1（零点定理）若函数 $f(x)$ 在闭区间 $[a,b]$ 上连续，且 $f(a)$ 与 $f(b)$ 异号(即 $f(a)f(b)<0$)，则至少存在一点 $\xi\in(a,b)$，使得 $f(\xi)=0$，即方程 $f(x)=0$ 在 (a,b) 内至少有一个根.

这个推论的几何解释如图 1.33 所示：若点 $A(a,f(a))$ 与 $B(b,f(b))$ 分别在 x 轴的两侧，则连接 A, B 的连续曲线 $y=f(x)$ 与 x 轴至少有一个交点.

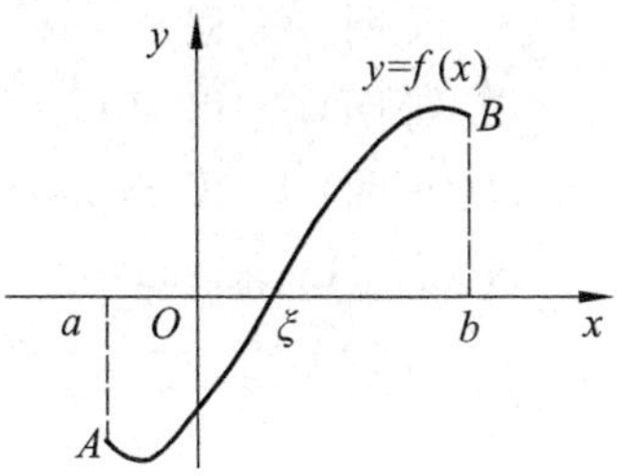

图 1.33

应用介值性定理，还容易推得连续函数的下述性质：若 $f(x)$ 在区间 I 上连续且不是常量函数，则值域 $f(I)$ 也是一个区间；特别地，若 I 为闭区间 $[a,b]$，$f(x)$ 在 $[a,b]$ 上的最大值为 M，最小值为 m，则 $f([a,b])=[m,M]$. 即有下面的推论.

推论 2 在闭区间上连续的函数必取得介于最小值与最大值之间的任何值.

下面举例说明介值性定理的应用.

例 1 证明方程 $x^3-4x^2+1=0$ 在区间（0,1）内至少有一个根.

证明 函数 $f(x)=x^3-4x^2+1$ 在闭区间[0, 1]上连续，又

$$f(0)=1>0,\quad f(1)=-2<0$$

根据零点定理，在（0, 1）内至少有一点 ξ，使得

$$f(\xi)=0$$

即

$$\xi^3-4\xi^2+1=0\qquad(0<\xi<1)$$

该等式说明方程 $x^3-4x^2+1=0$ 在区间（0, 1）内至少有一个根 ξ.

例 2 设 $f(x)$ 在 $[a,b]$ 上连续，满足 $f([a,b])\subset[a,b]$，证明：存在 $x_0\in[a,b]$，使得

$$f(x_0)=x_0\tag{2}$$

证明 条件 $f([a,b])\subset[a,b]$ 意味着：对任何 $x\in[a,b]$ 有 $a\leqslant f(x)\leqslant b$，特别地有

$$a\leqslant f(a)\quad 及\quad f(b)\leqslant b$$

若 $a=f(a)$ 或 $f(b)=b$，则取 $x_0=a$ 或 b，从而（2）式成立.

现设 $a<f(a)$ 与 $f(b)<b$，令 $F(x)=f(x)-x$，则

$$F(a)=f(a)-a>0,\quad F(b)=f(b)-b<0$$

故由零点定理，存在 $x_0 \in (a,b)$，使得

$$F(x_0)=0$$

即

$$f(x_0)=x_0$$

此时 x_0 称为函数 $f(x)$ 的不动点. 从本例的证明过程可见，在应用介值性定理或零点定理证明某些问题时，选取合适的辅助函数（如本例中 $F(x)=f(x)-x$ ），可收到事半功倍的效果.

习题 1.7

1. 证明：方程 $x^5-3x=1$ 至少有一个根介于 1 和 2 之间.

2. 证明：方程 $x^5+x=1$ 有正实根.

3. 证明：方程 $x=a\sin x+b$，其中 $a>0,b>0$，至少有一个正根，并且它不超过 $a+b$.

4. 若 $f(x)$ 在 $[a\,,b]$ 上连续，$a<x_1<x_2<\cdots<x_n<b$，则在 $(x_1\,,x_n)$ 内至少有一点 ξ，使 $f(\xi)=\dfrac{f(x_1)+f(x_2)+\cdots+f(x_n)}{n}$.

5. 证明：若 $f(x)$ 在 $(-\infty\,,+\infty)$ 内连续，且 $\lim\limits_{x\to\infty}f(x)$ 存在，则 $f(x)$ 必在 $(-\infty\,,+\infty)$ 内有界.

复习题一

1. 填空题.

（1）设函数 $f(x)$ 的定义域是 $[0,1]$，则 $f\left(\dfrac{x-1}{x+1}\right)$ 的定义域是_________.

（2）设 $f(x)=\ln(1+x),g(x)=x^2+1$，则 $f[g(x)]=$_________，$g[f(x)]=$________.

（3）已知 $\lim\limits_{x\to1}\dfrac{3x^2+ax-2}{x^2-1}$ 存在，则 $a=$__________，该极限等于___________.

（4）已知 $x\to0$ 时，$(1+kx^2)^{\frac{1}{2}}-1$ 与 $\cos x-1$ 是等价无穷小，则 $k=$___________.

（5）在“充分”“必要”和“充分必要”三者中选择一个正确的填入空格内：数列 $\{x_n\}$ 有界是数列 $\{x_n\}$ 收敛的_________条件；函数 $f(x)$ 的极限 $\lim\limits_{x\to x_0}f(x)$ 存在是 $f(x)$ 在 x_0 的某一去心邻域内有界的_________条件；函数 $f(x)$ 在 x_0 的某一去心邻域内无界是 $\lim\limits_{x\to x_0}f(x)=\infty$ 的_________条件；函数 $f(x)$ 在 x_0 左连续且右连续是 $f(x)$ 在 x_0 连续的_________条件.

2. 单项选择题.

（1）当 $x\to0$ 时，(　　)是与 $\sin x$ 等价的无穷小.

（A）$\tan2x$　　（B）$\sqrt{x}$　　（C）$\dfrac{1}{2}\ln(1+2x)$　　（D）$x(x+2)$

（2）当 $x\to0$ 时，下列四个无穷小中，哪一个比其他三个阶高（　　）.

（A）$x-\tan x$　（B）$1-\cos x$　（C）$\sqrt{1-x^2}-1$　（D）x^2

（3）设 $f(x)=\begin{cases} e^x, & x\leqslant 0 \\ ax+b, & x>0 \end{cases}$，若 $\lim\limits_{x\to 0} f(x)$ 存在，则必有（　　）.

（A）$a=0,\ b=0$　（B）$a=2$，$b=-1$

（C）$a=-1$，$b=2$　（D）a 为任意常数，$b=1$

（4）当 $x\to 0$ 时，下列（　　）为无穷小量

（A）e^x　（B）$\sin x$　（C）$\dfrac{\sin x}{x}$　（D）$\sin\dfrac{1}{x}$

（5）方程 $x^4-x-1=0$ 至少有一个实根的区间是（　　）.

（A）（0,1/2）　（B）（1, 2）　（C）（2, 3）　（D）（1/2, 1）

（6）函数 $f(x)=\sqrt{25-x^2}+\dfrac{x-10}{\ln x}$ 的连续区间是（　　）.

（A）（0, 5）　（B）（0, 1）　（C）（1, 5）　（D）$(0,1)\cup(1,5]$

（7）当 $x\to x_0$ 时，$\alpha(x)$ 和 $\beta(x)$ 都是无穷小，则当 $x\to x_0$ 时，下列表达式中哪一个不一定是无穷小（　　）.

（A）$|\alpha(x)|+|\beta(x)|$　（B）$\alpha^2(x)$ 和 $\beta^2(x)$

（C）$\ln[1+\alpha(x)\cdot\beta(x)]$　（D）$\dfrac{\alpha^2(x)}{\beta(x)}$

（8）设 $f(x)=\dfrac{\sin ax}{x}(x\neq 0)$ 在 $x=0$ 处连续，且 $f(0)=-\dfrac{1}{2}$，则 $a=$(　　).

（A）2　（B）$\dfrac{1}{2}$　（C）$-\dfrac{1}{2}$　（D）-2

3. 求下列极限：

（1）$\lim\limits_{n\to\infty} 3^n\sin\dfrac{\pi}{3^{n-1}}$；　（2）$\lim\limits_{n\to\infty}\left(1+\dfrac{1}{3}+\cdots+\dfrac{1}{3^n}\right)$；

（3）$\lim\limits_{n\to\infty}\left(1+\dfrac{1}{2}+\dfrac{1}{3}+\cdots+\dfrac{1}{n}\right)^{\frac{1}{n}}$；　（4）$\lim\limits_{n\to\infty} n[\ln n-\ln(n+2)]$；

（5）$\lim\limits_{x\to 0}\dfrac{\cos 2x-1}{x\sin 3x}$；　（6）$\lim\limits_{x\to 0}\left(\dfrac{1}{x}\sin x+\dfrac{\sin x^2\cos\dfrac{1}{x}}{x}\right)$；

（7）$\lim\limits_{x\to 0}\dfrac{1-\cos(\sin x)}{2\ln(1+x^2)}$；　（8）$\lim\limits_{x\to 0}\dfrac{\sqrt{1+x^2}-1}{(e^x-1)\ln(x+1)}$.

4. 设当 $x\to x_0$ 时，$f(x)$ 是比 $g(x)$ 高阶的无穷小. 证明：当 $x\to x_0$ 时，$f(x)+g(x)$ 与 $g(x)$ 是等价无穷小.

5. 若当 $x\to 0$ 时，$ax^3\sim\tan\dfrac{x^3}{2}$，求 a.

6. 已知 $\lim\limits_{x\to 2}\dfrac{x^3+ax+b}{x-2}=8$，求常数 a 与 b 的值.

7. 设$a>0$，任取$x_1>0$，令$x_{n+1}=\frac{1}{2}\left(x_n+\frac{a}{x_n}\right)$（其中$n=1,2,\cdots$）. 证明数列$\{x_n\}$收敛，并求极限$\lim\limits_{n\to\infty}x_n$.

8. 确定常数a与b的值，使得函数

$$f(x)=\begin{cases}\dfrac{\sin 6x}{2x}, & x<0\\ a+3x, & x=0\\ (1+bx)^{\frac{1}{x}}, & x>0\end{cases}$$

处处连续.

9. 求下列函数的间断点，并判断其类型.

（1）$f(x)=\arctan\dfrac{1}{x}$；（2）$f(x)=\dfrac{x}{\tan x}$；

（3）$f(x)=\lim\limits_{n\to\infty}\dfrac{x+\mathrm{e}^{nx}}{1+\mathrm{e}^{nx}}$；（4）$f(x)=\lim\limits_{n\to\infty}\dfrac{x^n}{2+x^{2n}}$.

10. 求证方程$x+1+\sin x=0$在区间$\left(-\dfrac{\pi}{2},\dfrac{\pi}{2}\right)$上至少有一个根.

11. 成本-效益模型：从某工厂的污水池清除污染物的百分比p与费用c是由下列模型给出：

$$p(c)=\frac{100c}{8\,000+c}$$

如果费用c允许无限增长，试求出可被清除污染物的百分比. 试问可以完全清除污染吗？

12. 设本金为p元，年利率为r，若一年分为n期，存期为t年，则本金与利息之和是多少？现某人将本金$p=1\,000$元存入银行，规定年利率为$r=0.06$，$t=2$，请按季度、月、日以及连续复利计算本利和，并做出你的评价.

第二章 一元函数微分学

前面我们研究了函数，而函数的概念刻画了因变量随自变量变化的依赖关系. 但是，对研究运动过程来说，仅知道变量之间的依赖关系还是不够的，还需要进一步知道因变量随自变量变化的快慢程度.

本章将要介绍微积分学中的重要组成部分——微分学. 微分学的基本任务是解决两类问题：一是函数相对于自变量的变化快慢程度，即函数的变化率问题；二是函数的增量问题. 由前一个问题可引出导数概念，而由后一问题引出微分概念.

导数与微分的概念是建立在极限概念基础上的，是研究函数性态的有力工具.

第一节　导数的概念

一、导数概念的引入

导数思想最初是由法国数学家费马（Fermat）为研究极值问题而引入的，但与导数概念直接相联系的是以下两个问题：已知运动规律求瞬时速度和已知曲线求它的切线. 这两个问题是由英国数学家牛顿（Newton）和德国数学家莱布尼茨（Leibniz）分别在研究力学和几何学过程中建立起来的.

下面以这两个问题为背景引入导数的概念.

1. 变速直线运动的瞬时速度

若物体做匀速运动，求速度的问题就很容易解决，即物体在任何时刻的速度都等于运动路程 s 与时间 t 的比值. 当物体作非匀速直线运动时，其运动方程是路程 s 与时间 t 的函数 $s=s(t)$，那么如何求物体在时刻 t_0 时的速度呢?

当时间从 t_0 变到 t 时物体经过的路程为：

$$\Delta s = s(t)-s(t_0)$$

于是，在这段时间内物体的平均速度为

$$\overline{v}=\frac{\Delta s}{\Delta t}=\frac{s(t)-s(t_0)}{t-t_0}$$

其中，$\bar{v}$ 只能说明在这段时间内物体运动的平均快慢程度. 当时间间隔越小时，其平均速度 $\bar{v}$ 就越接近于时刻 t_0 的速度. 当时间间隔趋于零时，平均速度 $\bar{v}$ 的极限值就可以认为是物体在时刻 t_0 的速度，于是有

$$v(t_0)=\lim_{\Delta t\to 0}\frac{\Delta s}{\Delta t}=\lim_{\Delta t\to 0}\frac{s(t)-s(t_0)}{t-t_0} \tag{1}$$

称为物体在 t_0 时的瞬时速度，同时也提供了瞬时速度的计算方法.

以后我们将会发现，在计算诸如物质比热、电流强度、线密度等问题中，尽管它们的物理背景各不相同，但最终都归结于讨论形如（1）式的极限.

2. 切线的斜率

速度与切线是导致导数概念产生的两大古老问题. 大约在公元前 3 世纪，就已经出现了切线的静态定义：切线是与曲线只在一点接触的直线. 根据这一定义可得出求圆锥曲线上切线的方法，但具有很大的局限性. 在寻求其他曲线切线的过程中，人们逐渐以运动的观点来看待切线，其中之一就是近代形成的切线的动态定义：切线是变动割线的极限位置.

如图 2.1 所示，曲线 $y=f(x)$ 在其上一点 $P(x_0,y_0)$ 处的切线 PT 是割线 PQ 当动点 Q 沿此曲线无限接近于点 P 时的极限位置. 由于割线 PQ 的斜率为

$$\bar{k}=\frac{f(x)-f(x_0)}{x-x_0}$$

因此，当 $x\to x_0$ 时，如果 $\bar{k}$ 的极限存在，则极限

$$k=\lim_{x\to x_0}\frac{f(x)-f(x_0)}{x-x_0} \tag{2}$$

即为切线 PT 的斜率.

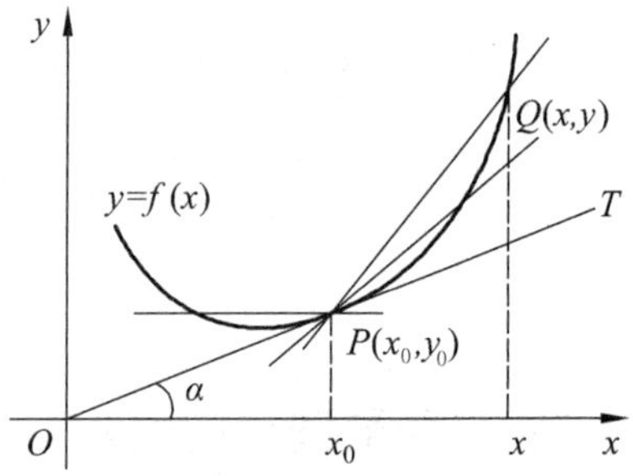

图 2.1

上面两个引例中，前一个是运动学问题，而后一个是几何学问题. 尽管它们的实际意义不同，但是从解法思路与算法过程来看，都可以归结为计算函数值的改变量与自变量改变量的比值，然后求这个比值当自变量改变量趋于零时的极限. 如果这个极限存在，则其极限值就叫作函数的导数.

二、导数的概念

1. 函数在一点处的导数

定义 1.1 设函数 $y=f(x)$ 在点 x_0 的某邻域内有定义，若极限

$$\lim_{x\to x_0}\frac{f(x)-f(x_0)}{x-x_0} \tag{3}$$

存在，则称函数 $f(x)$ 在点 x_0 处**可导**，并称该极限为函数 $f(x)$ 在点 x_0 处的**导数**，记作

$$f'(x_0),\quad y'\Big|_{x=x_0},\quad 或\quad \frac{\mathrm{d}y}{\mathrm{d}x}\Big|_{x=x_0},\quad \frac{\mathrm{d}f}{\mathrm{d}x}\Big|_{x=x_0}$$

令 $x=x_0+\Delta x, \Delta y=f(x_0+\Delta x)-f(x_0)$,则（3）式可改写为

$$f'(x_0)=\lim_{\Delta x\to 0}\frac{\Delta y}{\Delta x}=\lim_{\Delta x\to 0}\frac{f(x_0+\Delta x)-f(x_0)}{\Delta x} \tag{4}$$

所以，导数是函数值的增量 Δy 与自变量增量 Δx 之比 $\frac{\Delta y}{\Delta x}$ 的极限. 这个增量比称为函数关于自变量的**平均变化率**（又称**差商**），而导数 $f'(x_0)$ 则为 $f(x)$ 在 x_0 处关于 x 的**变化率**.

若（3）式或（4）式极限不存在，则称 $f(x)$ 在点 x_0 处**不可导**.

2. 单侧导数

若只讨论函数在点 x_0 的右邻域（左邻域）上的变化率，需引进单侧导数的概念.

定义 1.2 设函数 $y=f(x)$ 在点 x_0 的某右邻域 $[x_0,x_0+\delta)$ 上有定义，若右极限

$$\lim_{\Delta x\to 0^+}\frac{\Delta y}{\Delta x}=\lim_{\Delta x\to 0^+}\frac{f(x_0+\Delta x)-f(x_0)}{\Delta x}$$

或

$$\lim_{x\to x_0^+}\frac{\Delta y}{\Delta x}=\lim_{x\to x_0^+}\frac{f(x)-f(x_0)}{x-x_0}$$

存在，则称该极限值为 $f(x)$ 在点 x_0 的**右导数**，记作 $f'_+(x_0)$.

类似地，可定义 $f(x)$ 在点 x_0 处的**左导数**

$$f'_-(x_0)=\lim_{\Delta x\to 0^-}\frac{f(x_0+\Delta x)-f(x_0)}{\Delta x}$$

或

$$f'_-(x)=\lim_{x\to x_0^-}\frac{f(x)-f(x_0)}{x-x_0}$$

右导数和左导数统称为**单侧导数**. 如同左、右极限与极限之间的关系，我们有：

定理 1.1 若函数 $y=f(x)$ 在点 x_0 的某邻域内有定义，则 $f'(x_0)$ 存在的充要条件是 $f'_+(x_0)$ 与 $f'_-(x_0)$ 都存在，且 $f'_+(x_0) = f'_-(x_0)$.

3. 导函数

定义 1.3 若函数 $y=f(x)$ 在开区间 (a,b) 内任意一点处都可导，则称函数 $f(x)$ 在开区间 (a,b) 内可导.

若 $f(x)$ 在区间 (a,b) 内可导，则对于区间 (a,b) 内的每一个 x 值，都有一个确定的导数值 $f'(x)$ 与之对应，所以 $f'(x)$ 也是 x 的函数，称作 $y=f(x)$ 的**导函数**，简称导数. 用 $f'(x)$，或 y'，或 $\frac{\mathrm{d}y}{\mathrm{d}x}$，或 $\frac{\mathrm{d}f(x)}{\mathrm{d}x}$ 表示，即

$$f'(x)=\lim_{\Delta x\to 0}\frac{f(x+\Delta x)-f(x)}{\Delta x}$$

函数在点 x_0 处的导数等于函数的导函数在点 x_0 处的函数值，即有

$$f'(x_0)=f'(x)\big|_{x=x_0}$$

因此，通常总是先求出函数 $y=f(x)$ 的导函数 $f'(x)$，再求任何一点的导数值就不难求了.

定义 1.4 若函数 $f(x)$ 在开区间 (a,b) 内可导，且在左端点右可导，右端点左可导，则称 $f(x)$ 在闭区间 $[a,b]$ 可导.

从导数定义可知，上述两个引例可说成：瞬时速度是路程 s 对时间 t 的导数，即 $v=s'(t)=\dfrac{\mathrm{d}s}{\mathrm{d}t}$；曲线在一点处的切线是曲线在该点处的导数，即 $k=f'(x)=\dfrac{\mathrm{d}f(x)}{\mathrm{d}x}$.

在物理学中导数 y' 也常用牛顿记号 $\dot{y}$ 表示，而记号 $\dfrac{\mathrm{d}y}{\mathrm{d}x}$ 是莱布尼茨首先引用的. 目前要将 $\dfrac{\mathrm{d}y}{\mathrm{d}x}$ 看作一个整体，也可把它理解为 $\dfrac{\mathrm{d}}{\mathrm{d}x}$ 施加于 y 的求导运算，待学过“微分”概念之后，将说明这个记号实际上是一个“商”.

4. 求导举例

下面根据定义求部分基本初等函数的导数，从而得出部分导数的基本公式.

例 1 求常数函数 $f(x)=C$（C 为常数)的导数.

解
$$f'(x)=\lim_{\Delta x\to 0}\frac{f(x+\Delta x)-f(x)}{\Delta x}=\lim_{\Delta x\to 0}\frac{C-C}{\Delta x}=0$$

也就是说，任何常数的导数都等于零，即

$$C'=0$$

从常量函数的图形也可以看出，函数值不随着自变量的变化而变化，因此变化率为零.

例 2 求幂函数 $f(x)=x^n$（n 为正整数)的导数.

解

$$f'(x)=\lim_{\Delta x\to 0}\frac{\Delta y}{\Delta x}=\lim_{\Delta x\to 0}\left[nx^{n-1}+\frac{n(n-1)}{2!}x^{n-2}\Delta x+\cdots+(\Delta x)^{n-1}\right]=nx^{n-1}$$

即
$$(x^n)'=nx^{n-1}$$

需要说明的是：对于一般的幂函数 $y=x^\alpha$（α 为实数)，上面的公式也成立，即

$$(x^\alpha)'=\alpha x^{n-1}$$

例 3 求正弦函数 $f(x)=\sin x$ 的导数.

解
$$f'(x)=\lim_{\Delta x\to 0}\frac{\Delta y}{\Delta x}=\lim_{\Delta x\to 0}\left[\cos\left(x+\frac{\Delta x}{2}\right)\cdot\frac{\sin\frac{\Delta x}{2}}{\frac{\Delta x}{2}}\right]$$

$$=\lim_{\Delta x\to 0}\frac{\sin\frac{\Delta x}{2}}{\frac{\Delta x}{2}}\cdot\lim_{\Delta x\to 0}\cos\left(x+\frac{\Delta x}{2}\right)=1\cdot\cos x=\cos x$$

即
$$(\sin x)'=\cos x$$

类似地，可以推导出

$$(\cos x)'=-\sin x$$

例 4　求对数函数 $y=\log_a x\ (x>0,a>0,a\neq 1)$ 的导数.

解
$$f'(x)=\lim_{\Delta x\to 0}\frac{\Delta y}{\Delta x}=\lim_{\Delta x\to 0}\left[\frac{1}{x}\log_a\left(1+\frac{\Delta x}{x}\right)^{\frac{x}{\Delta x}}\right]$$
$$=\frac{1}{x}\log_a\left[\lim_{\Delta x\to 0}\left(1+\frac{\Delta x}{x}\right)^{\frac{x}{\Delta x}}\right]=\frac{1}{x}\log_a \mathrm{e}=\frac{1}{x\ln a}$$

即
$$(\log_a x)'=\frac{1}{x\ln a}$$

特别地，当 $a=\mathrm{e}$ 时，因为 $\ln\mathrm{e}=1$，所以 $y=\ln x$ 的导数为
$$(\ln x)'=\frac{1}{x}$$

如 $y=\log_2 x$，因为 $a=2$，由公式可得 $(\log_2 x)'=\dfrac{1}{x\ln 2}$.

例 5　求指数函数 $y=a^x\ (a>0,a\neq 1)$ 的导数.

解
$$f'(x)=\lim_{\Delta x\to 0}\frac{\Delta y}{\Delta x}=a^x\lim_{\Delta x\to 0}\frac{a^{\Delta x}-1}{\Delta x}=a^x\ln a$$

即
$$(a^x)'=a^x\ln a$$

特别地，当 $a=\mathrm{e}$ 时，有
$$(\mathrm{e}^x)'=\mathrm{e}^x$$

三、导数的几何意义

我们已经知道，函数 $f(x)$ 在点 $x=x_0$ 的切线斜率 k 正是割线斜率在 $x\to x_0$ 时的极限，即
$$k=\lim_{x\to x_0}\frac{f(x)-f(x_0)}{x-x_0}$$

由导数的定义可知 $k=f'(x)$，所以曲线 $y=f(x)$ 在点 (x_0,y_0) 的**切线方程**是
$$y-y_0=f'(x_0)(x-x_0)\tag{5}$$

由解析几何知道，曲线 $y=f(x)$ 在点 (x_0,y_0) 的**法线方程**为
$$y-y_0=-\frac{1}{f'(x_0)}(x-x_0)\tag{6}$$

例 6　求曲线 $y=\dfrac{1}{\sqrt{x}}$ 在点（1,1）处的切线方程.

解　因为
$$k=y'|_{x=1}=-\frac{1}{2}x^{-\frac{3}{2}}|_{x=1}=-\frac{1}{2}$$

则切线方程为 $$y-1=-\frac{1}{2}(x-1)$$

整理得 $$x+2y-3=0$$

值得注意的是，如果函数 $f(x)$ 在点 x_0 处可导，则函数 $f(x)$ 在该点的切线一定存在，并且切线的斜率为函数 $f(x)$ 在该点的导数 $f'(x_0)$．但是如果函数 $f(x)$ 在点 x_0 处不可导，那么在该点处的切线也有可能存在．例如，$f(x)=\sqrt[3]{x}$，在 $x=0$ 处不可导（导数为无穷大），但是曲线在该点存在切线 $x=0$（见图 2.2）．

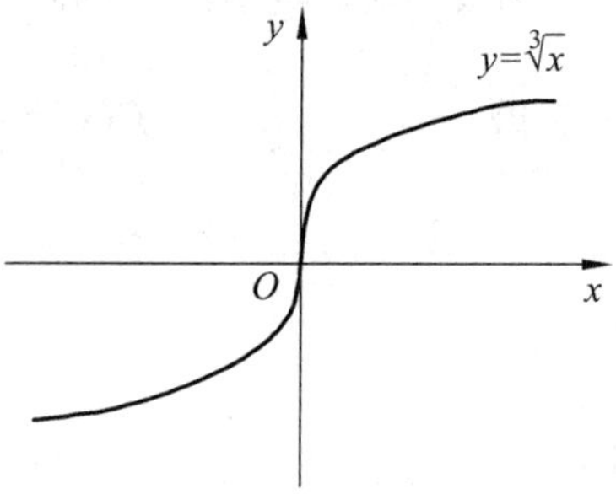

图 2.2

四、可导与连续的关系

定理 1.2 如果函数 $y=f(x)$ 在点 x_0 处可导，则 $y=f(x)$ 在点 x_0 处一定连续．反之不真．

证明 因为 $y=f(x)$ 在点 x_0 处可导，则有

$$f'(x_0)=\lim_{\Delta x\to 0}\frac{\Delta y}{\Delta x}$$

故 $$\lim_{\Delta x\to 0}\Delta y=\lim_{\Delta x\to 0}\frac{\Delta y}{\Delta x}\cdot\Delta x=\lim_{\Delta x\to 0}\frac{\Delta y}{\Delta x}\cdot\lim_{\Delta x\to 0}\Delta x=f'(x_0)\cdot 0=0$$

由连续的定义知，$y=f(x)$ 在点 x_0 处连续．

这个定理的逆命题不成立，即函数 $y=f(x)$ 在点 x_0 处连续时，在点 x_0 不一定可导，如下面的例子．

例 7 设

$$f(x)=|x|=\begin{cases}x, & x\geqslant 0\\ -x, & x<0\end{cases}$$

判断绝对值函数 $f(x)$ 在 $x=0$ 处的连续性及可导性（见图 2.3）．

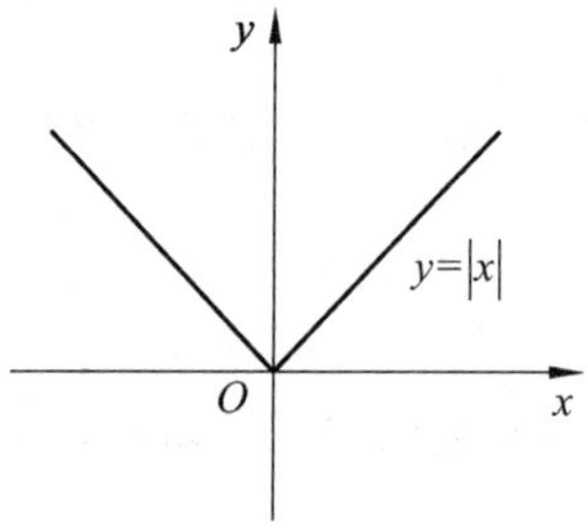

图 2.3

解 （1）因

$$f(0^+)=\lim_{x\to 0^+}f(x)=\lim_{x\to 0^+}x=0$$

$$f(0^-)=\lim_{x\to 0^-}f(x)=\lim_{x\to 0^-}(-x)=0$$

故

$$\lim_{x\to 0}f(x)=0$$

又 $f(x)=0$，所以 $f(x)$ 在 $x=0$ 处连续．

（2）因为

$$f'_+(0)=\lim_{x\to 0^+}\frac{f(x)-f(0)}{x}=\lim_{x\to 0^+}\frac{x-0}{x}=1$$

$$f'_-(0)=\lim_{x\to 0^-}\frac{f(x)-f(0)}{x}=\lim_{x\to 0^-}\frac{-x-0}{x}=-1$$

即 $f'_+(0)=1$，$f'_-(0)=-1$，故 $f'_+(0)\neq f'_-(0)$，所以函数 $f(x)$ 在 $x=0$ 处不可导．

习题 2.1

1. 填空：

（1）$(x^3)'=$__________，　$(x^3)'\big|_{x=2}=$__________；

（2）$(\sin x)'=$__________，　$(\sin x)'\big|_{x=\frac{\pi}{6}}=$__________；

（3）$(\cos x)'=$__________，　$(\cos x)'\big|_{x=\frac{\pi}{6}}=$__________；

（4）$(\ln x)'=$__________，　$(\ln x)'\big|_{x=2}=$__________；

（5）$(\mathrm{e}^x)'=$__________，　$(\mathrm{e}^x)'\big|_{x=2}=$__________.

2. 设函数 $f(x)$ 在点 x_0 处可导，求下面的极限.

（1）$\lim\limits_{x\to x_0}\dfrac{f(x)-f(x_0)}{x-x_0}$；　（2）$\lim\limits_{h\to 0}\dfrac{f(x_0-h)-f(x_0)}{h}$；

（3）$\lim\limits_{h\to 0}\dfrac{f(x_0+h)-f(x_0)}{2h}$；　（4）$\lim\limits_{h\to 0}\dfrac{f(x_0+\alpha h)-f(x_0+\beta h)}{h}$.

3. 回答下列问题.

（1）如果 $f(x)$ 在 x_0 处连续，$|f(x)|$ 在 x_0 处是否连续？

（2）如果 $f(x)$ 在 x_0 处可导，$|f(x)|$ 在 x_0 处是否连续？

（3）如果 $f(x)$ 在 x_0 处可导，$|f(x)|$ 在 x_0 处是否可导？

（4）如果 $f(x)$ 在 x_0 处可导，$f(x)$ 在 x_0 处是否存在切线？

（5）如果 $f(x)$ 在 x_0 处存在切线，$f(x)$ 在 x_0 处是否可导？

4. 求下列函数的导数.

（1）x^5；　（2）$\dfrac{1}{\sqrt{x}}$；　（3）$x^2\sqrt[5]{x}$；　（4）$\dfrac{x^2\sqrt[3]{x^2}}{\sqrt{x^5}}$.

5. 若函数 $g(x)$ 在点 a 是连续的，证明函数 $f(x)=(x-a)g(x)$ 在点 a 可导，且导数为 $f'(a)=g(a)$.

6. 设函数 $f(x)=x(x-1)(x-2)\cdots(x-n)$. 证明 $f'(0)=(-1)^n n!$.

7. 设 $f(x)=x+(x-a)\sqrt[n]{x-a}$（$n$ 是正整数），求导数 $f'(a)$.

8. 讨论下列函数在 $x=0$ 处的连续性和可导性.

（1）$f(x)=\begin{cases} x\sin\dfrac{1}{x}, & x\neq 0 \\ 0, & x=0 \end{cases}$　（2）$f(x)=\begin{cases} \sin x, & x\leqslant 0 \\ x\mathrm{e}^x, & x>0 \end{cases}$

9. 函数 $f(x)=\begin{cases} x^2, & x\leqslant 1 \\ ax+b, & x>1 \end{cases}$ 在 $x=1$ 处可导，求 a, b 的值.

10. 设物体的运动方程为 $s=t^2$，求

（1）物体在 $t=2$ s 和 $t=3$ s 间的平均速度？

（2）物体在 $t=2$ s 时的瞬时速度？

第二节　求导法则

在上一节中，我们从定义出发求出了一些简单函数的导数，但当函数比较复杂时，直接用定义求导数是比较困难的．而实际问题中遇到最多的是初等函数的导数，因此只要建立了基本初等函数的求导公式、导数的四则运算以及复合函数的求导法则，初等函数求导问题就基本上能得到解决．为此这一节将介绍导数的四则运算、反函数的求导法则、复合函数的求导法则，有了这些方法之后，就可以比较方便地求任何初等函数的导数了．

一、导数的四则运算

定理 2.1　如果函数 $u=u(x)$ 及 $v=v(x)$ 都在点 x 具有导数，那么它们的和、差、积、商（除分母为零的点外）都在点 x 具有导数，且

（1）$[u(x)\pm v(x)]'=u'(x)\pm v'(x)$；

（2）$[u(x)v(x)]'=u'(x)v(x)+u(x)v'(x)$；

（3）$\left[\dfrac{u(x)}{v(x)}\right]'=\dfrac{u'(x)v(x)-u(x)v'(x)}{v^2(x)}(v(x)\neq 0)$．

运用导数的定义即可证明定理 2.1，此处略．

定理 2.1 中的法则（1）、（2）可推广到任意有限个可导函数的情形．例如，设 $u=u(x)$，$v=v(x)$，$w=w(x)$ 均可导，则有

$$(u+v-w)'=u'+v'-w'$$

$$(uvw)'=[(uv)w]'=(uv)'w+(uv)w'=(u'v+uv')w+uvw'$$

即

$$(uvw)'=u'vw+uv'w+uvw'$$

在法则（2）中，当 $v(x)=C$ (C 为常数)时，有

$$(Cu)'=Cu'$$

例 1　设 $f(x)=x^3+5x^2-9x+\pi$，求 $f'(x)$．

解　$f'(x)=(x^3)'+5(x^2)'-9(x)'+(\pi)'=3x^2+10x-9$．

多项式函数 $f(x)=a_0x^n+a_1x^{n-1}+\cdots+a_{n-1}x+a_n$ 的导数为

$$f'(x)=na_0x^{n-1}+(n-1)a_1x^{n-2}+\cdots+a_{n-1}$$

它的幂比 $f(x)$ 低一次．

例 2　设 $y=x\ln x$，求 $y'|_{x=1}$．

解　因为

$$y'=(x)'\ln x+x(\ln x)'=\ln x+1$$

所以 $y'|_{x=1}=1$．

例 3　求函数 $y=\mathrm{e}^x(\sin x+\cos x)$ 的导数.

解　$y'=(\mathrm{e}^x)'(\sin x+\cos x)+\mathrm{e}^x(\sin x+\cos x)'$

$=\mathrm{e}^x(\sin x+\cos x)+\mathrm{e}^x(\cos x-\sin x)'=2\mathrm{e}^x\cos x$.

例 4　已知 $f(x)=\dfrac{x^2-x+1}{x+1}$，求 $f'(x)$.

解　$f'(x)=\dfrac{(x^2-x+1)'(x+1)-(x^2-x+1)(x+1)'}{(x+1)^2}$

$=\dfrac{(2x-1)(x+1)-(x^2-x+1)\cdot 1}{(x+1)^2}=\dfrac{x^2+2x-2}{(x+1)^2}$.

例 5　证明 $(\tan x)'=\sec^2 x$；$(\cot x)'=-\csc^2 x$.

证明　$(\tan x)'=\left(\dfrac{\sin x}{\cos x}\right)'=\dfrac{(\sin x)'\cos x-\sin x(\cos x)'}{\cos^2 x}$

$=\dfrac{\cos^2 x+\sin^2 x}{\cos^2 x}=\dfrac{1}{\cos^2 x}=\sec^2 x.$

同理可证

$$(\cot x)'=-\csc^2 x$$

例 6　证明 $(\sec x)'=\sec x\tan x$；$(\csc x)'=-\csc x\cot x$.

证明　仍只证第一个导数公式，第二个公式请读者自证.

$$(\sec x)'=\left(\frac{1}{\cos x}\right)'=-\frac{(\cos x)'}{\cos^2 x}=\frac{\sin x}{\cos^2 x}=\sec x\tan x$$

二、反函数的导数

我们已经求得三角函数的导数，为求得它的反函数的导数，下面先证明反函数的求导公式.

定理 2.2　如果函数 $x=f(y)$ 在区间 I_y 内单调、可导且 $f'(y)\neq 0$，则它的反函数 $y=f^{-1}(x)$ 在区间 $I_x=\{x\,|\,x=f(y),\ y\in I_y\}$ 内也可导，且

$$[f^{-1}(x)]'=\frac{1}{f'(y)}\quad \text{或}\quad \frac{\mathrm{d}y}{\mathrm{d}x}=\frac{1}{\dfrac{\mathrm{d}x}{\mathrm{d}y}} \tag{1}$$

（证明略）

上述结论可简单地描述成：反函数的导数等于直接函数导数的倒数. 下面用上述结论来求反三角函数及对数函数的导数.

例 7　证明 $(a^x)'=a^x\ln a$（其中 $a>0, a\neq 1$）. 特别地，$(\mathrm{e}^x)'=\mathrm{e}^x$.

证明　前面已经用导数的定义证明了该导数公式，下面利用反函数的求导法则证明. 由于 $y=a^x, x\in\mathbf{R}$ 为对数函数 $x=\log_a y$，$y\in(0,+\infty)$ 的反函数，由反函数求导法则，得

$$(a^x)'=\frac{1}{(\log_a y)'}=\frac{y}{\log_a \mathrm{e}}=a^x\ln a$$

例 8 证明 $(\arcsin x)' = \dfrac{1}{\sqrt{1-x^2}}$；$(\arccos x)' = -\dfrac{1}{\sqrt{1-x^2}}$.

证明 由于 $y = \arcsin x, x \in (-1,1)$ 是 $x = \sin y, y \in \left(-\dfrac{\pi}{2}, \dfrac{\pi}{2}\right)$ 的反函数，故由反函数求导法则，得

$$(\arcsin x)' = \frac{1}{(\sin y)'} = \frac{1}{\cos y} = \frac{1}{\sqrt{1-\sin^2 y}} = \frac{1}{\sqrt{1-x^2}},\quad x \in (-1,1)$$

同理可得

$$(\arccos x)' = -\frac{1}{\sqrt{1-x^2}}$$

例 9 证明 $(\arctan x)' = \dfrac{1}{1+x^2}$；$(\operatorname{arc\,cot} x)' = -\dfrac{1}{1+x^2}$.

证明 由于 $y = \arctan x, x \in \mathbf{R}$ 是 $x = \tan y, y \in \left(-\dfrac{\pi}{2}, \dfrac{\pi}{2}\right)$ 的反函数，因此

$$(\arctan x)' = \frac{1}{(\tan y)'} = \frac{1}{\sec^2 y} = \frac{1}{1+\tan^2 y} = \frac{1}{1+x^2},\quad x \in (-\infty, \infty)$$

同理可证

$$(\operatorname{arc\,cot} x)' = -\frac{1}{1+x^2},\quad x \in (-\infty, +\infty)$$

三、复合函数的导数

设有函数 $y = \ln\cos x$，若使用已知的求导公式和四则运算，难以求出 $y = \ln\cos x$ 的导数. 如果运用上一章的知识，把函数 $y = \ln\cos x$ 表示成函数 $y = \ln u$ 和 $u = \cos x$ 的复合函数，由于初等函数是由一些基本初等函数经过有限次的四则运算和有限次的复合运算而成，因此，复合函数的求导法则是求导运算中经常应用的一个重要法则.

先看一个例子. $y = \sin(2x+1)$ 是一个复合函数，它可以看作是由 $y = \sin u$ 及 $u = 2x+1$ 复合而成的. 下面用定义求出它的导数.

$$\Delta y = \sin[2(x+\Delta x)+1] - \sin(2x+1) = 2\sin(\Delta x)\cos(2x+1+\Delta x)$$

而

$$\frac{\Delta y}{\Delta x} = \frac{2\sin\Delta x\cos(2x+1+\Delta x)}{\Delta x}$$

则

$$\begin{aligned}\lim_{\Delta x\to 0}\frac{\Delta y}{\Delta x} &= \lim_{\Delta x\to 0}\frac{2\sin\Delta x\cos(2x+1+\Delta x)}{\Delta x} = 2\lim_{\Delta x\to 0}\frac{\sin\Delta x}{\Delta x}\cdot\lim_{\Delta x\to 0}\cos(2x+1+\Delta x)\\ &= 2\cdot 1\cdot\cos(2x+1) = 2\cos(2x+1)\end{aligned}$$

在这个结果中，除了设想的函数对中间变量的导数 $\cos(2x+1)$ 之外，还多了一个 2，2 恰好是中间变量 $u = 2x+1$ 对自变量的导数，因此有下面的重要结论.

定理2.3 如果 $u=g(x)$ 在点 x 可导，而 $y=f(u)$ 在点 $u=g(x)$ 可导，那么复合函数 $y=f[g(x)]$ 在点 x 可导，且其导数为

$$\frac{\mathrm{d}y}{\mathrm{d}x}=f'(u)\cdot g'(x) \quad 或 \quad \frac{\mathrm{d}y}{\mathrm{d}x}=\frac{\mathrm{d}y}{\mathrm{d}u}\cdot\frac{\mathrm{d}u}{\mathrm{d}x}$$

证明 由于 $y=f(u)$ 在点 u 可导，因此

$$\lim_{\Delta u\to 0}\frac{\Delta y}{\Delta u}=f'(u)$$

存在，于是根据极限与无穷小的关系有

$$\frac{\Delta y}{\Delta u}=f'(u)+\alpha$$

其中 α 是 $\Delta u\to 0$ 时的无穷小. 上式中 $\Delta u\neq 0$，用 Δu 乘上式两边，得

$$\Delta y=f'(u)\Delta u+\alpha\cdot\Delta u \tag{2}$$

当 $\Delta u=0$ 时，规定 $\alpha=0$，这时因 $\Delta y=f(u+\Delta u)-f(u)=0$，而（2）右端亦为零，故（2）式对 $\Delta u=0$ 也成立. 用 $\Delta x\neq 0$ 除（2）式两边，得

$$\frac{\Delta y}{\Delta x}=f'(u)\frac{\Delta u}{\Delta x}+\alpha\cdot\frac{\Delta u}{\Delta x}$$

于是

$$\lim_{\Delta x\to 0}\frac{\Delta y}{\Delta x}=\lim_{\Delta x\to 0}\left[f'(u)\frac{\Delta u}{\Delta x}+\alpha\frac{\Delta u}{\Delta x}\right]$$

根据函数在某点可导必在该点连续的性质知道，当 $\Delta x\to 0$ 时，$\Delta u\to 0$，从而可以推知

$$\lim_{\Delta x\to 0}\alpha=\lim_{\Delta u\to 0}\alpha=0$$

又因 $u=g(x)$ 在点 x 处可导，有

$$\lim_{\Delta x\to 0}\frac{\Delta u}{\Delta x}=g'(x)$$

故

$$\lim_{\Delta x\to 0}\frac{\Delta y}{\Delta x}=f'(u)\cdot\lim_{\Delta x\to 0}\frac{\Delta u}{\Delta x}$$

即

$$\frac{\mathrm{d}y}{\mathrm{d}x}=f'(u)\cdot g'(x)$$

注：（1）复合函数的求导公式亦称为**链式法则**. 函数 $y=f(u),u=\varphi(x)$ 的复合函数在点 x 的求导公式一般也写作

$$\frac{\mathrm{d}y}{\mathrm{d}x}=\frac{\mathrm{d}y}{\mathrm{d}u}\cdot\frac{\mathrm{d}u}{\mathrm{d}x}$$

即复合函数的导数等于复合函数对中间变量的导数乘中间变量对自变量的导数. 对于由多个函数复合而得的复合函数，其导数公式可反复应用上式而得.

（2） $f'(\varphi(x))=f'(u)|_{u=\varphi(x)}$ 与 $(f(\varphi(x)))'=f'(\varphi(x))\varphi'(x)$ 的含义不可混淆.

在计算复合函数的导数时，关键是弄清楚复合函数的构造，也就是弄清楚复合函数是由哪几个基本初等函数复合而成，然后再运用复合函数的求导法则.

以下通过几个例题来帮助大家体会这个公式的用法.

例 10 求函数 $y=\ln\cos x$ 的导数.

解 将 $y=\ln\cos x$ 看作 $y=\ln u$ 与 $u=\cos x$ 的复合函数，由 $y'_u=\dfrac{1}{u}$，$u'_x=-\sin x$，所以

$$y'_x=y'_u\cdot u'_x=\frac{1}{u}\cdot(-\sin x)=-\frac{\sin x}{\cos x}=-\tan x$$

例 11 设 α 为实数，求幂函数 $y=x^{\alpha}\,(x>0)$ 的导数.

解 因为 $y=x^{\alpha}=e^{\alpha\ln x}$ 可看作 $y=e^{u}$ 与 $u=\alpha\ln x$ 的复合函数，故

$$(x^{\alpha})'=(e^{\alpha\ln x})'=e^{\alpha\ln x}\cdot\frac{\alpha}{x}=\alpha x^{\alpha-1}$$

例 12 设 $f(x)=\sqrt{x^2+1}$，求 $f'(0),f'(1)$.

解 由于

$$f'(x)=(\sqrt{x^2+1})'=\frac{1}{2\sqrt{x^2+1}}(x^2+1)'=\frac{x}{\sqrt{x^2+1}}$$

因此 $f'(0)=0,f'(1)=\dfrac{1}{\sqrt{2}}$.

例 13 求函数 $y=\arcsin^2(2-x)$ 的导数.

解 将 $y=\arcsin^2(2-x)$ 看作 $y=u^2,u=\arcsin v$ 及 $v=2-x$ 的复合函数，故

$$y'=2\arcsin(2-x)\cdot\frac{1}{\sqrt{1-(2-x)^2}}\cdot(-1)=\frac{-2\arcsin(2-x)}{\sqrt{1-(2-x)^2}}$$

四、基本求导法则与公式

现在把前面得到的求导法则与基本初等函数的导数公式列出如下：

1. 常数和基本初等函数的导数公式

（1） $(C)'=0$； （2） $(x^{\mu})'=\mu x^{\mu-1}$；

（3） $(\sin x)'=\cos x$； （4） $(\cos x)'=-\sin x$；

（5） $(\tan x)'=\sec^2 x$； （6） $(\cot x)'=-\csc^2 x$；

（7） $(\sec x)'=\sec x\tan x$； （8） $(\csc x)'=-\csc x\cot x$；

（9） $(a^x)'=a^x\ln a$； （10） $(e^x)'=e^x$；

（11）$(\log_a x)'=\dfrac{1}{x\ln a}$；（12）$(\ln x)'=\dfrac{1}{x}$；

（13）$(\arcsin x)'=\dfrac{1}{\sqrt{1-x^2}}$；（14）$(\arccos x)'=-\dfrac{1}{\sqrt{1-x^2}}$；

（15）$(\arctan x)'=\dfrac{1}{1+x^2}$；（16）$(\text{arccot}x)'=-\dfrac{1}{1+x^2}$.

2. 函数的和、差、积、商的求导法则

设 $u=u(x)$，$v=v(x)$ 都可导，则

（1）$(u\pm v)'=u'\pm v'$；（2）$(Cu)'=Cu'$ (C 是常数)；

（3）$(uv)'=u'v+uv'$；（4）$\left(\dfrac{u}{v}\right)'=\dfrac{u'v-uv'}{v^2}(v\neq 0)$.

3. 反函数的求导法则

设 $x=f(y)$ 在区间 I_y 内单调、可导且 $f'(y)\neq 0$，则它的反函数 $y=f^{-1}(x)$ 在 $I_x=f(I_y)$ 内也可导，且

$$[f^{-1}(x)]'=\frac{1}{f'(y)} \quad 或 \quad \frac{\mathrm{d}y}{\mathrm{d}x}=\frac{1}{\dfrac{\mathrm{d}x}{\mathrm{d}y}}$$

4. 复合函数的求导法则

设 $y=f(u)$，而 $u=g(x)$ 且 $f(u)$ 及 $g(x)$ 都可导，则复合函数 $y=f[g(x)]$ 的导数为

$$\frac{\mathrm{d}y}{\mathrm{d}x}=\frac{\mathrm{d}y}{\mathrm{d}u}\cdot\frac{\mathrm{d}u}{\mathrm{d}x} \quad 或 \quad y'(x)=f'(u)\cdot g'(x)$$

习题 2.2

1. 回答下列问题.

（1）若 $f(x),g(x)$ 在点 x_0 处都不可导，$f(x)+g(x)$ 点 x_0 处是否一定不可导？

（2）若 $f(x)$ 在点 x_0 处可导，$g(x)$ 在点 x_0 处不可导，$f(x)+g(x)$ 在点 x_0 处是否一定不可导？

（3）若 $f(x)$ 在点 x_0 处可导，$g(x)$ 在点 x_0 处不可导，$f(x)+g(x)$ 与 $f(x)-g(x)$ 在点 x_0 处是否都可导.

2. 求下列函数的导数.

（1）$y=\mathrm{e}^x-\mathrm{e}+3\sin x-1$；（2）$y=\ln x+\arctan x$；

（3）$y=2\sqrt{x}-\dfrac{1}{x}+\cos x$；（4）$y=x^2\sin x$；

（5）$y=(1+x)(1+x^2)$；（6）$y=x\ln x+\dfrac{\ln x}{x}$；

（7）$y=\dfrac{x+a}{x-a}$；（8）$y=\dfrac{x^2}{x^2+1}-\dfrac{3\sin x}{x}$.

3. 求函数在给定点的导数值.

（1）$y=x^2+2\sin x+3$，$x=\pi$；（2）$y=2e^x+3x+2,\quad x=1$.

4. 求曲线 $y=\sqrt{x}-\dfrac{1}{x^2}$ 在点（1,0）处的切线方程.

5. 在曲线 $y=\dfrac{1}{3}x^3-x^2-x-3$ 上找一点，使过该点的切线平行于直线 $2x-y+2=0$.

6. 一球体受力在斜面上向上滚动，在 t s末离开初始位置的距离为 $s=3t-t^2$，问其初速度为多少？何时开始向下滚动？

7. 求下列函数的导数.

（1）$y=3^{\cos x}$；（2）$y=\sqrt{1+x^2}$；（3）$y=\ln(2x-3)$；

（4）$y=\tan(2x+1)$；（5）$y=e^{\sin x}$；（6）$y=\sin\ln x$；

（7）$y=\tan^3 x$；（8）$y=(\arcsin x)^2$.

8. 求下列函数的导数.

（1）$y=\sqrt{1+\ln^2 x}$；（2）$y=2^{\sin\frac{1}{x}}$；（3）$y=\cos e^{\sqrt{x}}$；

（4）$y=\sin^2\dfrac{x}{2}$；（5）$y=\sqrt{\sin\dfrac{x}{2}}$；（6）$y=[\arctan(1+x^2)]^3$；

（7）$y=\ln\sec 3x$；（8）$y=\ln[\ln(\ln x)]$.

9. 求下列函数的导数.

（1）$y=e^{-x}(x^2-2x-3)$；（2）$y=\sqrt[3]{x}e^{\sin x}$；

（3）$y=\dfrac{\sin 2x}{1+\cos 2x}$；（4）$y=\ln(\tan x+\sec x)$；

（5）$y=x\arcsin x+\sqrt{4-x^2}$；（6）$y=\arcsin\dfrac{2x}{1+x^2}$；

（7）$y=\sqrt{x+\sqrt{x}}$；（8）$y=\ln(x+\sqrt{x^2+1})$.

10. 设函数 $f(x)$ 可导，求下列函数的导数 $\dfrac{dy}{dx}$.

（1）$y=f(x^2)$；（2）$y=f(e^x)e^{f(x)}$；

（3）$y=f(f(x))$；（4）$y=f(\sin^2 x)+f(\cos^2 x)$.

11. 设函数 $f(x)$ 和 $g(x)$ 可导，且 $f^2(x)+g^2(x)\neq 0$，求函数 $y=\sqrt{f^2(x)+g^2(x)}$ 的导数.

第三节　三种特殊的求导方法及高阶导数

上一节给出的求导公式和求导法则基本上解决了初等函数的求导问题，但对于有些特殊形式的函数，有的不能直接套用公式和法则，有的直接利用公式和法则很繁琐，因此本节针对几类特殊形式的函数，讨论相应的求导方法.

一、隐函数求导法则

在此之前我们所接触的函数，其表达式大多是自变量的某个算式，如

$$y=x^2+1, \quad y=\cos(2x-1)$$

这种形式的函数称为**显函数**. 即等号左端是因变量的符号，而右端是含有自变量的式子，当自变量取定义域内任一值时，由这个式子能确定对应的函数值.

而实际中有些含 x,y 的方程 $F(x,y)=0$ 也蕴含变量 x 与 y 之间的函数关系，因而也可以确定 y 是 x 的函数，例如，

$$x^2+y^2-4=0, \quad xy=\mathrm{e}^{x+y}, \quad \cos(x^2y)-2y=0$$

一般的，如果变量 x 和 y 满足一个方程 $F(x,y)=0$，在一定条件下，当 x 取某区间内的任一值时，相应的总有满足这方程的唯一的 y 值存在，那么就说方程 $F(x,y)=0$ 在该区间内确定了一个隐函数.

有些隐函数可以化为显函数，叫作隐函数的显化. 如方程 $x^2+y^3-4=0$ 可以化为 $y=\sqrt[3]{4-x^2}$. 而更多的隐函数是难以甚至不能化为显函数，如 $xy=\mathrm{e}^{x+y}$ 就不能化为显函数. 因此，有必要找出直接由方程 $F(x,y)=0$ 来求隐函数导数的方法.

我们知道，把方程 $F(x,y)=0$ 所确定的隐函数 $y=y(x)$ 代入原方程，结果是恒等式，即

$$F(x,y(x))=0$$

这个恒等式两端对自变量 x 求导，所得结果也必然相等. 但应注意 y 是 x 的函数 $y(x)$，要用复合函数的求导法则，这样便得到一个含有 y' 的方程，解出 y' 就得到所求隐函数的导数. 不过在隐函数导数的表达式中，一般都含有 x 和 y. 下面举例说明隐函数求导法则.

例 1 求方程 $x^2+y^3-4=0$ 所确定的隐函数的导数.

解 将方程 $x^2+y^3-4=0$ 两边同时对 x 求导，注意 y 是 x 的函数，利用复合函数的求导法则，得

$$2x+3y^2y'-0=0$$

解得

$$y'=-\frac{2x}{3y^2}$$

例 2 求方程 $xy=\mathrm{e}^{x+y}$ 所确定的隐函数的导数.

解 将方程 $xy=\mathrm{e}^{x+y}$ 两边同时对 x 求导，注意 y 是 x 的函数，利用复合函数的求导法则，得

$$y+xy'=\mathrm{e}^{x+y}(1+y')$$

解得

$$y'=\frac{y-\mathrm{e}^{x+y}}{\mathrm{e}^{x+y}-x}=\frac{y-xy}{xy-x}$$

例 3 求由方程 $xy-\mathrm{e}^x+\mathrm{e}^y=0$ 所确定的隐函数 y 的导数 $\frac{\mathrm{d}y}{\mathrm{d}x},\frac{\mathrm{d}y}{\mathrm{d}x}\Big|_{x=0}$.

解 方程两边对 x 求导，得

$$y+x\frac{\mathrm{d}y}{\mathrm{d}x}-\mathrm{e}^x+\mathrm{e}^y\frac{\mathrm{d}y}{\mathrm{d}x}=0$$

解得

$$\frac{\mathrm{d}y}{\mathrm{d}x}=\frac{\mathrm{e}^x-y}{x+\mathrm{e}^y}$$

由原方程知 $x=0$ 时，$y=0$，所以

$$\frac{\mathrm{d}y}{\mathrm{d}x}\bigg|_{x=0}=\frac{\mathrm{e}^x-y}{x+\mathrm{e}^y}\bigg|_{\substack{x=0\\y=0}}=1$$

例 4 求曲线 $xy+\ln y=1$ 在点 $M(1,1)$ 处的切线方程.

解 方程两边同时对 x 求导，得

$$y+xy'+\frac{1}{y}\cdot y'=0$$

解得

$$y'=-\frac{y}{x+\frac{1}{y}}=-\frac{y^2}{xy+1}$$

在点 $M(1,1)$ 处，$y'\Big|_{\substack{x=1\\y=1}}=-\frac{1}{2}$，于是在点 $M(1,1)$ 处的切线方程为

$$y-1=-\frac{1}{2}(x-1)$$

即

$$x+2y-3=0$$

二、对数求导法则

若一个函数是多个函数的乘积、商或根式，或者是幂指函数时，利用对数的性质，可以化乘除为加减，化乘方与开方为乘积，化幂指函数为复合函数，然后按隐函数求导法则求导，可使求导运算变得简便. 这种方法因此称为**对数求导法**. 注意在这里，y' 最终的表达式中不允许保留 y，而要用相应的 x 的表达式代替.

例 5 设 $y=\frac{(x+5)^2(x-4)^{\frac{1}{3}}}{(x+2)^5(x+4)^{\frac{1}{2}}}\ (x>4)$, 求 y'.

解 先对函数式取对数，得

$$\begin{aligned}\ln y&=\ln\frac{(x+5)^2(x-4)^{\frac{1}{3}}}{(x+2)^5(x+4)^{\frac{1}{2}}}\\&=2\ln(x+5)+\frac{1}{3}\ln(x-4)-5\ln(x+2)-\frac{1}{2}\ln(x+4)\end{aligned}$$

再对上式两边分别求导数，得

$$\frac{y'}{y}=\frac{2}{x+5}+\frac{1}{3(x-4)}-\frac{5}{x+2}-\frac{1}{2(x+4)}$$

整理后得到

$$y'=\frac{(x+5)^2(x-4)^{\frac{1}{3}}}{(x+2)^5(x+4)^{\frac{1}{2}}}\left(\frac{2}{x+5}+\frac{1}{3(x-4)}-\frac{5}{x+5}-\frac{1}{2(x+4)}\right)$$

注：虽然可用乘、积、和、商的求导法则来求例 5 中函数的导数，但用对数求导法显得更为清晰、简便.

例 6 求 $y=x^x(x>0)$ 的导数.

解 对 $y=x^x$ 两边取对数

$$\ln y=x\ln x$$

两边同时对 x 求导，得

$$\frac{1}{y}y'=\ln x+1$$

整理后得到

$$y'=x^x(\ln x+1)$$

另外，此题也有如下解法：因 $y=x^x=\mathrm{e}^{\ln x^x}=\mathrm{e}^{x\ln x}$，故

$$y'=\mathrm{e}^{x\ln x}\cdot(x\ln x)'=\mathrm{e}^{x\ln x}(\ln x+1)$$

即

$$y'=x^x(\ln x+1)$$

一般地，对 $f(x)=u(x)^{v(x)}$ $(u(x)>0)$ 两边同时取对数，得

$$\ln f(x)=v(x)\cdot\ln u(x)$$

上式两边同时对自变量 x 求导，有

$$\frac{f'(x)}{f(x)}=v'(x)\cdot\ln u(x)+\frac{v(x)u'(x)}{u(x)}$$

解得

$$f'(x)=u(x)^{v(x)}\left[v'(x)\ln u(x)+\frac{v(x)u'(x)}{u(x)}\right]$$

三、参变量函数的导数及相关变化率

1. 参变量函数的导数

若参数方程

$$\begin{cases} x = \varphi(t) \\ y = \phi(t) \end{cases} \tag{1}$$

确定 y 与 x 之间的函数关系，则称此函数关系所表达的函数为由参数方程所确定的函数.

例如，参数方程

$$\begin{cases} x = 2t \\ y = t^2 \end{cases}$$

能够确定函数 $y = y(x)$，并可以通过消去参数 t 求出函数 $y = y(x)$ 的表达式：

$$y = t^2 = \left(\frac{x}{2}\right)^2 = \frac{x^2}{4}$$

进而可以求得 y 对 x 的导数

$$y' = \frac{1}{2}x$$

对于大多数不能消去参数，而得到函数的具体表达式的问题，我们需要利用参数方程直接得到参数方程确定函数的导数.

在方程 $\begin{cases} x = \varphi(t) \\ y = \phi(t) \end{cases}$ 中，设函数 $x = \varphi(t)$ 具有单调连续的反函数 $t = \varphi^{-1}(x)$，且此函数能与函数 $y = \phi(t)$ 构成复合函数，那么由参数方程所确定的函数就是

$$y = \phi[\varphi^{-1}(x)]$$

再设函数 $x = \varphi(t)$，$y = \phi(t)$ 都可导，且 $\varphi(t) \neq 0$，由复合函数及反函数的求导法则得

$$\frac{\mathrm{d}y}{\mathrm{d}x} = \frac{\mathrm{d}y}{\mathrm{d}t} \cdot \frac{\mathrm{d}t}{\mathrm{d}x} = \frac{\mathrm{d}y}{\mathrm{d}t} \cdot \frac{1}{\frac{\mathrm{d}x}{\mathrm{d}t}} = \frac{\phi'(t)}{\varphi'(t)}$$

即

$$\frac{\mathrm{d}y}{\mathrm{d}x} = \frac{\frac{\mathrm{d}y}{\mathrm{d}t}}{\frac{\mathrm{d}x}{\mathrm{d}t}} \tag{2}$$

例 7 试求由上半椭圆的参数方程

$$\begin{cases} x = a\cos t, \\ y = b\sin t. \end{cases} \quad 0 < t < \pi$$

所确定的函数 $y = y(x)$ 的导数.

解 按公式（2）求得

$$\frac{\mathrm{d}y}{\mathrm{d}x}=\frac{\mathrm{d}y}{\mathrm{d}t}\Big/\frac{\mathrm{d}x}{\mathrm{d}t}=\frac{(b\sin t)'}{(a\cos t)'}=-\frac{b}{a}\cot t$$

例 8 求曲线 $\begin{cases}x=2\mathrm{e}^{t}\\ y=\mathrm{e}^{-t}\end{cases}$ 在点 $(2,1)$ 处的切线方程和法线方程.

解 对应于点 $(2,1)$ 的参数 $t=0$，所以

$$k=\left.\frac{\mathrm{d}y}{\mathrm{d}x}\right|_{t=0}=\left.\frac{\frac{\mathrm{d}y}{\mathrm{d}t}}{\frac{\mathrm{d}x}{\mathrm{d}t}}\right|_{t=0}=\left.\frac{-\mathrm{e}^{-t}}{2\mathrm{e}^{t}}\right|_{t=0}=-\frac{1}{2}$$

故切线方程为 $$y-1=-\frac{1}{2}(x-2)$$

即 $$x+2y-4=0$$

法线方程为 $$y-1=2(x-2)$$

即 $$2x-y-3=0$$

例 9 如果不计空气阻力，则抛射体的运动轨迹的参数方程为

$$\begin{cases}x=v_1t\\ y=v_2t-\frac{1}{2}gt^2\end{cases}$$

其中 v_1,v_2 分别是抛射体初速度的水平分量、铅直分量，g 是重力加速度，t 是飞行时间. 求时刻 t 抛射体的运动速度（见图 2.4）.

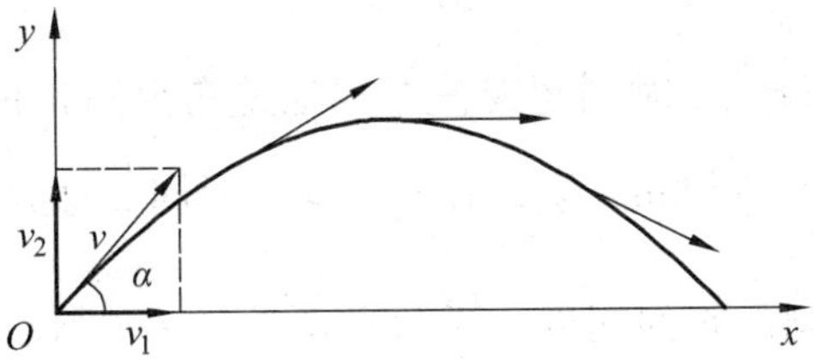

图 2.4

解 因为速度的水平分量和铅直分量分别为

$$\frac{\mathrm{d}x}{\mathrm{d}t}=v_1,\quad \frac{\mathrm{d}y}{\mathrm{d}t}=v_2-gt$$

所以抛射体的运动速度的大小为

$$v=\sqrt{\left(\frac{\mathrm{d}x}{\mathrm{d}t}\right)^2+\left(\frac{\mathrm{d}y}{\mathrm{d}t}\right)^2}=\sqrt{v_1^2+(v_2-gt)^2}$$

而速度的方向就是轨道的切线方向. 若 φ 是切线与 x 轴正向的夹角, 则根据导数的几何意义, 有

$$\tan\varphi=\frac{\mathrm{d}y}{\mathrm{d}x}=\frac{y_t'}{x_t'}=\frac{v_2-gt}{v_1} \quad 或 \quad \varphi=\arctan\frac{v_2-gt}{v_1}$$

2. 相关变化率

设 $x=x(t)$ 及 $y=y(t)$ 都是可导函数, 而变量 x 与 y 间存在某种关系, 从而变化率 $\frac{\mathrm{d}x}{\mathrm{d}t}$ 与 $\frac{\mathrm{d}y}{\mathrm{d}t}$ 间也存在一定关系. 这两个相互依赖的变化率称为**相关变化率**. 相关变化率问题就是研究这两个变化率之间的关系, 以便从其中一个变化率求出另一个变化率.

例 10 追逐一辆超速行驶汽车的巡警车正由正北向正南驶向一个垂直的十字路口, 超速汽车已经拐过路口向正东方向驶去. 当它离路口东向 1.2 km 时, 巡警车离路口北向 1.6 km, 此时警察用雷达确定两车间的距离以 40 km/h 的速率增长(见图 2.5). 若此刻巡警车的车速为 100 km/h, 试问此刻超速车辆的速度是多少?

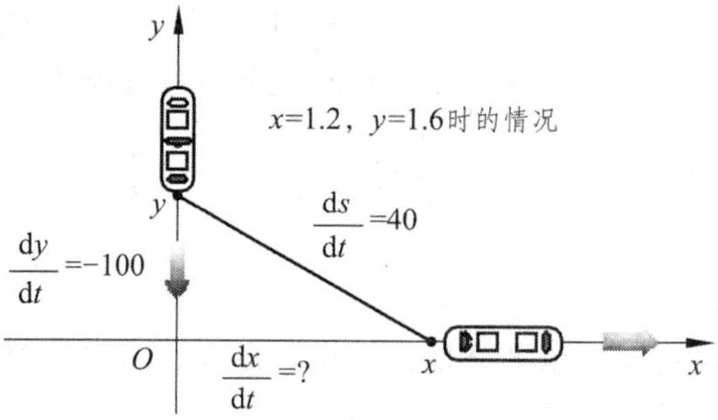

图 2.5

解 以路口为原点, 设在 t 时刻超速汽车和巡警车离路口的距离分别为 x km, y km, 则两车的直线距离 s 为 $\sqrt{x^2+y^2}$ km. 易知 x, y, s 均为时间 t 的函数, 且知 $\frac{\mathrm{d}x}{\mathrm{d}t}$, $\frac{\mathrm{d}y}{\mathrm{d}t}$ 分别表示超速汽车、巡警车在 t 时刻的瞬间速度, $\frac{\mathrm{d}s}{\mathrm{d}t}$ 表示两车在 t 时刻的相对速度, 将提问中的时刻记为 t_0.

现对 $s^2=x^2+y^2$ 的两边对 t 求导, 得

$$2s\frac{\mathrm{d}s}{\mathrm{d}t}=2x\frac{\mathrm{d}x}{\mathrm{d}t}+2y\frac{\mathrm{d}y}{\mathrm{d}t}$$

将 t_0 时刻的数据 $x=1.2$, $y=1.6$, $s=\sqrt{x^2+y^2}=2$, $\frac{\mathrm{d}s}{\mathrm{d}t}=40$, $\frac{\mathrm{d}y}{\mathrm{d}t}=-100$(符号取负是因为 y 值逐渐变小)代入上式, 得 $\frac{\mathrm{d}x}{\mathrm{d}t}=120$ km/h, 故所求时刻超速车辆的速度为 120 km/h.

四、高阶导数

设物体的运动方程为 $s=s(t)$，则物体的运动速度为 $v(t)=s'(t)$，而速度在时刻 t_0 的变化率就是运动物体在时刻 t_0 的加速度. 因此，加速度是速度函数的导数，也就是路程 $s(t)$ 的导函数的导数，这就产生了高阶导数的概念.

函数 $y=f(x)$ 的导数 $y'=f'(x)$ 一般来说仍是 x 的函数，因而可将 $y'=f'(x)$ 再对 x 求导数，所得结果 $(y')'=(f'(x))'$（如果存在）就称为 $y=f(x)$ 的**二阶导数**，记作

$$f''(x),\quad y'',\quad \frac{\mathrm{d}^2 f(x)}{\mathrm{d}x^2} \quad 或 \quad \frac{\mathrm{d}^2 y}{\mathrm{d}x^2}$$

函数 $y=f(x)$ 的二阶导数 $f''(x)$ 一般仍是 x 的函数，如果对它再求导数（如果存在），则称这个导数为函数 $y=f(x)$ 的三阶导数，记作

$$f'''(x),\quad y''',\quad \frac{\mathrm{d}^3 f(x)}{\mathrm{d}x^3} \quad 或 \quad \frac{\mathrm{d}^3 y}{\mathrm{d}x^3}$$

以此类推，函数 $y=f(x)$ 的 $n-1$ 阶导数的导数称为函数 $y=f(x)$ 的 n 阶导数，记作

$$f^{(n)}(x),\quad y^{(n)},\quad \frac{\mathrm{d}^{(n)} f(x)}{\mathrm{d}x^{(n)}} \quad 或 \quad \frac{\mathrm{d}^{(n)} y}{\mathrm{d}x^{(n)}}$$

二阶及二阶以上的导数，统称为**高阶导数**. 从高阶导数的定义可知，求函数 $y=f(x)$ 的高阶导数，只要反复运用求导方法，逐阶求导即可. n 阶导数在 x_0 的值记作

$$f^{(n)}(x_0),\quad y^{(n)}\Big|_{x=x_0},\quad \left.\frac{\mathrm{d}^{(n)} f(x)}{\mathrm{d}x^{(n)}}\right|_{x=x_0} \quad 或 \quad \left.\frac{\mathrm{d}^{(n)} y}{\mathrm{d}x^{n}}\right|_{x=x_0}$$

例 11 求幂函数 $y=x^n$ (n 为正整数)的各阶导数.

解 由幂函数的求导公式得

$$\begin{aligned}
&y'=nx^{n-1}\\
&y''=n(n-1)x^{n-2}\\
&\cdots\cdots\\
&y^{(n-1)}=(y^{(n-2)})'=n(n-1)\cdots 2x\\
&y^{(n)}=(y^{(n-1)})'=(n(n-1)\cdots 2x)'=n!\\
&y^{(n+1)}=y^{(n+2)}=\cdots=0
\end{aligned}$$

由此可见，对于正整数幂函数 x^n，每求导一次，其幂次降低 1，且第 n 阶导数为一常数，大于 n 阶的导数都等于 0.

例 12 求 $y=a^x$ 的 n 阶导数.

解 $$y'=a^x\ln a$$

$$y''=(y')'=(a^x\ln a)'=a^x\ln a\cdot\ln a=a^x(\ln a)^2$$
$$y'''=(y'')'=(a^x(\ln a)^2)'=a^x(\ln a)^2\cdot\ln a=a^x(\ln a)^3$$
……
$$y^{(n)}=a^x(\ln a)^n$$

特别地，有

$$(\mathrm{e}^x)^{(n)}=\mathrm{e}^x,\quad n\in\mathbf{N}^+$$

即指数函数 e^x 的各阶导数仍是 e^x .

例 13 求函数 $y=\ln x$ 的各阶导数.

解
$$y'=\frac{1}{x}$$
$$y''=\left(\frac{1}{x}\right)'=-\frac{1}{x^2}$$
$$y'''=\left(\frac{-1}{x^2}\right)'=\frac{2}{x^3}$$
$$y^{(4)}=\left(\frac{2}{x^3}\right)'=\frac{-2\cdot 3}{x^4}$$

一般地，可得

$$y^{(n)}=(-1)^{n-1}\frac{(n-1)!}{x^n}$$

例 14 求 $y=\sin x$ 和 $y=\cos x$ 的各阶导数.

解 对于 $y=\sin x$，由三角函数的求导公式得

$$y'=\cos x,\quad y''=-\sin x,\quad y'''=-\cos x,\quad y^{(4)}=\sin x$$

继续求导，将出现周而复始的现象. 为了得到一般 n 阶导数公式，可将上述导数改写为

$$y'=\cos x=\sin\left(x+\frac{\pi}{2}\right)$$
$$y''=-\sin x=\sin\left(x+2\cdot\frac{\pi}{2}\right)$$
$$y'''=-\cos x=\sin\left(x+3\cdot\frac{\pi}{2}\right)$$

一般地，可推得

$$y^{(n)}=\sin\left(x+n\cdot\frac{\pi}{2}\right),\quad n\in\mathbf{N}^+$$

类似地有

$$\cos^{(n)}x=\cos\left(x+n\cdot\frac{\pi}{2}\right),\quad n\in\mathbf{N}^+$$

一阶导数的运算法则可直接移植到高阶导数. 容易看出：如果函数 $u=u(x),v=v(x)$ 都在 x 处具有 n 阶导数，那么显然 $u(x)\pm v(x)$ 也在 x 处具有 n 阶导数，且

$$[u\pm v]^{(n)}=u^{(n)}\pm v^{(n)}$$

对于乘法求导法则较为复杂一些. 设 $y=uv$，则

$$\begin{aligned}
&y'=u'v+uv'\\
&y''=(u'v+uv')'=u''v+2u'v'+uv''\\
&y'''=(u''v+2u'v'+uv'')'=u'''v+3u''v'+3u'v''+uv'''
\end{aligned}$$

如此下去，利用数学归纳法不难证明，$(uv)^{(n)}$ 的计算结果与二项式 $(u+v)^n$ 展开式极为相似，可得

$$\begin{aligned}
(uv)^{(n)}&=u^{(n)}v^{(0)}+\mathrm{C}_n^1u^{(n-1)}v^{(1)}+\mathrm{C}_n^2u^{(n-2)}v^{(2)}+\cdots+\mathrm{C}_n^ku^{(n-k)}v^{(k)}+\cdots+u^{(0)}v^{(n)}\\
&=\sum_{k=0}^{n}\mathrm{C}_n^ku^{(n-k)}v^{(k)}
\end{aligned}$$

其中 $u^{(0)}=u, v^{(0)}=v$. 这个公式称为**莱布尼茨公式**.

例 15 设 $y=\mathrm{e}^x\cos x$，求 $y^{(5)}$.

解 令 $u(x)=\mathrm{e}^x$，$v(x)=\cos x$，则

$$u^{(n)}(x)=\mathrm{e}^x,\quad v^{(n)}(x)=\cos\left(x+n\frac{\pi}{2}\right)$$

应用莱布尼茨公式（$n=5$）得

$$\begin{aligned}
y^{(5)}&=\mathrm{e}^x\cos x+5\mathrm{e}^x\cos\left(x+\frac{\pi}{2}\right)+10\mathrm{e}^x\cos\left(x+2\cdot\frac{\pi}{2}\right)+\\
&\quad 10\mathrm{e}^x\cos\left(x+3\cdot\frac{\pi}{2}\right)+5\mathrm{e}^x\cos\left(x+4\cdot\frac{\pi}{2}\right)+\mathrm{e}^x\cos\left(x+5\cdot\frac{\pi}{2}\right)\\
&=4\mathrm{e}^x(\sin x-\cos x)
\end{aligned}$$

例 16 求方程 $x-y+\frac{1}{2}\sin y=0$ 所确定的隐函数的二阶导数 $\frac{\mathrm{d}^2y}{\mathrm{d}x^2}$.

解 将方程两端对 x 求导数，有

$$1-\frac{\mathrm{d}y}{\mathrm{d}x}+\frac{1}{2}\cos y\frac{\mathrm{d}y}{\mathrm{d}x}=0 \qquad (3)$$

解得

$$\frac{\mathrm{d}y}{\mathrm{d}x}=\frac{2}{2-\cos y}$$

（3）式两端再对 x 求导，得

$$-\frac{\mathrm{d}^2y}{\mathrm{d}x^2}+\frac{1}{2}(-\sin y)\left(\frac{\mathrm{d}y}{\mathrm{d}x}\right)^2+\frac{1}{2}\cos y\frac{\mathrm{d}^2y}{\mathrm{d}x^2}=0$$

将一阶导数代入得

$$\frac{d^2y}{dx^2}=\frac{-4\sin y}{(2-\cos y)^3}$$

注意：也可以直接对一阶导数再求一次导数来求二阶导数，不过注意 y 和 $\frac{dy}{dx}$ 都是 x 的函数.

设 φ,ϕ 在 $[\alpha,\beta]$ 上都是二阶可导，则由参数方程

$$\begin{cases}x=\varphi(t)\\ y=\phi(t)\end{cases}$$

所确定的函数的一阶导数 $\frac{dy}{dx}=\frac{\phi'(t)}{\varphi'(t)}$，它的参数方程是

$$\begin{cases}x=\varphi(t)\\ \frac{dy}{dx}=\frac{\phi'(t)}{\varphi'(t)}\end{cases}$$

因此可以得到由参数方程确定的函数的二阶导数公式：

$$\frac{d^2y}{dx^2}=\frac{d}{dx}\left(\frac{dy}{dx}\right)=\frac{\frac{d}{dt}\left(\frac{\phi'}{\varphi'}\right)}{\frac{dx}{dt}}=\frac{\left(\frac{\phi'(t)}{\varphi'(t)}\right)'}{\varphi'(t)}=\frac{\phi''(t)\varphi'(t)-\phi'(t)\varphi''(t)}{[\varphi'(t)]^3}$$

例 17 试求由摆线方程

$$\begin{cases}x=a(t-\sin t)\\ y=a(1-\cos t)\end{cases}$$

所确定的函数 $y=y(x)$ 的二阶导数.

解 由参数方程确定函数的导数公式，得

$$\frac{dy}{dx}=\frac{(a(1-\cos t))'}{(a(t-\sin t))'}=\frac{\sin t}{1-\cos t}=\cot\frac{t}{2}$$

再由二阶导数公式，有

$$\frac{d^2y}{dx^2}=\frac{\left(\cot\frac{t}{2}\right)'}{(a(t-\sin t))'}=\frac{-\frac{1}{2}\csc^2\frac{t}{2}}{a(1-\cos t)}=-\frac{1}{4a}\csc^4\frac{t}{2}$$

习题 2.3

1. 求下列隐函数的导数 $\frac{dy}{dx}$.

(1) $x^2+xy-2=0$；　　(2) $\sin(x+y)=y^2\cos x$；

(3) $y=xy+xe^y$；　　(4) $\ln\sqrt{x^2+y^2}=\arctan\frac{y}{x}$.

2. 求下列隐函数的导数在指定点处的值.

(1) $x^3+y^3=3xy$, $\left(\frac{2}{3},\frac{4}{3}\right)$；　　(2) $y=1+xe^y$, $(0,1)$.

3. 求下列函数的二阶导数.

(1) $y=(x^2+1)^2$；　　(2) $y=\ln(1-x^2)$；　　(3) $y=x\cos x$；

(4) $y=e^{\sin x}$；　　(5) $y=\frac{1}{1+x}$；　　(6) $y=\frac{e^x}{x}$；

(7) $y=\sqrt{a^2-x^2}$；　　(8) $y=(1+x^2)\arctan x$.

4. 求下列方程所确定的隐函数的二阶导数 $\frac{d^2y}{dx^2}$.

(1) $x^2-y^2=1$；　　(2) $e^y=xy$；

(3) $y=\tan(x+y)$；　　(4) $\sqrt{x^2+y^2}=e^{\arctan\frac{y}{x}}$.

5. 求下列函数的 n 阶导数.

(1) $y=\frac{x-1}{x+1}$；　　(2) $y=x\ln x$；

(3) $y=\sin^2 x$；　　(4) $y=xe^x$.

6. 设 $f''(x)$ 存在，求下列函数的二阶导数.

(1) $y=f(x^n)$；　　(2) $y=f(e^{-x})$；

(3) $y=\ln f(x)$；　　(4) $y=f(f(x))$.

7. 利用对数求导法，求下列函数的导数.

(1) $y=\frac{\sqrt{x+2}(3-x)^4}{(x+1)^5}$；　　(2) $y=\sqrt{\frac{(x-1)\cos 3x}{(2x+3)(3-4x)}}$；

(3) $y=x^{\sin x}$；　　(4) $y=\left(\frac{x}{1+x}\right)^x$.

8. 求下列参数方程所确定的函数的导数 $\frac{dy}{dx}$.

(1) $\begin{cases}x=t^4\\y=4t\end{cases}$；　　(2) $\begin{cases}x=\theta(1-\sin\theta)\\y=\theta\cos\theta\end{cases}$.

9. 求下列参数方程所确定的函数在指定点处的导数 $\frac{\mathrm{d}y}{\mathrm{d}x}$.

（1）$\begin{cases} x = \mathrm{e}^t \sin t \\ y = \mathrm{e}^t \cos t \end{cases}$，$t = \frac{\pi}{2}$；（2）$\begin{cases} x = \frac{t}{1+t} \\ y = \frac{1-t}{1+t} \end{cases}$，$t = 0$.

10. 求下列参数方程所确定的函数的二阶导数 $\frac{\mathrm{d}^2 y}{\mathrm{d}x^2}$.

（1）$\begin{cases} x = a\sin t \\ y = b\cos t \end{cases}$；（2）$\begin{cases} x = 3\mathrm{e}^{-t} \\ y = \mathrm{e}^t \end{cases}$；

（3）$\begin{cases} x = t - \ln(1+t) \\ y = t^3 + t^2 \end{cases}$；（4）$\begin{cases} x = f'(t) \\ y = tf'(t) - f(t) \end{cases}$（$f''(t)$ 存在且不为零）.

11. 求曲线 $\begin{cases} x = \cos^3 t \\ y = \sin^3 t \end{cases}$ 在 $t = \frac{\pi}{4}$ 处的切线和法线方程.

12. 一个气球从离开观察员 500 m 处离地铅直上升，其速率为 140 m/min，求当气球高度为 500 m 时，观察员视线仰角的增加率为多少？

13. 一长为 5 m 的梯子斜靠在墙上，如果梯子下端以 5 m/s 的速率滑离墙壁，试求梯子下端离墙 3 m 时，梯子上端向下滑落的速率？

14. 落入平静水面上的石头会产生同心波纹. 若最外一圈波半径的增大速率总是 6 m/s，求在 2 s 末扰动水面面积增加的速率.

第四节　函数的微分

导数表示函数相对于自变量变化的快慢程度，而在实际问题中人们往往会遇到要了解函数在某点当自变量取得微小的改变量时，函数取得的相应改变量及其近似值的大小. 一般而言，函数改变量的计算是比较困难的，为了能找到合适改变量的近似表达式，下面引进微分的概念. 本节首先介绍微分的概念和几何意义，然后讨论它的运算法则，最后介绍微分在近似计算中的应用.

一、微分的定义

先考察一个具体问题. 一个正方形金属薄片受温度变化的影响，其边长由 x_0 变到 $x_0 + \Delta x$，问此薄片的面积改变了多少？

我们知道正方形的面积 A 与其边长 x 之间的函数关系是

$$A = x^2$$

而金属薄片受温度变化的影响时，其面积的改变量可以看成是当自变量 x 自 x_0 取得增量 Δx 时，函数 A 相应的增量 ΔA，即

$$\Delta A=(x+\Delta x)^2-{x_0}^2=2x_0\Delta x+(\Delta x)^2$$

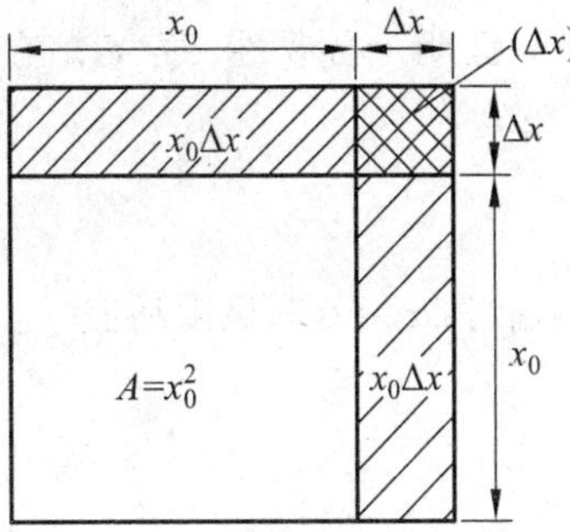

图 2.6

从式中可以看出，ΔA 由两部分组成：第一部分 $2x_0\Delta x$ 是 Δx 的线性函数，称为 ΔA 的线性主部（见图 2.6）；第二部分 $(\Delta x)^2$ 是关于 Δx 的高阶无穷小，即 $(\Delta x)^2=o(\Delta x)$．由此可见，当给 x_0 一个微小增量 Δx 时，由此引起的正方形面积增量 ΔA 可以近似地用线性主部来代替．由此产生的误差是一个关于 Δx 的高阶无穷小，也就是以 Δx 为边长的小正方形的面积.

数学上把 ΔA 的线性主部 $2x_0\Delta x$ 称为面积函数 $A=x^2$ 在点 x_0 处的微分．一般的，函数 $f(x)$ 在点 x_0 处的微分可定义为：

定义 4.1 设函数 $y=f(x)$ 在点 x_0 的某邻域 $U(x_0)$ 内有定义，当给 x_0 一个增量 Δx，$x_0+\Delta x\in U(x_0)$ 时，相应地得到函数值的增量为

$$\Delta y=f(x_0+\Delta x)-f(x_0)$$

如果存在不依赖于 Δx 的常数 A，使得 Δy 能表示成

$$\Delta y=A\Delta x+o(\Delta x) \tag{1}$$

则称函数 $f(x)$ 在点 x_0 **可微**，并称上式中的第一项 $A\Delta x$，即增量 Δy 的**线性主部**为 $f(x)$ 在点 x_0 的**微分**，记作

$$\mathrm{d}y\big|_{x=x_0}=A\Delta x \quad 或 \quad \mathrm{d}f(x)\big|_{x=x_0}=A\Delta x \tag{2}$$

由定义可见，函数的微分与增量仅相差一个关于 Δx 的高阶无穷小.

例 1 自由落体运动中，$s(t)=\dfrac{1}{2}gt^2$，则

$$\begin{aligned}\Delta s=s(t+\Delta t)-s(t)&=\frac{1}{2}g(t+\Delta t)^2-\frac{1}{2}gt^2\\&=\frac{1}{2}g(2t\Delta t+(\Delta t)^2)=gt\Delta t+\frac{1}{2}g(\Delta t)^2\end{aligned}$$

即 Δs 可表为 Δt 的线性函数和 Δt 的高阶无穷小量之和．由微分定义可知，$s(t)$ 在 t 点可微，且微分

$$\mathrm{d}s=gt\Delta t$$

它等于以匀速 $s'(t)=gt$ 运动，在 Δt 时间内走过的路程.

上面关于函数在一点处可微及微分的定义非常抽象，用该定义判断一个具体函数的可微性很不方便，特别是定义中的常数 A 究竟是什么，与哪个量有关，通过下面的关于微分与导数关系的讨论，我们将对函数的微分有更明确的认识.

定理 4.1 函数 $f(x)$ 在点 x_0 处可微的充要条件是函数 $f(x)$ 在点 x_0 处可导，而且微分定义中的 A 等于 $f'(x_0)$，即

$$\mathrm{d}y\big|_{x=x_0} = f'(x_0)\Delta x$$

证明 必要性. 若 $f(x)$ 在点 x_0 处可微, 则由微分定义有

$$\frac{\Delta y}{\Delta x} = A + o(1)$$

两端对 $\Delta x \to 0$ 取极限后有

$$f'(x_0) = \lim_{\Delta x \to 0} \frac{\Delta y}{\Delta x} = \lim_{\Delta x \to 0} (A + o(1)) = A$$

这就证明了 $f(x)$ 在点 x_0 处可导且导数等于 A.

充分性. 若 $f(x)$ 在点 x_0 处可导, 即

$$f'(x_0) = \lim_{\Delta x \to 0} \frac{\Delta y}{\Delta x}$$

那么根据极限存在与无穷小的关系, 有

$$\Delta y = f'(x_0)\Delta x + o(\Delta x)$$

它表明函数增量 Δy 可表示为 Δx 的线性部分 $(f'(x_0)\Delta x)$ 与较 Δx 高阶的无穷小之和, 所以 $f(x)$ 在点 x_0 处可微, 且有

$$\mathrm{d}y\big|_{x=x_0} = f'(x_0)\Delta x$$

若函数 $y = f(x)$ 在区间 I 上每一点都可微, 则称 $f(x)$ 为 I 上的**可微函数**. 函数 $y = f(x)$ 在 I 上任一点 x 处的**微分**, 记作

$$\mathrm{d}y = f'(x)\Delta x,\ \ x \in I$$

它不仅依赖于 Δx, 而且也依赖于 x.

特别地, 当 $y = x$ 时, $\mathrm{d}y = \mathrm{d}x = \Delta x$, 这表示自变量的微分 $\mathrm{d}x$ 等于自变量的增量, 于是上式可写为

$$\mathrm{d}y = f'(x)\mathrm{d}x$$

即函数的微分等于函数的导数与自变量微分的积.

比如,

$$\mathrm{d}(x^{\alpha}) = \alpha x^{\alpha-1}\mathrm{d}x, \quad \mathrm{d}(\sin x) = \cos x\mathrm{d}x, \quad \mathrm{d}(\ln x) = \frac{\mathrm{d}x}{x}$$

如果把 $\mathrm{d}y = f'(x)\mathrm{d}x$ 写成 $f'(x) = \dfrac{\mathrm{d}y}{\mathrm{d}x}$, 那么函数的导数就等于函数微分与自变量微分的商. 因此, 导数也常称为**微商**. 在这以前, 总把 $\dfrac{\mathrm{d}y}{\mathrm{d}x}$ 作为一个运算记号的整体来看待, 有了微分概念之后, 也不妨把它看作一个分式了.

例 2 求函数 $y = x^2$ 当自变量 x 由 1 变为 1.01 时的微分.

解 由于 $\mathrm{d}y = f'(x)\mathrm{d}x = 2x\mathrm{d}x$，由已知条件 $x=1$，$\mathrm{d}x = \Delta x = 0.01$，则

$$\mathrm{d}y = 2\times1\times0.01 = 0.02$$

例 3 求函数 $y = \ln\sin 3x$ 在点 $x = \dfrac{\pi}{12}$ 处的微分.

解 由于

$$\mathrm{d}y = (\ln\sin 3x)'\mathrm{d}x = 3\frac{\cos 3x}{\sin 3x}\mathrm{d}x = 3\cot 3x\mathrm{d}x$$

则

$$\mathrm{d}y\Big|_{x=\frac{\pi}{12}} = (3\cot 3x)\Big|_{x=\frac{\pi}{12}}\mathrm{d}x = 3\mathrm{d}x$$

二、微分的几何意义

为了对微分有比较直观的了解，下面我们来说明微分的几何意义.

在直角坐标系中，函数 $y = f(x)$ 的图形是一条曲线. 对于某一固定的 x_0 值，曲线上有一个确定点 $M(x_0, y_0)$，当自变量 x 有微小增量 Δx 时，就得到曲线上另一点 $N(x_0+\Delta x, y_0+\Delta y)$. 从图 2.7 可知

$$MQ = \Delta x,\quad QN = \Delta y$$

过点 M 作曲线的切线 MT，它的倾角为 α，则

$$QP = MQ\cdot\tan\alpha = \Delta x\cdot f'(x_0)$$

即

$$\mathrm{d}y = QP$$

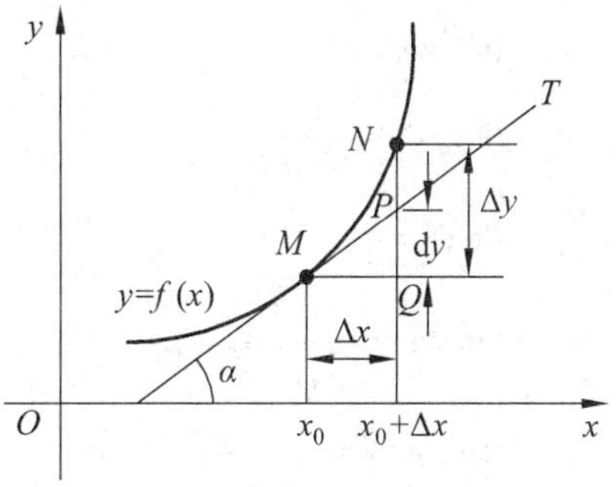

图 2.7

由此可见，对于可微函数 $y = f(x)$ 而言，当 Δy 是曲线 $y = f(x)$ 上点的纵坐标的增量时，$\mathrm{d}y$ 就是曲线的切线上点的纵坐标的相应增量. 当 $|\Delta x|$ 很小时，$|\Delta y - \mathrm{d}y|$ 比 $|\Delta x|$ 小得多. 因此在点 M 的邻近，我们可以用切线段来近似代替曲线段. 在局部范围内用线性函数近似代替非线性函数，在几何上就是局部用切线段近似代替曲线段，这在数学上称为非线性函数的局部线性化，这是微分学的基本思想方法之一. 这种思想方法在自然科学和工程问题的研究中是经常采用的.

三、基本初等函数的微分公式与微分运算法则

从函数微分的表达式

$$\mathrm{d}y = f'(x)\mathrm{d}x$$

可以看出，要计算函数的微分，只要计算函数的导数，再乘以自变量的微分即可. 因此，可得如下的微分公式和微分运算法则.

1. 基本初等函数的微分公式

由基本初等函数的导数公式可以直接写出基本初等函数的微分公式. 为了便于对照, 列表 2.1 于下：

表 2.1

导数公式	微分公式
$(x^{u})' = \mu x^{u-1}$	$\mathrm{d}(x^{u}) = \mu x^{u-1}\mathrm{d}x$
$(\sin x)' = \cos x$	$\mathrm{d}(\sin x) = \cos x\mathrm{d}x$
$(\cos x)' = -\sin x$	$\mathrm{d}(\cos x) = -\sin x\mathrm{d}x$
$(\tan x)' = \sec^2 x$	$\mathrm{d}(\tan x) = \sec^2 x\mathrm{d}x$
$(\cot x)' = -\csc^2 x$	$\mathrm{d}(\cot x) = -\csc^2 x\mathrm{d}x$
$(\sec x)' = \sec x\tan x$	$\mathrm{d}(\sec x) = \sec x\tan x\mathrm{d}x$
$(\csc x)' = -\csc x\cot x$	$\mathrm{d}(\csc x) = -\csc x\cot x\mathrm{d}x$
$(a^x)' = a^x\ln a$	$\mathrm{d}(a^x) = a^x\ln a\mathrm{d}x$
$(\mathrm{e}^x)' = \mathrm{e}^x$	$\mathrm{d}(\mathrm{e}^x) = \mathrm{e}^x\mathrm{d}x$
$(\log_a x)' = \dfrac{1}{x\ln a}$	$\mathrm{d}(\log_a x) = \dfrac{1}{x\ln a}\mathrm{d}x$
$(\ln x)' = \dfrac{1}{x}$	$\mathrm{d}(\ln x) = \dfrac{1}{x}\mathrm{d}x$
$(\arcsin x)' = \dfrac{1}{\sqrt{1-x^2}}$	$\mathrm{d}(\arcsin x) = \dfrac{1}{\sqrt{1-x^2}}\mathrm{d}x$
$(\arccos x)' = -\dfrac{1}{\sqrt{1-x^2}}$	$\mathrm{d}(\arccos x) = -\dfrac{1}{\sqrt{1-x^2}}\mathrm{d}x$
$(\arctan x)' = \dfrac{1}{1+x^2}$	$\mathrm{d}(\arctan x) = \dfrac{1}{1+x^2}\mathrm{d}x$
$(\mathrm{arccot}x)' = -\dfrac{1}{1+x^2}$	$\mathrm{d}(\mathrm{arc}\cot x) = -\dfrac{1}{1+x^2}\mathrm{d}x$

2. 函数和、差、积、商的微分法则

由函数和、差、积、商的求导法则, 可推得相应的微分法则. 为了便于对照, 列成表 2.2（表中 $u=u(x)$, $v=v(x)$ 都可导）.

表 2.2

函数和、差、积、商的求导法则	函数和、差、积、商的微分法则
$(u \pm v)' = u' \pm v'$	$\mathrm{d}(u \pm v) = \mathrm{d}u \pm \mathrm{d}v$
$(Cu)' = Cu'$	$\mathrm{d}(Cu) = C\mathrm{d}u$
$(uv)' = u'v + uv'$	$\mathrm{d}(uv) = v\mathrm{d}u + u\mathrm{d}v$
$\left(\dfrac{u}{v}\right)' = \dfrac{u'v - uv'}{v^2}\ (v \neq 0)$	$\mathrm{d}\left(\dfrac{u}{v}\right) = \dfrac{v\mathrm{d}u - u\mathrm{d}v}{v^2}\ (v \neq 0)$

现在我们以乘积的微分法则为例加以证明.

根据函数微分的表达式得

$$\mathrm{d}(uv)=(uv)'\mathrm{d}x$$

再根据乘积的求导法则，有

$$(uv)'=u'v+uv'$$

于是 $$\mathrm{d}(uv)=(u'v+uv')\mathrm{d}x=u'v\mathrm{d}x+uv'\mathrm{d}x$$

由于 $$u'\mathrm{d}x=\mathrm{d}u,\ v'\mathrm{d}x=\mathrm{d}v$$

所以 $$\mathrm{d}(uv)=v\mathrm{d}u+u\mathrm{d}v$$

其他法则都可以用类似方法证明.

3. 复合函数的微分法则

与复合函数的求导法则相应的复合函数的微分法则可推导如下：

设 $y=f(u)$ 及 $u=g(x)$ 都可导，则复合函数 $y=f[g(x)]$ 的微分为

$$\mathrm{d}y=y'_x\mathrm{d}x=f'(u)g'(x)\mathrm{d}x$$

由于 $g'(x)\mathrm{d}x=\mathrm{d}u$，所以，复合函数 $y=f[g(x)]$ 的微分公式也可以写成

$$\mathrm{d}y=f'(u)\mathrm{d}u \quad 或 \quad \mathrm{d}y=y'_u\mathrm{d}u$$

由此可见，无论 u 是自变量还是中间变量，微分形式 $\mathrm{d}y=f'(u)\mathrm{d}u$ 均保持不变. 这一性质称为**微分形式不变性**. 该性质表明，当自变量变换时，微分形式 $\mathrm{d}y=f'(u)\mathrm{d}u$ 并不改变.

例 4 求 $y=x^2\ln x+\cos x^2$ 的微分.

解
$$\begin{aligned}\mathrm{d}y&=\mathrm{d}(x^2\ln x+\cos x^2)=\mathrm{d}(x^2\ln x)+\mathrm{d}(\cos x^2)\\&=\ln x\mathrm{d}(x^2)+x^2\mathrm{d}(\ln x)+\mathrm{d}(\cos x^2)\\&=x(2\ln x+1-2\sin x^2)\mathrm{d}x.\end{aligned}$$

例 5 求 $y=\cos\sqrt{x}$ 的微分.

解（解法一） 由 $y'=-\dfrac{\sin\sqrt{x}}{2\sqrt{x}}$，得

$$\mathrm{d}y=f'(x)\mathrm{d}x=-\frac{\sin\sqrt{x}}{2\sqrt{x}}\mathrm{d}x$$

（解法二） 利用微分的四则运算和一阶微分形式的不变性，有

$$\mathrm{d}y=\mathrm{d}(\cos\sqrt{x})=-\sin\sqrt{x}\mathrm{d}(\sqrt{x})=-\sin\sqrt{x}\frac{1}{2\sqrt{x}}\mathrm{d}x$$

从这里也可得到 $y'=-\dfrac{\sin\sqrt{x}}{2\sqrt{x}}$.

例 6 求 $y=\ln(1+e^x)$ 的微分.

解 由一阶微分形式的不变性可得

$$dy=\frac{1}{1+e^x}d(1+e^x)=\frac{e^x}{1+e^x}dx$$

四、微分在近似计算中的应用

微分在数学中有许多重要的应用，下面介绍它在近似计算方面的一些应用，这里仅介绍函数的近似计算.

由函数增量与微分的关系：

$$\Delta y=f'(x_0)\Delta x+o(\Delta x)=dy+o(x)$$

可知，当 Δx 很小时，有 $\Delta y\approx dy$，由此即得

$$f(x_0+\Delta x)\approx f(x_0)+f'(x_0)\Delta x$$

或当 $x\approx x_0$ 时有

$$f(x)\approx f(x_0)+f'(x_0)(x-x_0)$$

注意到它是过点 $(x_0,f(x_0))$ 的切线，则方程为

$$y=f(x_0)+f'(x_0)(x-x_0)$$

上式的几何意义就是当 x 充分接近 x_0 时，可用切线近似替代曲线（“以直代曲”）. 常用这种线性近似的思想来对复杂问题进行简化处理.

设 $f(x)$ 分别是 $\sin x$，$\tan x$，$\ln(1+x)$，e^x 和 $\sqrt[n]{1+x}$，令 $x_0=0$，则可得这些函数在原点附近的近似公式：

$$\sin x\approx x,\quad \tan x\approx x,\quad \ln(1+x)\approx x,\quad e^x\approx 1+x,\quad \sqrt[n]{1+x}\approx 1+\frac{1}{n}x$$

一般地，为求得 $f(x)$ 的近似值，可找一个邻近于 x 的点 x_0，只要 $f(x_0)$ 和 $f'(x_0)$ 易于计算，即可求得 $f(x)$ 的近似值.

例 7 求 sin33°的近似值.

解 由于 $\sin 33°=\sin\left(\frac{\pi}{6}+\frac{\pi}{60}\right)$，因此取 $f(x)=\sin x$，$x_0=\frac{\pi}{6}$，$\Delta x=\frac{\pi}{60}$，由微分的近似计算公式得

$$\sin 33°\approx\sin\frac{\pi}{6}+\cos\frac{\pi}{6}\cdot\frac{\pi}{60}=\frac{1}{2}+\frac{\sqrt{3}}{2}\cdot\frac{\pi}{60}\approx 0.545$$

（sin33° 的真值为 0.544 639.）

习题 2.4

1. 将适当的函数填入下列括号内，使等号成立.

（1）$d(\quad)=2dx$；（2）$d(\quad)=\sin x dx$；（3）$d(\quad)=\cos 2x dx$；

（4）$d(\quad)=\frac{1}{x}dx$；（5）$d(\quad)=\frac{1}{\sqrt{x}}dx$；（6）$d(\quad)=e^{-x}dx$；

（7）$d(\quad)=\frac{1}{\sqrt{1-x^2}}dx$；（8）$d(\quad)=\sec x\tan x dx$.

2. 已知 $y=x^2$，计算在 $x=1$ 处 Δx 分别等于 0.1, 0.01 时，Δy 与 dy 的值.

3. 求下列函数的微分.

（1）$y=x^2+\sqrt{x}+1$；（2）$y=x\ln x-x$；（3）$y=\frac{1}{\sqrt{1+x^2}}$；

（4）$y=e^x\sin 2x$；（5）$y=\ln^2(1+x)$；（6）$y=\frac{\cos x}{1+\sin x}$.

4. 利用微分求下列函数的近似值.

（1）$\sqrt[3]{1.02}$；（2）$\ln 0.98$；（3）$e^{1.01}$；（4）$\tan 136°$.

5. 求由方程 $2y-x=(x-y)\ln(x-y)$ 所确定的函数 $y=y(x)$ 的微分 dy.

6. 在半径为 1 cm 的金属球表面镀一层厚度为 0.01 cm 的铜，估计要用多少铜（铜的密度为 8.9 g/cm^3）

7. 设扇形的圆心角 $\alpha=60°$，半径 $r=100$ cm，如果 r 不变，α 减少 $30'$，问扇形面积改变了多少？如果 α 不变，r 增加 1 cm，问扇形面积改变了多少？

复习题二

一、填空题.

1. 已知物体的运动规律为 $s=t+t^2$ (m)，则物体在 $t=2$ s 时的瞬时速度为________.

2. 函数 $f(x)$ 在点 x_0 处可导是 $f(x)$ 在点 x_0 处连续的________条件；函数 $f(x)$ 在点 x_0 处存在切线是 $f(x)$ 在点 x_0 处可导的________条件；$f(x)$ 在点 x_0 处左导数和右导数都存在且相等是 $f(x)$ 在点 x_0 处可导的________条件；$f(x)$ 在点 x_0 处可导是 $f(x)$ 在点 x_0 处可微的________条件.

3. 直线 $y=4x+b$ 是曲线 $y=x^2$ 的切线，则常数 $b=$________.

4. $f(x)=x(1+x)(1+2x)(1+3x)(1+4x)$，则 $f'(0)=$________.

5. 设曲线 $y=x^n$ 在点（1,1）处的切线与 x 轴的交点为$(x_n, 0)$，极限 $\lim\limits_{n\to\infty}x_n=$________.

6. 设 $f(u)$ 具有二阶导数，$y=f(x^2)$，则 $\frac{d^2y}{dx^2}=$________.

二、选择题.

1. 设 $f(x)$ 在 x 处可导，a,b 为常数，则 $\lim\limits_{\Delta x\to 0}\dfrac{f(x+a\Delta x)-f(x-b\Delta x)}{\Delta x}=$（　　）.

（A）$f'(x)$　　（B）$(a+b)f'(x)$　　（C）$(a-b)f'(x)$　　（D）$\dfrac{a+b}{2}f'(x)$

2. 若 $f(x)$ 在点 x_0 处可导，则 $|f(x)|$ 在点 x_0 处（　　）.

（A）必可导　　（B）连续，但不一定可导

（C）一定不可导　　（D）不连续

3. 设曲线 $y=x^2+x-2$ 在点 M 处的切线斜率为 3，则点 M 的坐标为（　　）.

（A）(1, 0)　　（B）(0,1)　　（C）(0,0)　　（D）(1,1)

4. 函数 $f(x)=(x^2-x-2)|x^3-x|$ 不可导点的个数为（　　）.

（A）0　　（B）1　　（C）3　　（D）2

5. 设 $f(x)=(x-x_0)|\varphi(x)|$，已知 $\varphi(x)$ 在 x_0 处连续，但不可导，则 $f(x)$ 在 x_0 处（　　）.

（A）不一定可导　　（B）可导

（C）连续，但不可导　　（D）二阶可导

6. 若 $f(x)=\begin{cases}x^2, x\leqslant 1\\ ax-b, x>1\end{cases}$ 在 $x=1$ 处可导，则 a,b 的值为（　　）.

（A）$a=2,b=1$　　（B）$a=2,b=-1$　　（C）$a=-1,b=2$　　（D）$a=-2,b=1$

7. 若抛物线 $y=ax^2$ 与 $y=\ln x$ 相切，则 $a=$（　　）.

（A）1　　（B）$\dfrac{1}{2}$　　（C）$\mathrm{e}^{\frac{1}{2}}$　　（D）$\dfrac{1}{2\mathrm{e}}$

8. 设函数 $y=f(x)$ 在点 x_0 处可导，当自变量由 x_0 增至 $x_0+\Delta x$ 时，记 Δy 为 $f(x)$ 的增量，$\mathrm{d}y$ 为 $f(x)$ 的微分，则 $\dfrac{\Delta y-\mathrm{d}y}{\Delta x}\to$（　）（当 $\Delta x\to 0$ 时）.

（A）0　　（B）-1　　（C）1　　（D）∞

3. 求下列函数的导数.

（1）$y=\arcsin(\sin x)$；　　（2）$y=\ln(1+2x^2)$；

（3）$y=\ln\tan\dfrac{x}{2}-\cos x\cdot\ln\tan x$；　　（4）$y=x\mathrm{e}^{2x}+\dfrac{1}{x(x^2+1)}-\sqrt{9-x^2}$.

4. 已知函数 $f(x)=\begin{cases}x^a\sin\dfrac{1}{x}, & x\neq 0\\ 0, & x=0\end{cases}$，如果 $f(x)$ 在 $x=0$ 处可导，a 应满足什么条件？

5. 求下列函数的二阶导数.

（1）$y=\sin^2 x\ln x$；　　（2）$y=\arccos\dfrac{1}{x}$.

6. 设 $y=y(x)$ 由方程 $\mathrm{e}^y-xy=1$ 所确定，求 $y''(0)$.

7. 求由参数方程$\begin{cases} x = \ln\sqrt{1+t^2} \\ y = \arctan t \end{cases}$所确定函数的一阶导数$\dfrac{dy}{dx}$和二阶导数$\dfrac{d^2y}{dx^2}$.

8. 已知曲线$y=\dfrac{x^2+1}{2}$与$y=1+\ln x$相交于点（1,1），证明两曲线在该点处相切，并求出切线方程.

9. 抛物线$y = x^2$在何处切线与Ox轴正向夹角为$\dfrac{\pi}{4}$，并且求该点处切线的方程.

10. $f(x)$为偶函数，且$f'(x)$存在，证明$f'(x)$是奇函数.

第三章

微分中值定理与导数的应用

导数是研究函数在一点处性态的有力工具，是函数的局部概念. 在这一章里，我们要讨论怎样由导数这一局部概念来推断函数在区间上所具有的整体性质. 微分中值定理就是沟通二者的桥梁，它包括罗尔定理、拉格朗日中值定理和柯西中值定理. 微分中值定理是整个微分学的理论基础，尤其是拉格朗日中值定理，它建立了函数值与导数值之间的定量联系，因而可用中值定理通过导数去研究函数的性态；此外，由柯西中值定理还可导出求极限的十分有效的方法：洛必达法则. 导数的应用主要是应用导数判断函数单调性、凹凸性等重要性态，从而能把握住函数图形的各种几何特征.

第一节　微分中值定理

一、罗尔定理

1. 极　值

若函数 $f(x)$ 在点 x_0 处的某邻域 $U(x_0)$ 内对一切 $x\in U(x_0)$ 有

$$f(x_0)\geqslant f(x)\quad (f(x_0)\leqslant f(x))$$

则称函数 $f(x)$ 在点 x_0 处取得**极大（小）值**，点 x_0 称为**极大（小）值点**. 极大值、极小值统称为**极值**，极大值点、极小值点统称为**极值点**.

设函数 $f(x)$ 如图 3.1 所示，它在点 $x=x_1$，x_3 处取极大值，在点 $x=x_2$ 处取极小值.

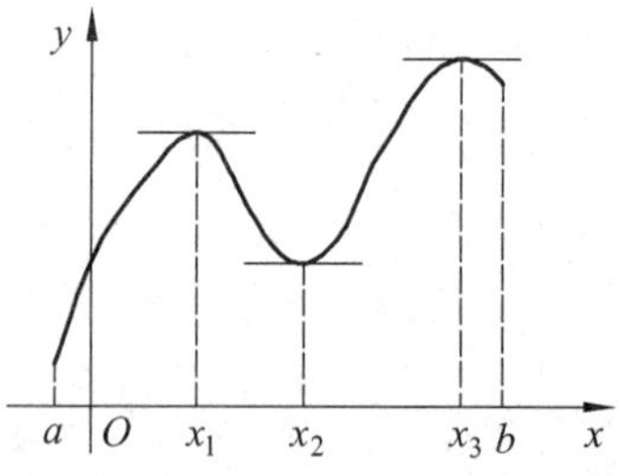

图 3.1

2. 费马引理

定理 3.1（费马引理）设函数 $f(x)$ 在点 x_0 处的某邻域内有定义，且在点 x_0 处可导. 若点 x_0 为 $f(x)$ 的极值点，则必有

$$f'(x_0)=0$$

证明　不妨设 $x\in U(x_0)$ 时，$f(x)\leqslant f(x_0)$（如果 $f(x)\geqslant f(x_0)$，可以类似地证明）. 于是，对于 $x_0+\Delta x\in U(x_0)$，有

$$f(x_0+\Delta x)\leqslant f(x_0)$$

从而当$\Delta x>0$时，

$$\frac{f(x_0+\Delta x)-f(x_0)}{\Delta x}\leqslant 0$$

当$\Delta x<0$时，

$$\frac{f(x_0+\Delta x)-f(x_0)}{\Delta x}\geqslant 0$$

根据函数 $f(x)$ 在点 x_0 处可导的条件及极限的保号性，便得到

$$f'(x_0)=f'_+(x_0)=\lim_{\Delta x\to 0^+}\frac{f(x_0+\Delta x)-f(x_0)}{\Delta x}\leqslant 0$$

$$f'(x_0)=f'_-(x_0)=\lim_{\Delta x\to 0^-}\frac{f(x_0+\Delta x)-f(x_0)}{\Delta x}\geqslant 0$$

所以，$f'(x_0)=0$．

费马引理的几何意义非常明确：若函数 $f(x)$ 在极值点 $x=x_0$ 可导，那么在该点的切线平行于 x 轴．

满足方程 $f'(x)=0$ 的点称为**驻点**（**稳定点**或**临界点**）．在本章第四节将具体讨论函数极值点的求法．

3. 罗尔（Rolle）中值定理

定理 3.2（罗尔定理） 若函数 $f(x)$ 满足如下条件：

（1）$f(x)$ 在闭区间 $[a,b]$ 上连续；

（2）$f(x)$ 在开区间 (a,b) 内可导；

（3）在区间端点处的函数值相等，即 $f(a)=f(b)$，那么在 (a,b) 内至少存在一点 $\xi\ (a<\xi<b)$，使得 $f'(\xi)=0$．

证明 因为 $f(x)$ 在闭区间 $[a,b]$ 上连续，根据闭区间上连续函数的性质，$f(x)$ 在闭区间 $[a,b]$ 上存在最大值与最小值，分别用 M 与 m 表示．现分两种情况来讨论：

（1）若 $m=M$，这时 $f(x)$ 在 $[a,b]$ 上必为常数，那么，$\forall x\in(a,b)$，有 $f'(x)=0$．结论显然成立．

（2）若 $m<M$，则因 $f(a)=f(b)$，使得最大值 M 与最小值 m 至少有一个在 (a,b) 内某点 ξ 处取得，从而 ξ 是 $f(x)$ 的极值点．由条件（2），$f(x)$ 在点 ξ 处可导，故由费马引理推知

$$f'(\xi)=0$$

罗尔定理的几何意义是：在每一点都可导的一段连续曲线上，如果曲线的两端点高度相等，则至少存在一条水平切线（见图 3.2）．

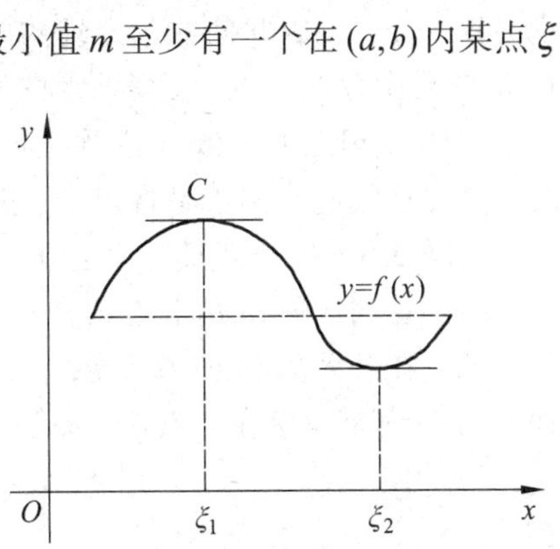

图 3.2

注：习惯上把结论中的 ξ 称为中值，若定理中的三个条件缺少任何一个，结论将不一定成立，如图 3.3 所示．

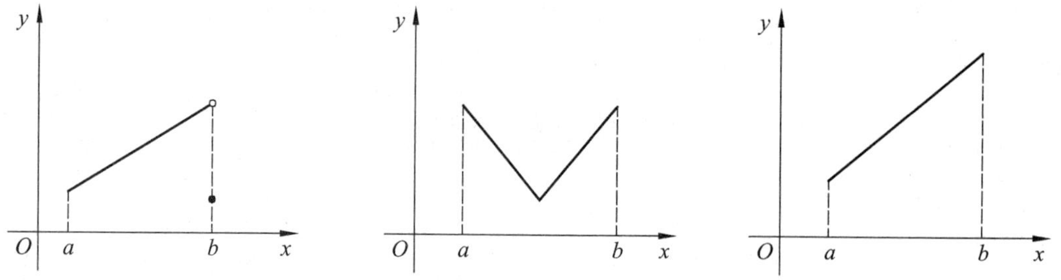

缺条件（1）　　缺条件（2）　　缺条件（3）

图 3.3

例 1　已知函数 $f(x)=(x-1)(x-2)(x-3)$，不用求出导数，判定 $f'(x)=0$ 有几个实根，并指出实根存在的区间

解　因为函数 $f(x)$ 在闭区间 $[1,2]$ 和 $[2,3]$ 上连续，在开区间 $(1,2)$ 和 $(2,3)$ 内可导，且 $f(1)=f(2)=f(3)=0$，由罗尔定理知，至少存在一点 $\xi_1\in(1,2)$，$\xi_2\in(2,3)$，使得

$$f'(\xi_1)=0,\quad f'(\xi_2)=0$$

即 ξ_1 和 ξ_2 都是方程 $f'(x)=0$ 的实根.

又由代数学基本定理知，方程 $f'(x)=0$ 至多有两个实根，所以方程 $f'(x)=0$ 必有且只有两个实根，它们分别位于开区间 $(1,2)$ 和 $(2,3)$ 内.

例 2　设 $f(x)$ 为 $\mathbf{R}$ 上的可导函数，证明：若方程 $f'(x)=0$ 没有实根，则方程 $f(x)=0$ 至多有一个实根.

证明　反证法：倘若 $f(x)=0$ 有两个实根 x_1 和 x_2（设 $x_1<x_2$），则函数 $f(x)$ 在 $[x_1,x_2]$ 上满足罗尔定理的三个条件，从而存在 $\xi\in(x_1,x_2)$，使 $f'(\xi)=0$. 这与 $f'(x)\neq 0$ 的假设相矛盾，命题得证.

二、拉格朗日中值定理

罗尔定理的条件（3）要求区间端点的函数值必须相等，但在实际问题中所给的函数很难满足这一点，也因此使罗尔定理的应用受到了很大的限制. 罗尔定理的几何意义表明在区间 (a,b) 内至少存在一点，使得该点的切线平行于 x 轴，即与端点的连线平行. 由此可以联想到，对于区间 $[a,b]$ 上的一般可导函数 $y=f(x)$ 所表示的曲线，曲线上有没有某一点的切线平行于两端点的连线呢？回答是肯定的. 我们有下面的定理.

定理 3.3（拉格朗日中值定理）　若函数 $f(x)$ 满足：

（1）在闭区间 $[a,b]$ 上连续；

（2）在开区间 (a,b) 内可导，

则在 (a,b) 内至少存在一点 $\xi\ (a<\xi<b)$，使得

$$f'(\xi)=\frac{f(b)-f(a)}{b-a} \tag{1}$$

成立.

证明 作辅助函数

$$F(x)=f(x)-f(a)-\frac{f(b)-f(a)}{b-a}(x-a)$$

显然，$F(a)=F(b)=0$，且 $F(x)$ 在 $[a,b]$ 上满足罗尔定理的前两个条件，故存在 $\xi\in(a,b)$，使

$$F'(\xi)=f'(\xi)-\frac{f(b)-f(a)}{b-a}=0$$

移项后即得到所要证明的拉格朗日中值定理.

注：（1）显然，当 $f(a)=f(b)$ 时，拉格朗日定理的结论即为罗尔定理的结论. 这表明罗尔定理是拉格朗日定理的一个特殊情形.

（2）拉格朗日中值定理的几何意义是：在满足定理条件的曲线 $y=f(x)$ 上至少存在一点 $P(\xi,f(\xi))$，使曲线在该点处的切线平行于曲线两端点的连线. 在证明中引入的辅助函数 $F(x)$，正是曲线 $y=f(x)$ 与直线

$$AB: y=f(a)+\frac{f(b)-f(a)}{b-a}(x-a)$$

之差. 事实上，这个辅助函数的引入相当于坐标系在平面内的旋转，使在新坐标系下，线段 AB 平行于新 x 轴（见图 3.4）.

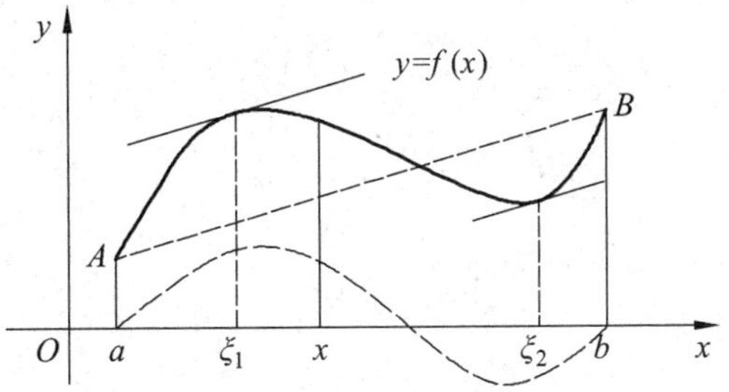

图 3.4

（3）拉格朗日中值定理的证明提供了一个用构造函数法证明数学命题的精彩典范；通过巧妙地数学变换，将一般化为特殊，将复杂问题化为简单问题的论证思想，也是高等数学重要而常用的数学思维的体现.

（4）拉格朗日中值定理的结论常称为拉格朗日中值公式. 拉格朗日公式无论对于 $a<b$，还是 $a>b$ 都成立，而 ξ 则是介于 a 与 b 之间的某一定数. 它有几种常用的等价形式，可根据不同问题的特点，在不同场合灵活采用：

$$f(b)-f(a)=f'(\xi)(b-a) \tag{2}$$

$$f(b)-f(a)=f'(a+\theta(b-a))(b-a)\quad(0<\theta<1) \tag{3}$$

值得注意的是（3）式的特点，在于把中值点 ξ 表示成了 $a+\theta(b-a)$ 使得不论 a,b 为何值，θ 总为小于 1 的某一正数.

设 $x,x+\Delta x\in[a,b]$，在以 x 与 $x+\Delta x$ 为端点的闭区间上应用拉格朗日中值定理，得

$$f(x+\Delta x)-f(x)=f'(x+\theta\Delta x)\Delta x \tag{4}$$

即 $$\Delta y = f'(x+\theta\Delta x)\Delta x \quad (0<\theta<1)$$

将上式与微分的近似计算公式 $\Delta y \approx \mathrm{d}y = f'(x)\Delta x$ 比较，可以看出函数的微分 $\mathrm{d}y = f'(x)\Delta x$ 一般只是函数增量 Δy 的近似表达式，其误差只有当 $\Delta x \to 0$ 时才趋于零．而（4）式却给出了自变量取得有限增量 Δx（Δx 不一定很小）时，函数增量 Δy 的准确表达式．因此拉格朗日中值定理也叫有限增量定理，（4）式称为有限增量公式．

拉格朗日中值定理是微分学的一个基本定理，在理论上和应用上都有很重要的价值，它建立了函数在一个区间上的改变量和函数在这个区间内某点处的导数之间的联系，从而使我们有可能用某点处的导数去研究函数在区间上的性态．因此有时也将拉格朗日中值定理称为微分中值定理．

例 3 证明对一切 $x>0$ 成立不等式：

$$\frac{x}{1+x} < \ln(1+x) < x$$

证明 设 $f(x)=\ln(1+x)$，则 $f(x)$ 在区间 $[0,x]$ 上满足拉格朗日中值定理的条件，即

$$f(x)-f(0)=f'(\xi)x \quad (0<\xi<x)$$

又 $f(0)=0, f'(x)=\dfrac{1}{1+x}$，于是有

$$\ln(1+x)=\frac{x}{1+\xi}$$

又因为 $0<\xi<x$，则

$$\frac{x}{1+x}<\frac{x}{1+\xi}<x$$

从而得到所要证明的结论．

推论 1 若函数 $f(x)$ 在区间 I 上可导，且 $f'(x)\equiv 0, x\in I$，则 $f(x)$ 为 I 上的常数函数．

证明 任取两点 $x_1,x_2\in I$（设 $x_1<x_2$），在区间 $[x_1,x_2]$ 上应用拉格朗日定理，存在 $\xi\in(x_1,x_2)\subset I$，使得

$$f(x_2)-f(x_1)=f'(\xi)(x_2-x_1)=0$$

这说明 $f(x)$ 在区间 I 上任何两点之值相等，即 $f(x)$ 在区间上是一个常数．

例 4 证明恒等式 $\arcsin x+\arccos x=\dfrac{\pi}{2}(x\in[-1,1])$．

证明 令 $f(x)=\arcsin x+\arccos x$，则当 $x\in(-1,1)$ 时，有

$$f'(x)=\frac{1}{\sqrt{1-x^2}}-\frac{1}{\sqrt{1-x^2}}=0$$

因此，由推论 1 可知，

$$f(x)=\arcsin x+\arccos x=C$$

令 $x=0$，代入上式，得到 $C=\dfrac{\pi}{2}$，所以

$$\arcsin x + \arccos x = \frac{\pi}{2} \quad (x \in (-1,1))$$

而当 $x = \pm 1$ 时上式也成立，所以

$$\arcsin x + \arccos x = \frac{\pi}{2} \quad (x \in [-1,1])$$

由推论 1 又可进一步得到如下结论：

推论 2 若函数 $f(x)$ 和 $g(x)$ 均在区间 I 上可导，且 $f'(x) \equiv g'(x)$ $(x \in I)$，则在区间 I 上 $f(x)$ 与 $g(x)$ 只相差某一常数，即

$$f(x) = g(x) + C \text{（} C \text{ 为某一常数）}$$

作为拉格朗日中值定理的推广，有下面的柯西中值定理.

三、柯西中值定理

定理 3.4（柯西中值定理） 若函数 $f(x)$ 和 $g(x)$ 满足：

（1）在 $[a,b]$ 上都连续；

（2）在 (a,b) 内都可导；

（3）对任一 $x \in (a,b)$，$g'(x) \neq 0$，

则存在 $\xi \in (a,b)$，使得等式

$$\frac{f'(\xi)}{g'(\xi)} = \frac{f(b)-f(a)}{g(b)-g(a)} \tag{5}$$

成立.

证明 作辅助函数

$$F(x) = f(x) - f(a) - \frac{f(b)-f(a)}{g(b)-g(a)}(g(x)-g(a))$$

易见 $F(x)$ 在 $[a,b]$ 上满足罗尔定理的条件，故存在 $\xi \in (a,b)$，使得

$$F'(\xi) = f'(\xi) - \frac{f(b)-f(a)}{g(b)-g(a)} g'(\xi) = 0$$

因为 $g'(\xi) \neq 0$，所以可把上式改写成（5）式.

柯西中值定理有着与前两个中值定理相类似的几何意义.

例 5 设函数 $f(x)$ 在 $[a,b]$ $(a>0)$ 上连续，在 (a,b) 内可导，则存在 $\xi \in (a,b)$，使得

$$f(b) - f(a) = \xi f'(\xi) \ln \frac{b}{a}$$

证明 设 $g(x) = \ln x$，显然它在 $[a,b]$ 上与 $f(x)$ 一起满足柯西中值定理条件，于是存在 $\xi \in (a,b)$，使得

$$\frac{f(b)-f(a)}{\ln b-\ln a}=\frac{f'(\xi)}{\frac{1}{\xi}}$$

整理便得所要证明的等式.

在柯西中值定理中，取 $g(x)=x$，则柯西定理的结论可写成

$$\frac{f(b)-f(a)}{b-a}=f'(\xi)$$

这正是拉格朗日中值公式. 而在拉格朗日中值定理中令 $f(b)=f(a)$，则

$$f'(\xi)=0$$

这恰恰是罗尔定理.

习题 3.1

1. 下列函数是否满足罗尔定理的条件？如果满足，求出定理中的使 $f'(x)=0$ 的 ξ；如果不满足说明原因.

（1）$f(x)=\begin{cases}x, & 0\leqslant x<1\\ 0, & x=1\end{cases}$，$x\in[0,1]$；　（2）$f(x)=|x|, x\in[-1,1]$；

（3）$f(x)=\ln\sin x$，$x\in\left[\frac{\pi}{6},\frac{5\pi}{6}\right]$；　（4）$f(x)=\sin x, x\in[0,\pi]$.

2. 下列函数是否满足拉格朗日定理的条件？如果满足，求出定理结论中的 ξ；如果不满足说明原因.

（1）$f(x)=\arctan x, x\in[0,1]$；　（2）$f(x)=(2-x)^{\frac{2}{3}}, x\in[1,3]$；

（3）$f(x)=x^3-3x, x\in[0,2]$；　（4）$f(x)=\begin{cases}\frac{3-x^2}{2}, & x\leqslant 1,\\ \frac{1}{x}, & x>1,\end{cases}$　$x\in[0,2]$.

3. 利用拉格朗日定理证明不等式.

（1）$|\sin b-\sin a|\leqslant|b-a|$；

（2）$na^{n-1}(b-a)<b^n-a^n<nb^{n-1}(b-a)$，$(b>a>0, n>1)$；

（3）$e^x>ex, x>1$.

4. 证明恒等式：$\arctan x+\operatorname{arccot} x=\frac{\pi}{2}, x\in(-\infty,+\infty)$.

5. 设函数 $f(x)$ 在 $[0,1]$ 上有三阶导数，且 $f(0)=f(1)=0$, 设 $F(x)=x^3f(x)$，证明存在 $\xi\in(0,1)$，使得 $F'''(\xi)=0$.

6. 证明：方程 $x^3+x-1=0$ 在 $(0,1)$ 内只有一个实根.

7. 若函数 $f(x)$ 在 $[0,1]$ 上连续，在 $(0,1)$ 内可导，且 $f(1)=0$，证明存在 $\xi\in(0,1)$，使 $f'(\xi)=-\dfrac{f(\xi)}{\xi}$.

8. 设函数 $f(x)$ 在闭区间 $[a,b]$ 上连续，在开区间 (a,b) 内可导，$ab>0$，利用柯西中值定理证明存在 $\xi\in(a,b)$，使得 $2\xi[f(b)-f(a)]=(b^2-a^2)f'(\xi)$

第二节　洛必达法则

在第一章学习无穷小（大）阶的比较时，已经遇到过两个无穷小（大）之比的极限. 由于这种极限可能存在，也可能不存在，因此我们把两个无穷小或两个无穷大之比的极限统称为**未定式极限**，分别记为 $\dfrac{0}{0}$ 型或 $\dfrac{\infty}{\infty}$ 型的未定式极限. 本节将以导数为工具研究未定式极限，这个方法通常称为**洛必达（L'Hospital）法则**.

一、洛必达法则

柯西中值定理是建立洛必达法则的理论依据，下面首先讨论两种基本的未定式极限.

1. $\dfrac{0}{0}$ 型未定式极限

定理 2.1　若函数 $f(x)$ 和 $g(x)$ 满足：

（1）$\lim\limits_{x\to x_0}f(x)=\lim\limits_{x\to x_0}g(x)=0$；

（2）在点 x_0 处的某去心邻域 $\mathring{U}(x_0)$ 内两者都可导，且 $g'(x)\neq 0$；

（3）$\lim\limits_{x\to x_0}\dfrac{f'(x)}{g'(x)}=A$（$A$ 可为实数，也可为 $\pm\infty$ 或 ∞），

则
$$\lim_{x\to x_0}\frac{f(x)}{g(x)}=\lim_{x\to x_0}\frac{f'(x)}{g'(x)}=A$$

证明　由于 $\lim\limits_{x\to x_0}\dfrac{f(x)}{g(x)}$ 存在与否与函数值 $f(x_0)$ 和 $g(x_0)$ 无关，故补充定义 $f(x_0)=g(x_0)=0$，使得 $f(x)$ 和 $g(x)$ 在点 x_0 处连续. 任取 $x\in\mathring{U}(x_0)$，在区间 $[x_0,x]$（或 $[x,x_0]$）上应用柯西中值定理，有

$$\frac{f(x)-f(x_0)}{g(x)-g(x_0)}=\frac{f'(\xi)}{g'(\xi)}$$

即
$$\frac{f(x)}{g(x)}=\frac{f'(\xi)}{g'(\xi)}\quad(\xi\text{ 介于 }x_0\text{ 与 }x\text{ 之间})$$

当令 $x\to x_0$ 时，也有 $\xi\to x_0$，使得

$$\lim_{x\to x_0}\frac{f(x)}{g(x)}=\lim_{x\to x_0}\frac{f'(\xi)}{g'(\xi)}=\lim_{x\to x_0}\frac{f'(x)}{g'(x)}=A$$

注：若将定理 2.1 中 $x\to x_0$ 换成 $x\to x_0^+, x\to x_0^-, x\to +\infty, x\to -\infty, x\to\infty$，只要相应地修正条件（2）中的邻域，也可得到同样的结论.

例 1 求 $\lim\limits_{x\to 0}\dfrac{\sin ax}{\sin bx}(b\neq 0)$.

解 容易检验 $f(x)=\sin ax$ 与 $g(x)=\sin bx$ 在点 $x_0=0$ 的邻域内满足定理 2.1 的条件，因此由洛必达法则可得

$$\lim_{x\to 0}\frac{\sin ax}{\sin bx}=\lim_{x\to 0}\frac{a\cos ax}{b\cos bx}=\frac{a}{b}$$

例 2 求 $\lim\limits_{x\to \pi}\dfrac{1+\cos x}{\tan^2 x}$.

解 容易检验 $f(x)=1+\cos x$ 与 $g(x)=\tan^2 x$ 在点 $x_0=\pi$ 的邻域内满足定理 2.1 的条件，又因

$$\lim_{x\to\pi}\frac{f'(x)}{g'(x)}=\lim_{x\to\pi}\frac{-\sin x}{2\tan x\sec^2 x}=-\lim_{x\to\pi}\frac{\cos^3 x}{2}=\frac{1}{2}$$

故由洛必达法则求得

$$\lim_{x\to\pi}\frac{f(x)}{g(x)}=\lim_{x\to\pi}\frac{f'(x)}{g'(x)}=\frac{1}{2}$$

例 3 求 $\lim\limits_{x\to 0}\dfrac{a^x-b^x}{x}(a,b>0)$.

解 $\lim\limits_{x\to 0}\dfrac{a^x-b^x}{x}=\lim\limits_{x\to 0}\dfrac{a^x\ln a-b^x\ln b}{1}=\ln\dfrac{a}{b}$

如果 $\lim\limits_{x\to x_0}\dfrac{f'(x)}{g'(x)}$ 仍是 $\dfrac{0}{0}$ 型未定式极限，只要有可能，可再次使用洛必达法则，即考察极限 $\lim\limits_{x\to x_0}\dfrac{f''(x)}{g''(x)}$ 是否存在. 当然这时 $f'(x)$ 和 $g'(x)$ 在点 x_0 的某邻域内必须满足定理 2.1 的条件.

例 4 求 $\lim\limits_{x\to 0}\dfrac{x-\sin x}{x^3}$.

解 $\lim\limits_{x\to 0}\dfrac{x-\sin x}{x^3}=\lim\limits_{x\to 0}\dfrac{1-\cos x}{3x^2}=\lim\limits_{x\to 0}\dfrac{\sin x}{6x}=\dfrac{1}{6}$.

例 5 求 $\lim\limits_{x\to +\infty}\dfrac{\dfrac{\pi}{2}-\arctan x}{\dfrac{1}{x}}$.

解 当 $x\to +\infty$ 时，有 $\dfrac{\pi}{2}-\arctan x\to 0$ 和 $\dfrac{1}{x}\to 0$，这是 $\dfrac{0}{0}$ 型未定式.

由洛必达法则得

$$\lim_{x\to+\infty}\frac{\frac{\pi}{2}-\arctan x}{\frac{1}{x}}=\lim_{x\to+\infty}\frac{-\frac{1}{1+x^2}}{-\frac{1}{x^2}}=\lim_{x\to+\infty}\frac{x^2}{1+x^2}=1$$

注：洛必达法则是求未定式极限的一种有效方法，但最好能与其他求极限的方法结合使用. 例如，能化简时应尽可能先化简；可以应用等价无穷小替代或重要极限时，应尽可能应用，这样可以使运算简捷.

2. $\frac{\infty}{\infty}$ 型未定式极限

定理 2.2 若函数 $f(x)$ 和 $g(x)$ 满足：

（1）$\lim\limits_{x\to x_0}f(x)=\lim\limits_{x\to x_0}g(x)=\infty$；

（2）在点 x_0 的某去心邻域 $\mathring{U}(x_0)$ 内两者都可导，且 $g'(x)\neq 0$；

（3）$\lim\limits_{x\to x_0}\frac{f'(x)}{g'(x)}=A$（$A$ 可为实数，也可为 $\pm\infty$ 或 ∞），

则

$$\lim_{x\to x_0}\frac{f(x)}{g(x)}=\lim_{x\to x_0}\frac{f'(x)}{g'(x)}=A$$

注：若将定理 2.2 中 $x\to x_0$ 换成 $x\to x_0^+,x\to x_0^-,x\to+\infty,x\to-\infty,x\to\infty$，只要相应地修正条件（2）中的邻域，也可得到同样的结论.

例 6 求 $\lim\limits_{x\to 0^+}\frac{\ln\cot x}{\ln x}$.

解 当 $x\to 0^+$ 时，有 $\ln\cot x\to-\infty$ 和 $\ln x\to-\infty$，这是 $\frac{\infty}{\infty}$ 型未定式.

由洛必达法则，得

$$\lim_{x\to 0^+}\frac{\ln\cot x}{\ln x}=\lim_{x\to 0^+}\frac{\tan x\cdot\left(-\frac{1}{\sin^2 x}\right)}{\frac{1}{x}}=-\lim_{x\to 0^+}\frac{x}{\cos x\sin x}=-\lim_{x\to 0^+}\frac{2x}{\sin 2x}=-1$$

注：不能对任何商式极限都按洛必达法则求解. 首先要注意它是不是未定式极限，其次看它是否满足洛必达法则的其他条件. 例如

$$\lim_{x\to\infty}\frac{x+\sin x}{x}=1$$

虽然是 $\frac{\infty}{\infty}$ 型，但若不顾条件地随便使用洛必达法则，即

$$\lim_{x\to+\infty}\frac{x+\sin x}{x}=\lim_{x\to+\infty}\frac{1+\cos x}{1}$$

就会因右式的极限不存在而推出原极限不存在的错误结论. 事实上，洛必达法则的条件是结

论成立的充分非必要条件，即若 $\lim\limits_{x\to x_0}\dfrac{f'(x)}{g'(x)}$ 不存在，并不能说明 $\lim\limits_{x\to x_0}\dfrac{f(x)}{g(x)}$ 不存在．原极限可由下面的方法求出：

$$\lim_{x\to\infty}\frac{x+\sin x}{x}=\lim_{x\to\infty}\frac{1+\dfrac{1}{x}\sin x}{1}=1$$

例 7 求 $\lim\limits_{x\to+\infty}\dfrac{\ln x}{x^n}\ (n>0)$.

解 由定理 2.2，有

$$\lim_{x\to+\infty}\frac{\ln x}{x^n}=\lim_{x\to+\infty}\frac{(\ln x)'}{(x^n)'}=\lim_{x\to+\infty}\frac{1}{nx^n}=0$$

例 8 求 $\lim\limits_{x\to+\infty}\dfrac{x^n}{e^{\lambda x}}$（$n$ 为正整数，$\lambda>0$）.

解 $\lim\limits_{x\to+\infty}\dfrac{x^n}{e^{\lambda x}}=\lim\limits_{x\to+\infty}\dfrac{nx^{n-1}}{\lambda e^{\lambda x}}=\lim\limits_{x\to+\infty}\dfrac{n(n-1)x^{n-2}}{\lambda^2 e^{\lambda x}}=\cdots=\lim\limits_{x\to+\infty}\dfrac{n!}{\lambda^n e^{\lambda x}}=0$.

例 7 和例 8 的结论表明，虽然对数函数、幂函数和指数函数均为当 $x\to+\infty$ 的无穷大，但是这三个函数增大的“速度”是不一样的，即指数函数最快，幂函数其次，对数函数增大的“速度”最慢.

表 3.1 列出了 $x=10,100,1\,000$ 时，函数 $\ln x$，$\sqrt{x}$，x^2 及 e^x 相应的函数值．从中可以看出当 x 增大时这几个函数增大“速度”的快慢情况.

表 3.1

x	10	100	1 000
$\ln x$	2.3	4.6	6.9
$\sqrt{x}$	3.2	10	31.6
x^2	100	10^4	10^6
e^x	2.20×10^4	2.69×10^{43}	1.97×10^{434}

二、其他未定式的极限

除上述两种类型的未定式极限外，还有 $0\cdot\infty,\infty-\infty,1^\infty,0^0,\infty^0$ 等类型的未定式极限．它们一般均可化为 $\dfrac{0}{0}$ 型或 $\dfrac{\infty}{\infty}$ 型的极限，下面用例子说明.

例 9 求 $\lim\limits_{x\to0^+}x\ln x$.

解 这是一个 $0\cdot\infty$ 型未定式极限．用恒等变形

$$x\ln x=\frac{\ln x}{\dfrac{1}{x}}$$

可将它转化为$\frac{\infty}{\infty}$型的未定式极限，再应用洛必达法则得

$$\lim_{x\to 0^+} x\ln x = \lim_{x\to 0^+}\frac{\ln x}{\frac{1}{x}} = \lim_{x\to 0^+}\frac{\frac{1}{x}}{-\frac{1}{x^2}} = \lim_{x\to 0^+}(-x) = 0$$

例 10 求$\lim\limits_{x\to 1}\left(\frac{1}{x-1}-\frac{1}{\ln x}\right)$.

解 这是一个$\infty-\infty$型未定式极限，通分后可化为$\frac{0}{0}$型的极限，即

$$\lim_{x\to 1}\left(\frac{1}{x-1}-\frac{1}{\ln x}\right) = \lim_{x\to 1}\frac{\ln x - x + 1}{(x-1)\ln x} = \lim_{x\to 1}\frac{\frac{1}{x}-1}{\frac{x-1}{x}+\ln x}$$

$$= \lim_{x\to 1}\frac{1-x}{x-1+x\ln x} = \lim_{x\to 1}\frac{-1}{2+\ln x} = -\frac{1}{2}$$

例 11 求$\lim\limits_{x\to 0}(\cos x)^{\frac{1}{x^2}}$.

解 这是一个1^∞型未定式极限. 作恒等变形

$$(\cos x)^{\frac{1}{x^2}} = e^{\frac{1}{x^2}\ln\cos x}$$

其指数部分的极限$\lim\limits_{x\to 0}\frac{1}{x^2}\ln\cos x$是$\frac{0}{0}$型未定式极限，可先求得

$$\lim_{x\to 0}\frac{\ln\cos x}{x^2} = \lim_{x\to 0}\frac{-\tan x}{2x} = -\frac{1}{2}$$

从而得到

$$\lim_{x\to 0}(\cos x)^{\frac{1}{x^2}} = e^{-\frac{1}{2}}$$

例 12 求$\lim\limits_{x\to 0^+} x^x$.

解 这是一个0^0型未定式极限. 作恒等变形

$$x^x = e^{x\ln x}$$

其指数部分的极限$\lim\limits_{x\to 0^+} x\ln x$可利用取倒数的方法求得，且已经在例 9 中求出，即

$$\lim_{x\to 0^+} x\ln x = 0$$

从而得到

$$\lim_{x\to 0^+} x^x = e^0 = 1$$

例 13 求$\lim\limits_{x\to +\infty}(x+\sqrt{1+x^2})^{\frac{1}{\ln x}}$.

解 这是一个 ∞^0 型不定式极限. 类似地先对其取对数，求 $\dfrac{\infty}{\infty}$ 型的极限：

$$\lim_{x\to+\infty}\frac{\ln(x+\sqrt{1+x^2})}{\ln x}=\lim_{x\to+\infty}\frac{\dfrac{1}{\sqrt{1+x^2}}}{\dfrac{1}{x}}=1$$

于是有

$$\lim_{x\to\infty}(x+\sqrt{1+x^2})^{\frac{1}{\ln x}}=\mathrm{e}$$

例 14 设

$$f(x)=\begin{cases}\dfrac{g(x)}{x}, & x\neq 0\\ 0, & x=0\end{cases}$$

且已知 $g(0)=g'(0)=0$，$g''(0)=3$，试求 $f'(0)$.

解 因为

$$\frac{f(x)-f(0)}{x-0}=\frac{g(x)}{x^2}$$

所以由洛必达法则得

$$f'(0)=\lim_{x\to0}\frac{g(x)}{x^2}=\lim_{x\to0}\frac{g'(x)}{2x}=\frac{1}{2}\lim_{x\to0}\frac{g'(x)-g'(0)}{x-0}=\frac{1}{2}g''(0)=\frac{3}{2}$$

习题 3.2

1. 用洛必达法则，求下列极限.

（1）$\lim\limits_{x\to0}\dfrac{\mathrm{e}^x-\mathrm{e}^{-x}}{\sin x}$；（2）$\lim\limits_{x\to a}\dfrac{\sin x-\sin a}{x-a}$；（3）$\lim\limits_{x\to0}\dfrac{\ln(1+x)}{x}$；

（4）$\lim\limits_{x\to0}\left(\dfrac{1}{\mathrm{e}^x-1}-\dfrac{1}{x}\right)$；（5）$\lim\limits_{x\to0}x\cot 2x$；（6）$\lim\limits_{x\to0}\left(\dfrac{1}{\sin x}-\dfrac{1}{x}\right)$；

（7）$\lim\limits_{x\to0^+}\dfrac{\ln\tan 2x}{\ln\tan x}$；（8）$\lim\limits_{x\to\infty}(1+x^2)^{\frac{1}{x}}$；（9）$\lim\limits_{x\to1}x^{\frac{1}{1-x}}$；

（10）$\lim\limits_{x\to0^+}x^{\sin x}$.

2. 求下列极限.

（1）$\lim\limits_{x\to0}\dfrac{x^2\sin\dfrac{1}{x}}{\sin x}$；（2）$\lim\limits_{x\to+\infty}\dfrac{\mathrm{e}^x+\sin x}{\mathrm{e}^x-\cos x}$.

3. 当 a,b 为何值时，$\lim\limits_{x\to0}\left(\dfrac{\sin 3x}{x^3}+\dfrac{a}{x^2}+b\right)=0$.

第三节 泰勒公式

对复杂的客观现象分析研究时，总希望能用简单的函数来近似地表达. 多项式函数是各类函数中最简单的一种，它只需对自变量进行有限次的算术运算，就能求出其函数值. 用多项式逼近函数是近似计算和理论分析的一个重要内容.

一、带有佩亚诺型余项的泰勒公式

由微分的概念可知：若函数 $f(x)$ 在点 x_0 处可导，则有

$$f(x)=f(x_0)+f'(x_0)(x-x_0)+o(x-x_0)$$

即在点 x_0 附近，用一次多项式 $f(x_0)+f'(x_0)(x-x_0)$ 逼近函数 $f(x)$ 时，其误差为（ $x-x_0$ ）的高阶无穷小. 然而在很多情况下取一次多项式逼近是不够的，往往需要用二次或更高次多项式去逼近，并要求误差为 $o((x-x_0)^n)$，其中 n 为多项式的次数. 此外，还需要对误差进行估计. 为此，我们考察任一 n 次多项式

$$p_n(x)=a_0+a_1(x-x_0)+a_2(x-x_0)^2+\cdots+a_n(x-x_0)^n \tag{1}$$

逐次求它在点 x_0 处的各阶导数，有

$$p_n(x_0)=a_0,\quad p_n'(x_0)=a_1,\quad p_n''(x_0)=2!a_2,\quad \cdots,\quad p_n^{(n)}(x_0)=n!a_n$$

即

$$a_0=p_n(x_0),\quad a_1=\frac{p_n'(x_0)}{1!},\quad a_2=\frac{p_n''(x_0)}{2!},\quad \cdots,\quad a_n=\frac{p_n^{(n)}(x_0)}{n!}$$

由此可见，多项式 $p_n(x)$ 的各项系数由其在点 x_0 的各阶导数值所唯一确定.

对于一般函数 $f(x)$，设它在点 x_0 存在直到 n 阶的导数，由这些导数构造一个 n 次多项式

$$T_n(x)=f(x_0)+\frac{f'(x_0)}{1!}(x-x_0)+\frac{f''(x_0)}{2!}(x-x_0)^2+\cdots+\frac{f^{(n)}(x_0)}{n!}(x-x_0)^n \tag{2}$$

称为函数 $f(x)$ 在点 x_0 处的**泰勒（Taylor）多项式**，$T_n(x)$ 的各项系数

$$\frac{f^{(k)}(x_0)}{k!}\ (k=1,2,\ \cdots,\ n)$$

称为**泰勒系数**.

由上面对多项式系数的讨论，易知 $f(x)$ 与其泰勒多项式 $T_n(x)$ 在点 x_0 有相同的函数值和相同的直至 n 阶导数值，即

$$f^{(k)}(x_0)=T_n^{(k)}(x_0),\quad k=0,1,2,\cdots,n \tag{3}$$

下面将要证明 $f(x)-T_n(x)=o((x-x_0)^n)$，即以（2）式所示的泰勒多项式正是我们要找的函数，它逼近 $f(x)$ 时，其误差为关于 $(x-x_0)^n$ 的高阶无穷小.

定理 3.1 若函数 $f(x)$ 在点 x_0 处具有直至 n 阶导数，则有

$$f(x)=T_n(x)+o((x-x_0)^n)$$

即

$$f(x)=f(x_0)+f'(x_0)(x-x_0)+\frac{f''(x_0)}{2!}(x-x_0)^2+\cdots+\frac{f^{(n)}(x_0)}{n!}(x-x_0)^n+o((x-x_0)^n) \tag{4}$$

（证明略）

（4）式称为函数 $f(x)$ 在点 x_0 处的**泰勒公式**，$R_n(x)=f(x)-T_n(x)$ 称为**泰勒公式的余项**，形如 $o((x-x_0)^n)$ 的余项称为**佩亚诺（Peano）型余项**. 所以（4）式又称为**带有佩亚诺型余项的泰勒公式**. 以后用得较多的是泰勒公式在 $x_0=0$ 时的特殊形式：

$$f(x)=f(0)+f'(0)x+\frac{f''(0)}{2!}x^2+\cdots+\frac{f^{(n)}(0)}{n!}x^n+o(x^n) \tag{5}$$

它也称为（带有佩亚诺余项的）麦克劳林（Maclaurin）公式.

注：（1）若 $f(x)$ 在点 x_0 附近满足

$$f(x)=p_n(x)+o((x-x_0)^n) \tag{6}$$

其中 $p_n(x)$ 为（1）式所示的 n 阶多项式，这时并不意味着 $p_n(x)$ 必定就是 $f(x)$ 的泰勒多项式 $T_n(x)$.

（2）满足（6）式要求（即带有佩亚诺型余项）的 n 次逼近多项式 $p_n(x)$ 是唯一的.

下面是常用函数的麦克劳林公式：

（1）$\mathrm{e}^x=1+x+\frac{x^2}{2!}+\cdots+\frac{x^n}{n!}+o(x^n)$；

（2）$\sin x=x-\frac{x^3}{3!}+\frac{x^5}{5!}+\cdots+(-1)^{m-1}\frac{x^{2m-1}}{(2m-1)!}+o(x^{2m})$；

（3）$\cos x=1-\frac{x^2}{2!}+\frac{x^4}{4!}+\cdots+(-1)^m\frac{x^{2m}}{(2m)!}+o(x^{2m+1})$；

（4）$\ln(1+x)=x-\frac{x^2}{2}+\frac{x^3}{3}+\cdots+(-1)^{n-1}\frac{x^n}{n}+o(x^n)$；

（5）$(1+x)^\alpha=1+\alpha x+\frac{\alpha(\alpha-1)}{2!}x^2+\cdots+\frac{\alpha(\alpha-1)\cdots(\alpha-n+1)}{n!}x^n+o(x^n)$；

（6）$\frac{1}{1-x}=1+x+x^2+\cdots+x^n+o(x^n)$.

利用上述麦克劳林公式，可间接求得其他一些函数的麦克劳林公式或泰勒公式.

例 1 写出 $f(x)=\mathrm{e}^{-\frac{x^2}{2}}$ 的麦克劳林公式，并求 $f^{(98)}(0)$ 与 $f^{(99)}(0)$.

解 用 $\left(-\frac{x^2}{2}\right)$ 替换公式（1）中的 x，便得

$$\mathrm{e}^{-\frac{x^2}{2}}=1-\frac{x^2}{2}+\frac{x^4}{2^2\cdot 2!}+\cdots+(-1)^n\cdot\frac{x^{2n}}{2^n n!}+o(x^{2n})$$

根据定理 3.1 的注 2，上式即为所求的麦克劳林公式.

由泰勒公式系数的定义，在上述 $f(x)$ 的麦克劳林公式中，x^{98} 与 x^{99} 的系数分别为

$$\frac{1}{98!}f^{(98)}(0)=(-1)^{49}\frac{1}{2^{49}\cdot 49!},\quad \frac{1}{99!}f^{(99)}(0)=0$$

由此得到
$$f^{(98)}(0)=-\frac{98!}{2^{49}\cdot 49!},\quad f^{(99)}(0)=0$$

二、带有拉格朗日型余项的泰勒公式

上面从微分近似出发推广得到了用 n 次多项式逼近函数的泰勒公式（4）. 它的佩亚诺型余项只是定性地告诉我们：当 $x\to x_0$ 时，逼近误差是较 $(x-x_0)^n$ 高阶的无穷小. 下面给泰勒公式构造一个**定量**形式的余项，以便于对逼近误差进行具体的计算或估计.

定理 3.2（泰勒中值定理） 若函数 $f(x)$ 在 $[a,b]$ 上存在直至 n 阶的连续导函数，在 (a,b) 内存在 $(n+1)$ 阶导函数，则对任意给定的 $x,x_0\in[a,b]$，至少存在一点 $\xi\in(a,b)$，使得

$$f(x)=f(x_0)+f'(x_0)(x-x_0)+\frac{f''(x_0)}{2!}(x-x_0)^2+\cdots+\frac{f^{(n)}(x_0)}{n!}(x-x_0)^n+\frac{f^{(n+1)}(\xi)}{(n+1)!}(x-x_0)^{n+1}\tag{7}$$

上式同样称为**泰勒公式**，它的余项为

$$R_n(x)=f(x)-T_n(x)=\frac{f^{(n+1)}(\xi)}{(n+1)!}(x-x_0)^{n+1},\quad \xi=x_0+\theta(x-x_0)\ (0<\theta<1)$$

称为**拉格朗日型余项**. 所以（7）式又称为**带有拉格朗日型余项的泰勒公式**.

当 $n=0$ 时，即为拉格朗日中值公式

$$f(x)-f(x_0)=f'(\xi)(x-x_0)$$

所以泰勒定理可以看作拉格朗日中值定理的推广.

当 $x_0=0$ 时，得到麦克劳林公式：

$$f(x)=f(0)+f'(0)x+\frac{f''(0)}{2!}x^2+\cdots+\frac{f^{(n)}(0)}{n!}x^n+\frac{f^{(n+1)}(\theta x)}{(n+1)!}x^{n+1},\quad (0<\theta<1)\tag{8}$$

（8）式也称为**（带有拉格朗日余项的）麦克劳林公式**.

将前面六个麦克劳林公式改写为带有拉格朗日型余项的形式：

（1）$\mathrm{e}^x=1+x+\dfrac{x^2}{2!}+\cdots+\dfrac{x^n}{n!}+\dfrac{\mathrm{e}^{\theta x}}{(n+1)!}x^{n+1},0<\theta<1,x\in(-\infty,+\infty)$.

（2）$\sin x=x-\dfrac{x^3}{3!}+\dfrac{x^5}{5!}-\cdots+(-1)^{m-1}\dfrac{x^{2m-1}}{(2m-1)!}+(-1)^m\dfrac{\cos\theta x}{(2m+1)!}x^{2m+1},0<\theta<1,x\in(-\infty,+\infty)$.

（3）$\cos x = 1-\dfrac{x^2}{2!}+\dfrac{x^4}{4!}+\cdots+(-1)^m\dfrac{x^{2m}}{(2m)!}+(-1)^{m+1}\dfrac{\cos\theta x}{(2m+2)!}x^{2m+2}, 0<\theta<1, x\in(-\infty,+\infty)$.

（4）$\ln(1+x) = x-\dfrac{x^2}{2}+\dfrac{x^3}{3}+\cdots+(-1)^{n-1}\dfrac{x^n}{n}+(-1)^n\dfrac{x^{n+1}}{(n+1)(1+\theta x)^{n+1}}, 0<\theta<1, x>-1$.

（5）$(1+x)^\alpha = 1+\alpha x+\dfrac{\alpha(\alpha-1)}{2!}x^2+\cdots+\dfrac{\alpha(\alpha-1)\cdots(\alpha-n+1)}{n!}x^n+$

$$\frac{\alpha(\alpha-1)\cdots(\alpha-n)}{(n+1)!}(1+\theta x)^{\alpha-n-1}x^{n+1}, 0<\theta<1, x>-1.$$

（6）$\dfrac{1}{1-x} = 1+x+x^2+\cdots+x^n+\dfrac{x^{n+1}}{(1-\theta x)^{n+2}}$, $0<\theta<1, x<1$.

三、泰勒公式在近似计算上的应用

例 2 计算 e 的值，使其误差不超过 10^{-6}.

解 当 $x=1$ 时有

$$e = 1+1+\frac{1}{2!}+\frac{1}{3!}+\cdots+\frac{1}{n!}+\frac{e^\theta}{(n+1)!} \quad (0<\theta<1)$$

故

$$R_n(1) = \frac{e^\theta}{(n+1)!} < \frac{3}{(n+1)!}$$

当 $n=9$ 时，便有

$$R_9(1) < \frac{3}{10!} = \frac{3}{3\,628\,800} < 10^{-6}$$

从而略去 $R_9(1)$ 而求得 e 的近似值

$$e \approx 1+1+\frac{1}{2!}+\frac{1}{3!}+\cdots+\frac{1}{9!} \approx 2.718\,285$$

习题 3.3

1. 求函数 $f(x)=\dfrac{1}{x}$ 按 $x+1$ 的幂展开的带有佩亚诺余项的 n 阶泰勒公式.
2. 求函数 $f(x)=\tan x$ 的带有拉格朗日型余项的二阶麦克劳林公式.

第四节 函数的单调性与极值

单调性是函数的重要性态，但是利用定义来讨论函数的单调性往往是比较困难的. 极值是函数的一种局部性态，它能帮助我们进一步把握函数的变化状况，为准确描绘函数图形提供不可缺少的信息. 同时它又是研究函数的最大值和最小值问题的关键所在. 而函数的最值问题有着广泛的应用，例如求“用料最省”“耗时最少”“产值最高”等问题. 本节将以导数为工具，介绍判断函数单调性、极值的简便且具有一般性的方法.

一、函数单调性的判别法

如果函数 $y=f(x)$ 在 $[a,b]$ 上单调增加（单调减少），那么它的图形是一条沿 x 轴正向上升（下降）的曲线，如图 3.5 所示. 这时曲线上各点处的切线斜率是非负的（是非正的），即

$$y'=f'(x)\geqslant 0 \quad (y'=f'(x)\leqslant 0)$$

由此可见，函数的单调性与导数的符号有着密切的关系.

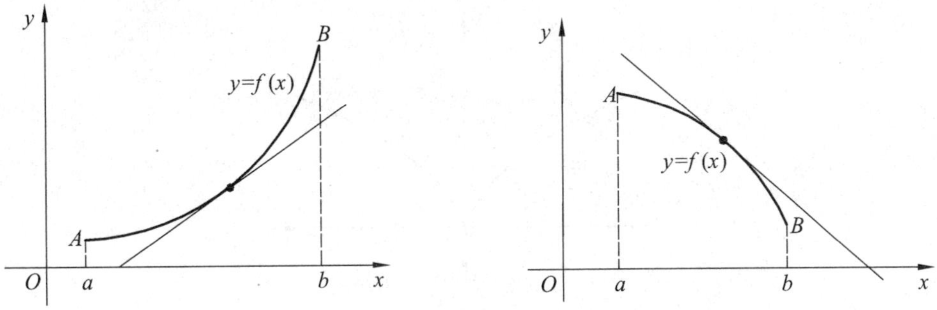

（a）函数图形上升时切线斜率非负　　（b）函数图形下降时切线斜率非正

图 3.5

定理 4.1　设函数 $f(x)$ 在闭区间 $[a,b]$ 上连续，在开区间 (a,b) 内可导，

（1）如果在 (a,b) 内，$f'(x)>0$，那么函数 $f(x)$ 在 $[a,b]$ 上单调增加.

（2）如果在 (a,b) 内，$f'(x)<0$，那么函数 $f(x)$ 在 $[a,b]$ 上单调减少.

证明　在区间 $[a,b]$ 上任取两点 x_1, x_2，设 $x_1<x_2$，由于 $f(x)$ 在 $[a,b]$ 内可导，所以 $f(x)$ 在闭区间 $[x_1,x_2]$ 上连续，在开区间 (x_1,x_2) 内可导，且满足拉格朗日定理条件，因此有

$$f(x_2)-f(x_1)=f'(\xi)(x_2-x_1) \quad (x_1<\xi<x_2)$$

因为 $x_2-x_1>0$，若 $f'(\xi)>0$，则

$$f(x_2)-f(x_1)>0$$

即

$$f(x_2)>f(x_1)$$

由定义可知 $f(x)$ 在 $[a,b]$ 上单调增加.

同理可证，若 $f'(\xi)<0$，$f(x)$ 在 $[a,b]$ 上单调减少.

例 1　判定函数 $y=x-\sin x$ 在 $[0, 2\pi]$ 上的单调性.

解　因为在（$0, 2\pi$）内

$$y'=1-\cos x>0$$

所以由定理 4.1 可知，函数 $y=x-\sin x$ 在 $[0, 2\pi]$ 上单调增加.

例 2　讨论函数 $y=\mathrm{e}^x-x-1$ 的单调性.

解　因为

$$y'=\mathrm{e}^x-1$$

又函数 $y=e^x-x-1$ 的定义域为 $(-\infty,+\infty)$，因为在 $(-\infty,0)$ 内 $y'<0$，所以函数 $y=e^x-x-1$ 在 $(-\infty,0]$ 上单调减少；因为在 $(0,+\infty)$ 内 $y'>0$，所以函数 $y=e^x-x-1$ 在 $[0,+\infty)$ 上单调增加.

例 3 讨论函数 $y=\sqrt[3]{x^2}$ 的单调性.

解 该函数的定义域为 $(-\infty,+\infty)$.

当 $x\neq 0$ 时，该函数的导数为

$$y'=\frac{2}{3\sqrt[3]{x}}$$

当 $x=0$ 时，函数的导数不存在. 在 $(-\infty,0)$ 内，$y'<0$，因此函数 $y=\sqrt[3]{x^2}$ 在 $(-\infty,0]$ 上单调减少；在 $(0,+\infty)$ 内，$y'>0$，因此函数 $y=\sqrt[3]{x^2}$ 在 $[0,+\infty)$ 上单调增加（见图 3.6）.

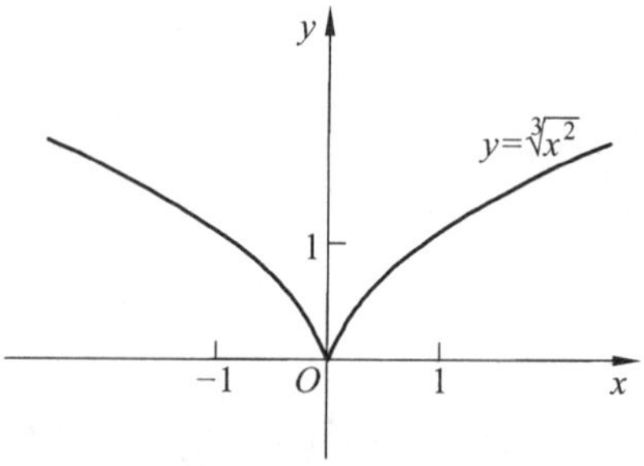

图 3.6

函数的单调性是一个区间上的整体性质，判定函数的单调性必须用导数在这个区间上的符号，而不能用一点处的导数符号.

如果函数在定义区间上不是单调的，但是在各个部分区间上单调，则称这样的区间为单调区间. 导数为零的点，即驻点和导数不存在的点，作为单调区间的分界点.

例 4 设 $f(x)=x^3-x$，试讨论函数 $f(x)$ 的单调区间.

解 这个函数的定义域为全体实数，并且在定义域内每一点都可导. 先求函数的导数

$$f'(x)=3x^2-1=(\sqrt{3}x+1)(\sqrt{3}x-1)$$

解方程 $f'(x)=0$，得到两个根 $x_1=-\frac{1}{\sqrt{3}}, x_2=\frac{1}{\sqrt{3}}$. 这两个根将定义域分成三个部分区间 $\left(-\infty,-\frac{1}{\sqrt{3}}\right]$，$\left[-\frac{1}{\sqrt{3}},\frac{1}{\sqrt{3}}\right]$ 和 $\left[\frac{1}{\sqrt{3}},+\infty\right)$.

当 $x\in\left(-\infty,-\frac{1}{\sqrt{3}}\right)$ 时，$f'(x)>0$，因此函数 $f(x)$ 在区间 $\left(-\infty,-\frac{1}{\sqrt{3}}\right]$ 内单调增加；

当 $x\in\left(-\frac{1}{\sqrt{3}},\frac{1}{\sqrt{3}}\right)$ 时，$f'(x)<0$，因此函数 $f(x)$ 在区间 $\left[-\frac{1}{\sqrt{3}},\frac{1}{\sqrt{3}}\right]$ 内单调减少；

当 $x\in\left(\frac{1}{\sqrt{3}},+\infty\right)$ 时，$f'(x)>0$，因此函数 $f(x)$ 在区间 $\left[\frac{1}{\sqrt{3}},+\infty\right)$ 内单调增加.

例 5 证明不等式：$e^x>1+x, x\neq 0$.

证明 设 $f(x)=e^x-1-x$，则

$$f'(x)=e^x-1$$

故当 $x>0$ 时，$f'(x)>0$，$f(x)$ 单调增加；当 $x<0$ 时，$f'(x)<0$，$f(x)$ 单调减少. 又由于 $f(x)$ 在 $x=0$ 处连续，则当 $x\neq 0$ 时

$$f(x)>f(0)=0$$

从而证得

$$e^x>1+x,\ x\neq 0$$

例 6 证明方程 $x^5+x+1=0$ 在区间 $(-1,0)$ 内有且只有一个实根.

证明 令 $f(x)=x^5+x+1$，因 $f(x)$ 在闭区间 $[-1,0]$ 上连续，且

$$f(-1)=-1<0,\ f(0)=1>0$$

根据零点定理 $f(x)$ 在 $(-1,0)$ 内有一个零点. 另一方面，对于任意实数 x，有

$$f'(x)=5x^4+1>0$$

所以 $f(x)$ 在 $(-\infty,+\infty)$ 内单调增加，因此曲线 $y=f(x)$ 与 x 轴至多只有一个交点.

综上所述，方程 $x^5+x+1=0$ 在区间 $(-1,0)$ 内有且只有一个实根.

二、函数的极值及其求法

函数的极值不仅在实际问题中占有重要的地位，而且也是函数性态的一个重要特征. 在第三章第一节中已经给出极大值与极小值的定义，而极值与最值的区别可以从图 3.7 看出.

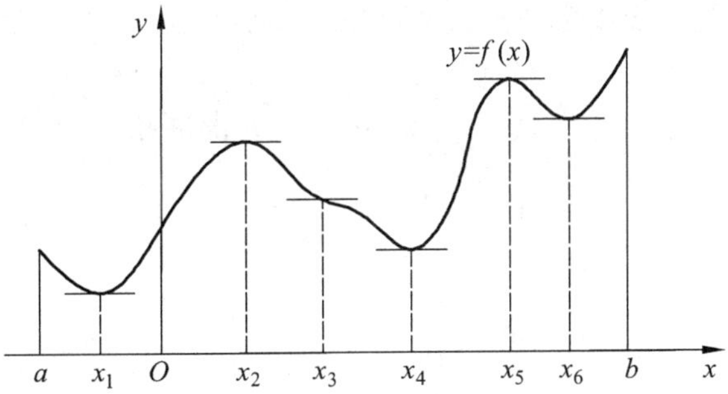

图 3.7

关于极值做以下几点说明：

（1）函数在某一个区间里可能有几个极大值和几个极小值. 如图 3.7 所示：$f(x_1)$, $f(x_4)$, $f(x_6)$ 均为 $f(x)$ 的极小值，$f(x_2)$ 和 $f(x_5)$ 均为 $f(x)$ 的极大值.

（2）函数的极大值未必比极小值大. 因为函数的极值是一个局部的概念，如图 3.7 所示，$f(x)$ 的极小值 $f(x_6)$ 大于极大值 $f(x_2)$.

（3）函数的极值一定出现在区间内部，在区间端点不能取得极值.

由费马引理可知，若函数 $f(x)$ 在点 x_0 可导，且 x_0 为 $f(x)$ 的极值点，则 $f'(x_0)=0$. 这就是说，**可导函数在点 x_0 取极值的必要条件是 $f'(x_0)=0$**. 从图 3.7 我们看到，在函数取得极值处，

如果曲线有切线，那么该切线一定是水平的，即函数在这一点的切线斜率为零．但是，在曲线上有水平切线的地方，函数不一定取得极值．如图 3.7 中点 x_3 处，曲线有水平切线，但 $f(x_3)$ 不是极值．下面给出两个判定极值的充分条件．

定理 4.2（极值的第一充分条件） 设 $f(x)$ 在点 x_0 处连续，在点 x_0 的某去心邻域 $\mathring{U}(x_0,\delta)$ 内可导．

（1）若当 $x\in(x_0-\delta,x_0)$ 时 $f'(x)<0$，当 $x\in(x_0,x_0+\delta)$ 时 $f'(x)>0$，则 $f(x)$ 在点 x_0 取得极小值．

（2）若当 $x\in(x_0-\delta,x_0)$ 时 $f'(x)>0$，当 $x\in(x_0,x_0+\delta)$ 时 $f'(x)<0$，则 $f(x)$ 在点 x_0 取得极大值．

（3）若当 $x\in\mathring{U}(x_0,\delta)$ 时，$f'(x)$ 的符号保持不变，则点 x_0 不是 $f(x)$ 的极值点．

证明 下面只证（1），（2）的证明可类似地进行．

由定理的条件及函数单调性的判别法可知，$f(x)$ 在 $(x_0-\delta,x_0)$ 内单调减少，在 $(x_0,x_0+\delta)$ 内单调增加，又由 $f(x)$ 在 x_0 处连续，故对任意 $x\in\mathring{U}(x_0,\delta)$，恒有

$$f(x)\geqslant f(x_0)$$

即 $f(x)$ 在 x_0 取得极小值．

定理 4.2 也可简单地这样说：当 x 在 x_0 的邻近渐增地经过 x_0 时，如果 $f'(x)$ 的符号由正变负，那么 $f(x)$ 在 x_0 处取得极大值；如果 $f'(x)$ 的符号由负变正，那么 $f(x)$ 在 x_0 处取得极小值；如果 $f'(x)$ 的符号不改变，那么 $f(x)$ 在 x_0 处没有极值．

根据上面的两个定理，如果函数 $f(x)$ 在所讨论的区间内连续，除个别点外处处可导，那么就可以按下列步骤来求 $f(x)$ 在该区间内的极值点和相应的极值．

（1）求出导数 $f'(x)$；

（2）求出 $f(x)$ 的全部驻点与不可导点；

（3）考察 $f'(x)$ 的符号在每个驻点或不可导点的左、右邻近的情形，以确定该点是否为极值点；如果是极值点，进一步确定是极大值点还是极小值点．

例 7 求函数 $f(x)=x^4-2x^3$ 的极值．

解 （1）求导数．$f(x)$ 在定义域 $(-\infty,+\infty)$ 内每一点都可导，且

$$f'(x)=4x^3-6x^2=2x^2(2x-3)$$

（2）求驻点．令 $f'(x)=0$，即

$$2x^2(2x-3)=0$$

解得驻点 $x_1=0,x_2=\dfrac{3}{2}$．

（3）判定极值．列表 3.2 如下：（其中↗表示单调增加，↘表示单调减少）

表 3.2

x	$(-\infty,0)$	0	$\left(0,\frac{3}{2}\right)$	$\frac{3}{2}$	$\left(\frac{3}{2},+\infty\right)$
$f'(x)$	$-$	0	$-$	0	$+$
$f(x)$	↘	0	↘	极小值：$-\frac{27}{16}$	↗

从表 3.2 可以看出，当 $x=\dfrac{3}{2}$ 时，函数 $f(x)=x^4-2x^3$ 有极小值 $f\left(\dfrac{3}{2}\right)=-\dfrac{27}{16}$；$x=0$ 时函数不取得极值.

例 8　求 $f(x)=(2x-5)\sqrt[3]{x^2}$ 的极值点与极值.

解　（1）求导数. 因为

$$f(x)=(2x-5)\sqrt[3]{x^2}=2x^{\frac{5}{3}}-5x^{\frac{2}{3}}$$

在 $(-\infty,+\infty)$ 上连续，且当 $x\neq 0$ 时都可导，则有

$$f'(x)=\frac{10}{3}x^{\frac{2}{3}}-\frac{10}{3}x^{-\frac{1}{3}}=\frac{10}{3}\frac{x-1}{\sqrt[3]{x}}$$

（2）求驻点. 令 $f'(x)=0$，解得 $x=1$ 为 $f(x)$ 的驻点，$x=0$ 为 $f(x)$ 的不可导点.

（3）判定极值. 列表 3.3 如下：

表 3.3

x	$(-\infty,0)$	0	(0,1)	1	$(1,+\infty)$
$f'(x)$	+	不存在	−	0	+
$f(x)$	↗	极大值：0	↘	极小值：−3	↗

从表 3.3 可以看出，点 $x=0$ 为 $f(x)$ 的极大值点，极大值 $f(0)=0$；$x=1$ 为 $f(x)$ 的极小值点，极小值 $f(1)=-3$（见图 3.8）.

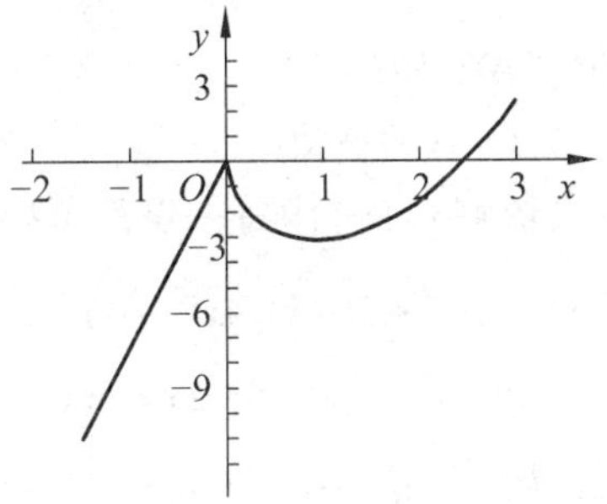

图 3.8

当函数 $f(x)$ 在驻点处的二阶导数存在且不为零时，也可以利用下述定理来判定 $f(x)$ 在驻点处取得极大值还是极小值.

定理 4.3（极值的第二充分条件）　设 $f(x)$ 在 x_0 的某邻域 $U(x_0,\delta)$ 内一阶可导，在 $x=x_0$ 处二阶可导，且 $f'(x_0)=0, f''(x_0)\neq 0$.

（1）若 $f''(x_0)<0$，则 $f(x)$ 在 x_0 取得极大值；

（2）若 $f''(x_0)>0$，则 $f(x)$ 在 x_0 取得极小值.

证明　只证情形（1）. 由于 $f''(x_0)<0$，按二阶导数的定义有

$$f''(x_0)=\lim_{x\to x_0}\frac{f'(x)-f'(x_0)}{x-x_0}<0$$

根据函数极限的局部保号性，当 x 在 x_0 的足够小的去心邻域内时，

$$\frac{f'(x)-f'(x_0)}{x-x_0}<0$$

但 $f'(x_0)=0$，所以上式为

$$\frac{f'(x)}{x-x_0}<0$$

从而可知，对于该去心邻域内的 x 来说，$f'(x)$ 与 $x-x_0$ 的符号相反．因此，当 $x-x_0<0$，即 $x<x_0$ 时，$f'(x)>0$；当 $x-x_0>0$，即 $x>x_0$ 时，$f'(x)<0$．于是根据定理 4.2，$f(x)$ 在点 x_0 处取得极大值．

这个定理告诉我们，如果函数 $f(x)$ 在驻点 x_0 处的二阶导数 $f''(x_0)\neq 0$，那么该驻点一定是极值点，并且可以按二阶导数 $f''(x_0)$ 的符号来判断 $f(x_0)$ 是极大值还是极小值，但当 $f''(x_0)=0$ 时，$f(x)$ 在点 x_0 处可能取极大值，也可能取极小值，这个判定方法失效，这时仍用极值存在的第一充分条件来判定．

例 9　求函数 $f(x)=x^2+\dfrac{432}{x}$ 的极值点和极值．

解　（1）求导数．当 $x\neq 0$ 时

$$f'(x)=2x-\frac{432}{x^2}=\frac{2x^3-432}{x^2}$$

（2）求驻点．令 $f'(x)=0$，求得稳定点 $x=6$．

（3）判定极值．因

$$f''(6)=\left(2+\frac{864}{x^3}\right)_{x=6}=6>0$$

故 $x=6$ 为 f 的极小值点，极小值 $f(6)=108$．

例 10　求函数 $f(x)=x^2(x^4-3x^2+3)$ 的极值．

解　（1）求导数．$f(x)$ 在定义域 $(-\infty,+\infty)$ 内每一点都可导，且

$$f'(x)=2x(x^4-3x^2+3)+x^2(4x^3-6x)=6x(x^2-1)^2$$

$$f''(x)=6(x^2-1)^2+6x\cdot 2(x^2-1)\cdot 2x=6(x^2-1)(5x^2-1)$$

（2）求驻点．令 $f'(x)=0$，解得驻点 $x_1=-1, x_2=0, x_3=1$．

（3）判定极值．$f''(0)=6>0$，所以 $x_2=0$ 是极小值点，极小值 $f(0)=0$，而 $f''(-1)=0$，$f''(1)=0$，所以不能用二阶导数判定 $x_1=-1$，$x_3=1$ 是否为极值点．这时只能用定理 4.2 判定．但当 x 取 x_1 左右两侧附近的值时，$f'(x)<0$；当 x 取 x_3 左右两侧附近的值时，$f'(x)>0$，所以函数 $f(x)$ 在 $x_1=-1$，$x_3=1$ 处都没有极值．

三、函数的最大值与最小值

若函数 $f(x)$ 在闭区间 $[a,b]$ 上连续，则 $f(x)$ 在 $[a,b]$ 上一定有最大、最小值．若函数 $f(x)$ 的最大（小）值点 x_0 在区间 (a,b) 内，则 x_0 必定是 $f(x)$ 的极大（小）值点．又若 $f(x)$ 在 x_0 可导，则 x_0 还是一个驻点．所以只要比较 $f(x)$ 在所有驻点、不可导点和区间端点上的函数值，

就能从中找到 $f(x)$ 在 $[a,b]$ 上的最大值与最小值. 因此, 求连续函数 $f(x)$ 在闭区间 $[a,b]$ 上最值的基本步骤是:

(1) 求出 $f(x)$ 在 (a,b) 内的驻点和导数不存在的点;

(2) 计算上述各点以及两个端点的函数值;

(3) 比较这些函数值的大小, 其中最大的为 $f(x)$ 在 $[a,b]$ 上的最大值, 最小的为 $f(x)$ 在 $[a,b]$ 上的最小值.

例 11 求函数 $f(x)=x^3-6x^2+9x-9$ 在 $[-1,4]$ 上的最大值和最小值.

解 因为 $f(x)=x^3-6x^2+9x-9$ 在 $[-1,4]$ 上连续, 所以 $f(x)$ 在 $[-1,4]$ 上存在最大值和最小值. 又因为

$$f'(x)=3x^2-12x+9=3(x-1)(x-3)$$

令 $f'(x)=0$, 得驻点 $x_1=1, x_2=3$. 由于

$$f(1)=-5,\quad f(3)=-9,\quad f(-1)=-25,\quad f(4)=-5$$

比较各值可得函数 $f(x)$ 的最大值为 -5, 最小值为 -25.

例 12 一艘轮船在航行中的燃料费和它的速度的立方成正比. 已知当速度为 10 km/h, 燃料费为每小时 6 元, 而其他与速度无关的费用为每小时 96 元. 问轮船的速度为多少时, 每航行 1 km 所消耗的费用最小?

解 设船速为 x(km/h), 据题意每航行 1 km 的耗费为

$$y=\frac{1}{x}(kx^3+96)$$

由已知当 $x=10$ 时, $k\cdot 10^3=6$, 故得比例系数 $k=0.006$. 所以

$$y=\frac{1}{x}(0.006x^3+96),\quad x\in 0,+\infty)$$

现在问题就归结为: 在 $x>0$ 内, 自变量取何值时目标函数 y 的值最小. 先对 y 求导数:

$$y'=\frac{0.012}{x^2}(x^3-8000)$$

解方程 $y'=0$, 求得驻点 $x=20$. 由极值第一充分条件检验得 $x=20$ 是极小值点. 由于在 $(0,+\infty)$ 上该函数处处可导, 且只有唯一的极值点, 故当它为极小值点时必为最小值点. 所以求得当船速为 20 km/h 时, 每航行 1 km 的耗费为最少, 其值为

$$y_{\min}=0.006\times 20^2+\frac{96}{20}=7.2\ (元)$$

在实际问题中, 经常会遇到求最大值和最小值的问题, 而这些问题实质上就是求一个函数的最大值和最小值问题. 因此在解决具体问题时, 往往需要根据问题的实际意义来断定可导函数 $f(x)$ 有最大值或最小值, 且一定在讨论区间内部取得. 这时如果函数 $f(x)$ 在所讨论的区间内只有一个驻点 x_0, 则 $f(x_0)$ 必是最大值或最小值.

例 13(发挥原材料的最大效益问题) 将一块边长为 a 的正方形铁皮的四角截去一个大小

相等的小正方形，然后把各边折起来做成一个无盖的盒子. 问截去的小正方形的边长为多大时，才能使盒子的容积最大？

解 如图 3.9 所示，设所截去的小正方形边长为 x，则盒底是边长为 $a-2x$ 的正方形，高为 x，所以铁盒容积为

$$V=(a-2x)^2\cdot x\quad \left(0<x<\frac{a}{2}\right)$$

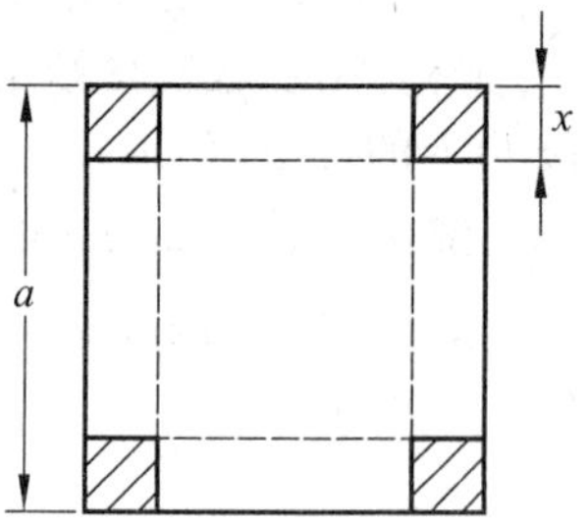

图 3.9

又

$$V'=(a-2x)(a-6x)$$

令 $V'=0$，得 $x_1=\dfrac{a}{6},x_2=\dfrac{a}{2}$（舍去）. 因为只有 $x_1=\dfrac{a}{6}\in\left(0,\dfrac{a}{2}\right)$，故只需检验 $x_1=\dfrac{a}{6}$.

当 $x<\dfrac{a}{6}$，$V'(x)>0$；当 $x>\dfrac{a}{6}$，$V'(x)<0$，所以 $x_1=\dfrac{a}{6}$ 是极大值点，同时也是最大值点.

由此可知，当截去的小正方形的边长为 $\dfrac{a}{6}$ 时，所做成的铁皮盒子容积最大.

习题 3.4

1. 证明函数 $y=x^2+1$ 在区间（$0,+\infty$）内单调增加？

2. 求下列函数的单调区间和极值.

（1）$f(x)=2x^3-6x^2-18x-7$；（2）$f(x)=x+\sqrt{1-x}$；

（3）$f(x)=\dfrac{1+3x}{\sqrt{4+5x^2}}$；（4）$f(x)=\dfrac{x}{1+x^2}$；

（5）$f(x)=x-\ln(1+x)$；（6）$f(x)=x^2\mathrm{e}^{-x}$；

（7）$f(x)=(x^2-2x)\mathrm{e}^x$；（8）$f(x)=x+\tan x$.

3. 试问当 a 为何值时，函数 $f(x)=a\sin x+\dfrac{1}{3}\sin 3x$ 在 $x=\dfrac{\pi}{3}$ 处取得极值？它是极大值还是极小值？并求此极值.

4. 设函数 $f(x)=x^3+ax^2+bx$ 在 $(-\infty,+\infty)$ 内单调递增，确定 a,b 间的关系？

5. 证明下列不等式.

（1）当 $x>1$ 时，$2\sqrt{x}>3-\dfrac{1}{x}$；

（2）当 $0<x<\dfrac{\pi}{3}$ 时，$\tan x>x-\dfrac{x^3}{3}$；

（3）当 $x>0$ 时，$x-\dfrac{x^2}{2}<\ln(1+x)<x-\dfrac{x^2}{2(1+x)}$.

6. 证明函数 $y=x^3+2x+1$ 在 $(-\infty,+\infty)$ 内有唯一实根.

7. 讨论方程 $\ln x = ax\ (a>0)$ 实根的个数.

8. 设 $f(x)$ 具有二阶导数，且 $f''(x)>0, f(0)=0$，证明：当 $x\neq 0$ 时，$\dfrac{f(x)}{x}$ 单调增加.

9. 设 $y=y(x)$ 由方程 $2y^3-2y^2+2xy-x^2=1$ 所确定，求 $y=y(x)$ 的驻点，并判别其是否为极值点.

10. 求下列函数在指定区间上的最值

（1）$f(x)=x^4-2x^2+5, x\in[0,2]$；　（2）$f(x)=\dfrac{2x}{1+x^2}, x\in[0,2]$；

（3）$f(x)=\sqrt[3]{2x^2(x-6)}, x\in[-2,4]$；　（4）$f(x)=x+\sqrt{1-x}, x\in[-5,1]$.

11. 乐山大佛通高 71 m，若乘船观赏大佛的游人眼睛需在大佛脚底水平线下 1 m 处. 为得到观赏大佛的最佳视角（应使视角最大），这时游人离大佛（中心线）有多远的水平距离？

12. 某企业生产某种产品 x 单位时的总利润为 $L(x)=-0.000\,01x^2+x+5\,000$，问生产多少单位时，才能使总利润最大？

13. 在抛物线 $y^2=2px$ 上哪一点的法线被抛物线所截线段最短？

第五节　曲线的凹凸性与拐点

知道函数的单调性和极值，并不能准确描述函数图形的主要特征. 例如，函数 $f(x)=x^2$ 和 $f(x)=\sqrt{x}$ 都在 $(0,1)$ 内单调增加，但两者的图形却有明显的差别，即它们的弯曲方向不同. 这种差别就是所谓的“凹凸性”的区别. 凸性是函数的一种重要性质，具有这种性质的函数在近代分析和优化两大领域起着重要的作用. 本节给出曲线凹凸性的定义，并给出利用导数来判断曲线凹凸性的方法，以便更加准确的描绘函数的图形.

一、曲线凹凸性的定义

先从直观来分析. 如图 3.10 所示，任取两点 x_1, x_2，连接这两点间的弦总位于这两点间弧段的上方；而图 3.11 中任取两点 x_1, x_2，连接这两点间的弦总位于这两点间弧段的下方. 可以看出，曲线的凹凸性可以通过连接这两点间的弦与相应的弧的位置关系来描述.

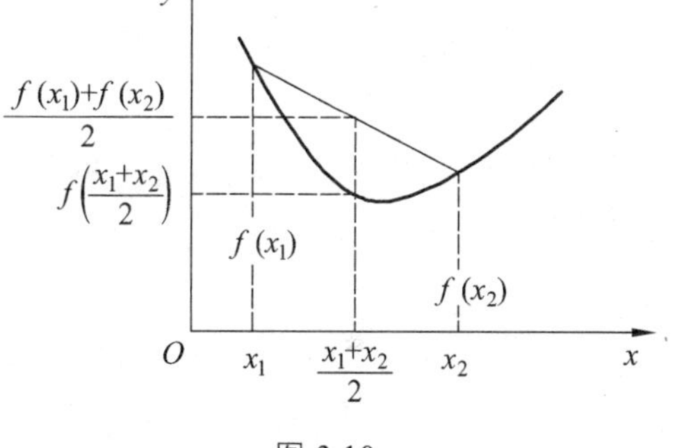

图 3.10

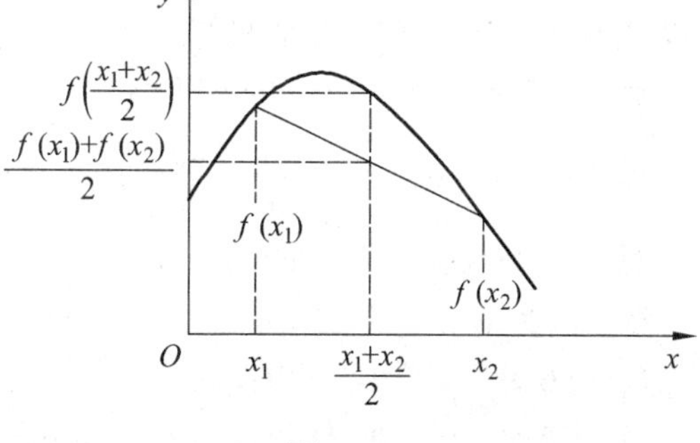

图 3.11

设 $f(x)$ 在区间 I 上连续，如果对 I 上任意两点 x_1, x_2，恒有

$$f\left(\frac{x_1+x_2}{2}\right)<\frac{f(x_1)+f(x_2)}{2}$$

那么称 $f(x)$ 在 I 上的图形是（向上）凹的（或凹弧）；如果恒有

$$f\left(\frac{x_1+x_2}{2}\right)>\frac{f(x_1)+f(x_2)}{2}$$

那么称 $f(x)$ 在 I 上的图形是（向上）凸的（或凸弧）.

有了凹凸性的定义后，如何判断曲线的凹凸性呢？下面的定理给出了判定的方法.

二、曲线凹凸性的判定

定理 5.1 设 $f(x)$ 在 $[a,b]$ 上连续，在 (a, b) 内具有一阶和二阶导数，那么

（1）若在 (a,b) 内 $f''(x)>0$，则 $f(x)$ 在 $[a,b]$ 上的图形是凹的；

（2）若在 (a,b) 内 $f''(x)<0$，则 $f(x)$ 在 $[a,b]$ 上的图形是凸的.

证明 只证(1)，(2)的证明类似.

设 $x_1,x_2\in[a,b]$ $(x_1<x_2)$，记 $x_0=\dfrac{x_1+x_2}{2}$，由拉格朗日中值公式得

$$f(x_1)-f(x_0)=f'(\xi_1)(x_1-x_0)=f'(\xi_1)\frac{x_1-x_2}{2},\quad x_1<\xi_1<x_0$$

$$f(x_2)-f(x_0)=f'(\xi_2)(x_2-x_0)=f'(\xi_2)\frac{x_2-x_1}{2},\quad x_0<\xi_2<x_2$$

两式相加并应用拉格朗日中值公式得

$$\begin{aligned}f(x_1)+f(x_2)-2f(x_0)&=[f'(\xi_2)-f'(\xi_1)]\frac{x_2-x_1}{2}\\&=f''(\xi)(\xi_2-\xi_1)\frac{x_2-x_1}{2}>0\quad(\xi_1<\xi<\xi_2)\end{aligned}$$

即

$$\frac{f(x_1)+f(x_2)}{2}>f\left(\frac{x_1+x_2}{2}\right)$$

所以 $f(x)$ 在 $[a,b]$ 上的图形是凹的.

例 1 判断曲线 $y=\ln x$ 的凹凸性.

解 因为 $y'=\dfrac{1}{x}$，$y''=-\dfrac{1}{x^2}$，则在定义域 $(0,+\infty)$ 内，$y''<0$，所以曲线 $y=\ln x$ 是凸的.

例 2 判断曲线 $y=x^3$ 的凹凸性.

解 因为 $y'=3x^2$，$y''=6x$. 令 $y''=0$ 得 $x=0$，因此

当 $x<0$ 时，$y''<0$，所以曲线在 $(-\infty,0]$ 内为凸的；

当 $x>0$ 时，$y''>0$，所以曲线在 $[0,+\infty)$ 内为凹的.

拐点：连续曲线 $y=f(x)$ 上凹弧与凸弧的分界点称为这条曲线的**拐点**.

由于拐点是凹凸曲线的分界点，所以拐点左右两侧近旁 $f''(x)$ 必然变号. 因此，曲线的拐点的横坐标只可能是使 $f''(x)=0$ 的点或 $f''(x)$ 不存在的点，从而可得求曲线凹凸区间与确定拐点的方法和步骤：

（1）确定函数 $y=f(x)$ 的定义域；

（2）求出二阶导数 $f''(x)$ ；

（3）确定使 $f''(x)=0$ 的点及 $f''(x)$ 不存在的点；

（4）用上述各点把函数的定义域分成若干部分区间，在各部分区间内考察 $f''(x)$ 的符号，从而判断曲线在各部分区间的凹凸性，并确定曲线的拐点

例 3 求曲线 $y=3x^4-4x^3+1$ 的凹、凸区间及拐点.

解 （1）函数 $y=3x^4-4x^3+1$ 的定义域为 $(-\infty,+\infty)$；

（2）因为

$$y'=12x^3-12x^2,\quad y''=36x^2-24x=36x\left(x-\frac{2}{3}\right)$$

所以此曲线没有二阶导数不存在的点；

（3）解方程 $y''=0$，得 $x_1=0$，$x_2=\frac{2}{3}$；

（4） 用这两点把定义域分成三个部分区间，列表 3.4 讨论如下：

表 3.4

x	$(-\infty,0)$	0	$\left(0,\frac{2}{3}\right)$	$\frac{2}{3}$	$\left(\frac{2}{3},+\infty\right)$
y''	+	0	−	0	+
y	凹的	拐点	凸的	拐点	凹的

因此在区间 $(-\infty,0]$ 和 $\left[\frac{2}{3},+\infty\right)$ 上曲线是凹的；在区间 $\left[0,\frac{2}{3}\right]$ 上曲线是凸的；点 $(0,1)$ 和 $\left(\frac{2}{3},\frac{11}{27}\right)$ 是曲线的拐点.

例 4 求函数 $y=(x-2)\sqrt[3]{x^2}$ 的凹、凸区间及拐点.

解 （1）函数 $y=(x-2)\sqrt[3]{x^2}$ 定义域为 $(-\infty,+\infty)$；

（2）$y'=\frac{5}{3}x^{\frac{2}{3}}-\frac{4}{3}x^{-\frac{1}{3}}$，$y''=\frac{10}{9}x^{-\frac{1}{3}}+\frac{4}{9}x^{-\frac{4}{3}}=\frac{2(5x+2)}{9x\sqrt[3]{x}}$；

（3）令 $y''=0$ 得 $x=-\frac{2}{5}$；而 $x=0$ 为 y'' 不存在的点.

（4）用 $x_1=-\frac{2}{5},x_2=0$ 将定义区间 $(-\infty,+\infty)$ 分成三个部分区间，列表 3.5 讨论如下：

表 3.5

x	$\left(-\infty,-\frac{2}{5}\right)$	$-\frac{2}{5}$	$\left(-\frac{2}{5},0\right)$	0	$(0,+\infty)$
$f''(x)$	$-$	0	+	不存在	+
$f(x)$	凸的	拐点	凹的	不是拐点	凹的

由表 3.5 可知，曲线的凸区间是$\left(-\infty,-\frac{2}{5}\right)$，凹区间是$\left(-\frac{2}{5},+\infty\right)$；点$\left(-\frac{2}{5},-\frac{12}{5}\sqrt[3]{\frac{4}{25}}\right)$是拐点.

习题 3.5

1. 判断下列曲线的凹凸性.

（1）$y=4x-x^2$；（2）$y=x+\frac{1}{x}\ (x>0)$；

（3）$y=-x^4$；（4）$y=x\arctan x$.

2. 求下列函数图形的凹、凸区间及拐点.

（1）$y=3x^2-x^3$；（2）$y=xe^{-x}$；

（3）$y=\frac{2x}{\ln x}$；（4）$y=x^4-6x^3+12x^2-10$；

（5）$y=\ln(x^2+1)$；（6）$y=1+(x-1)^{\frac{1}{3}}$.

3. 已知点（1,2）为曲线$y=ax^3-bx^2$的拐点，求 a,b 的值.

4. 求 a,b,c 的值，使$y=x^3+ax^2+bx+c$有拐点$(1,-1)$，且在$x=0$处有极大值 1.

5. 利用函数图形的凹凸性证明下列不等式：

（1）$\frac{1}{2}(x^n+y^n)>\left(\frac{x+y}{2}\right)^n\ (x>0,y>0,x\neq y,n>1)$；

（2）$e^{\frac{x+y}{2}}\leqslant\frac{1}{2}(e^x+e^y)$；

（3）$2\arctan\left(\frac{x+y}{2}\right)\geqslant\arctan x+\arctan y\ (x>0,y>0)$.

6. 证明曲线$f(x)=\frac{x-1}{x^2+1}$有三个拐点，且在同一条直线上.

7. 设$y=f(x)$在$x=x_0$的某邻域内具有三阶连续导数，如果$f''(x_0)=0$，而$f'''(x_0)\neq0$，试问$(x_0,f(x_0))$是否为拐点？为什么？

第六节　函数图形的描绘

函数的图形有助于直观的了解函数的性态，所以很有必要研究函数图形的描绘方法．为了更准确、更全面地描绘平面曲线，我们必须确定出反映曲线主要特征的点与线. 已经知道，利用函数的一阶导数可以确定曲线的单调性与极值；利用二阶导数可以确定曲线的凹凸区间和拐点.有些函数的定义域和值域都是有限区间，其图形都局限在一定的范围内；而有些函数的定义域和值域是无穷区间，其图形向无穷远处延伸. 为了较准确地把握函数图形在平面上无限伸展的趋势，还需对曲线的渐近线进行讨论.

一、曲线的渐近线

前面曾定义过曲线的水平渐近线和铅直渐近线，下面定义斜渐近线.

定义 6.1 设有一伸展到无穷的曲线 $y=f(x)$，当点 (x,y) 沿曲线趋于无穷时，若它到定直线 $y=kx+b$ 的距离趋于零，则称该直线为曲线的**斜渐近线**.

如图 3.12 所示，曲线上的点 $(x, f(x))$ 到直线 $y=kx+b$ 的距离为

$$d=\frac{|f(x)-kx-b|}{\sqrt{1+k^2}}$$

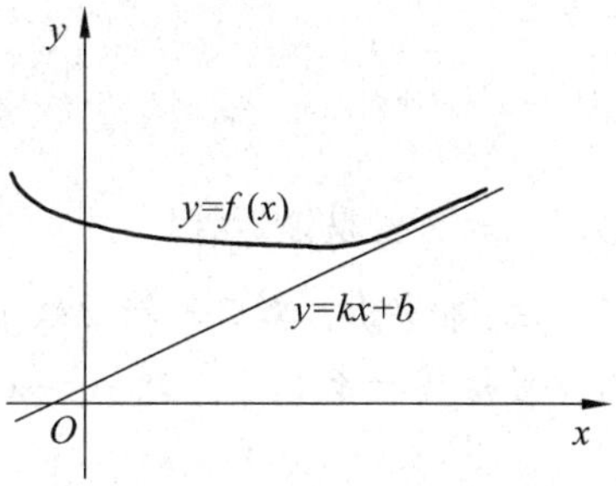

图 3.12

因此有：直线 $y=kx+b$ 是曲线 $y=f(x)$ 的斜渐近线的充要条件是

$$\lim_{\substack{x\to+\infty\\(x\to-\infty)}}\frac{|f(x)-kx-b|}{\sqrt{1+k^2}}=0$$

或

$$\lim_{x\to+\infty}[f(x)-(kx+b)]=0 \tag{1}$$

对 $x\to-\infty$, $x\to\infty$ 的情形可按同样的方法进行讨论. 那么如何求 k 和 b 呢？由斜渐近线的定义

$$\lim_{x\to+\infty}[f(x)-(kx+b)]=0$$

即得

$$\lim_{x\to+\infty}[f(x)-kx]=b$$

若知道 k，就可由上式求得 b. 由式（1），有

$$\lim_{x\to+\infty}\left[\frac{f(x)}{x}-k\right]=\lim_{x\to+\infty}\frac{1}{x}[f(x)-kx]=0\cdot b=0$$

故

$$\lim_{x\to+\infty}\frac{f(x)}{x}=k$$

求出 k 后代入（1）中即可求出 b. 于是

$$y=kx+b$$

就是所要求的斜渐近线. 易见，当 $k=0$ 时，$y=b$ 就是水平渐近线.

例 1 求曲线 $y=\sqrt{1+x^2}$ 的渐近线.

解 先求 k.

$$k=\lim_{x\to+\infty}\frac{\sqrt{1+x^2}}{x}=\lim_{x\to+\infty}\sqrt{1+\frac{1}{x^2}}=1$$

再求 b.

$$b=\lim_{x\to+\infty}(\sqrt{1+x^2}-x)=\lim_{x\to+\infty}\frac{1}{\sqrt{1+x^2}+x}=0$$

因此曲线有斜渐近线 $y=x$.

又因为

$$\lim_{x\to-\infty}\frac{\sqrt{1+x^2}}{x}=\lim_{x\to-\infty}\frac{\sqrt{1+x^2}}{-\sqrt{x^2}}=-1$$

$$\lim_{x\to-\infty}[\sqrt{1+x^2}-(-1)x]=\lim_{x\to-\infty}\frac{1}{\sqrt{1+x^2}-x}=0$$

所以 $y=-x$ 也是渐近线.

注：事实上，求出斜渐近线 $y=x$ 后，根据函数 $y=\sqrt{1+x^2}$ 是偶函数，其图形关于 y 轴对称，立即可得另一条斜渐近线 $y=-x$，而无需后一步计算.

二、函数图形的描绘

综合上面对函数性态的研究，可以得到用微分法描绘图形的一般步骤：

（1）确定函数 $y=f(x)$ 的定义域.

（2）考察函数的某些特性（如奇偶性、周期性等）.

（3）求出一阶导数 $f'(x)$ 与二阶导数 $f''(x)$，并求出方程 $f'(x)=0$ 和 $f''(x)=0$ 在函数定义域内的全部实根，以及 $f'(x)$，$f''(x)$ 不存在的点；用这些点把定义域划分成部分区间.

（4）确定在这些部分区间内 $f'(x)$ 和 $f''(x)$ 的符号，并由此确定函数的单调区间、凹凸区间、极值点和拐点.

（5）确定函数图形的水平渐近线、铅直渐近线以及其他变化趋势.

（6）为了把图形描绘得更准确，有时还需要补充一些点，比如曲线与坐标轴的交点. 然后结合前面得到的结果，连接这些点作出函数 $y=f(x)$ 的图形.

例 2 描绘函数 $y=\mathrm{e}^{-x^2}$ 的图形.

解 （1）函数的定义域为 $(-\infty,+\infty)$，且 $y>0$，故图形在上半平面内.

（2）$y=\mathrm{e}^{-x^2}$ 是偶函数，图形关于 y 轴对称.

（3）$y'=-2x\mathrm{e}^{-x^2}$，令 $y'=0$ 得驻点 $x=0$.

（4）$y''=2(2x^2-1)\mathrm{e}^{-x^2}$，令 $y''=0$，得 $x=\pm\frac{1}{\sqrt{2}}$.

（5）列表 3.6 确定单调区间、凹凸区间、极值点和拐点.

表 3.6

x	0	$\left(0,\frac{1}{\sqrt{2}}\right)$	$\frac{1}{\sqrt{2}}$	$\left(\frac{1}{\sqrt{2}},+\infty\right)$
y'	0	−	−	−
y''	−	−	0	+
y	极大值 1	凸减	拐点 $\left(\frac{1}{\sqrt{2}},e^{-\frac{1}{2}}\right)$	凹减

（6）因 $\lim\limits_{x\to\infty}e^{-x^2}=0$，故 $y=0$ 是一条水平渐近线.

（7）曲线 $y=e^{-x^2}$ 与 y 轴的交点为 $(0,1)$.

根据以上讨论做出函数的图形，如图 3.13 所示.

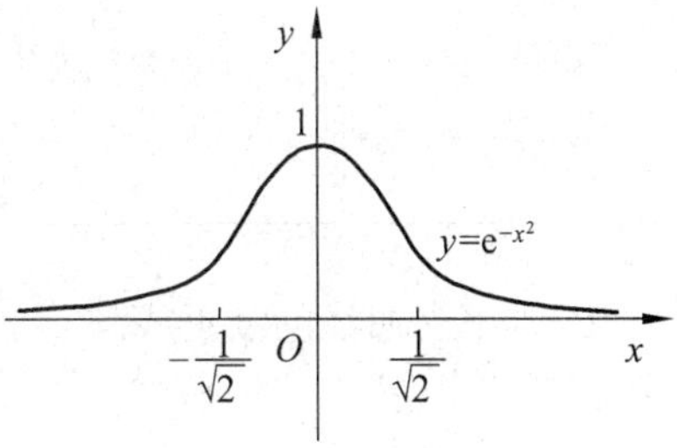

图 3.13

例 3 描绘函数 $f(x)=\sqrt[3]{x^3-x^2-x-1}$ 的图形.

解 （1）函数的定义域为 $(-\infty,+\infty)$，它既不是奇函数也不是偶函数，也不是周期函数；

（2）求出一阶导数和二阶导数：

$$f'(x)=\frac{2}{3}\frac{\sqrt[3]{x+1}}{\sqrt[3]{x-1}}+\frac{1}{3}\cdot\frac{\sqrt[3]{(x-1)^2}}{\sqrt[3]{(x+1)^2}}=\frac{x+\frac{1}{3}}{\sqrt[3]{x-1}\cdot\sqrt[3]{(x+1)^2}}$$

$$f''(x)=-\frac{8}{9\sqrt[3]{(x-1)^4}\cdot\sqrt[3]{(x+1)^5}}$$

由此得到稳定点 $x=-\frac{1}{3}$，不可导点 $x=\pm1$.

（3）列表 3.7 确定单调区间、凹凸区间、极值点和拐点：

表 3.7

x	$(-\infty,-1)$	-1	$\left(-1,-\frac{1}{3}\right)$	$-\frac{1}{3}$	$\left(-\frac{1}{3},1\right)$	1	$(1,+\infty)$
$f'(x)$	+	∞	+	0	−	∞	+
$f''(x)$	+	不存在	−	−	−	不存在	−
$f(x)$	凹增	拐点 $(-1,0)$	凸增	极大值：$\frac{2}{3}\sqrt[3]{4}$	凸减	极小值：0	凸增

（4）曲线 $y=\sqrt{x^3-x^2-x+1}$ 有斜渐近线 $y=x-\frac{1}{3}$（习题 1（2）），并且在 $x=\pm1$ 处有垂直切线.

（5）曲线与坐标轴交点为 $(1,0)$, $(-1,0)$, $(0,1)$.

根据以上讨论做出函数的图形，如图 3.14 所示.

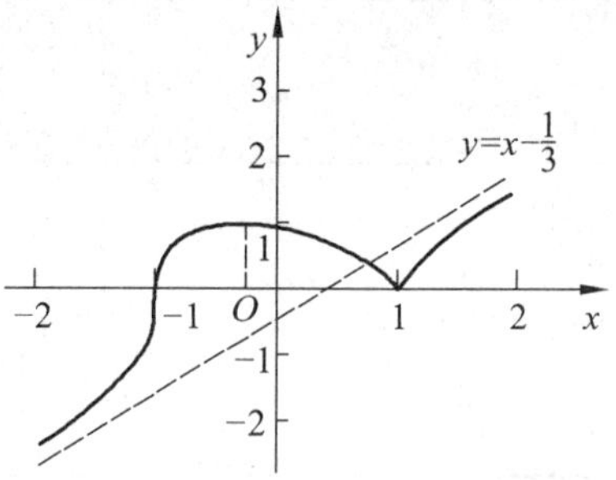

图 3.14

习题 3.6

1. 求下列曲线的渐近线.

（1）$y=\dfrac{x^2}{x+1}$；（2）$y=\sqrt{x^3-x^2-x+1}$；

（3）$y=\dfrac{3x^3+4}{x^2-2x}$；（4）$y=x+\arctan x$.

2. 描绘下列函数的图形.

（1）$y=\dfrac{1}{5}(x^4-6x^2+8x+7)$；（2）$y=\dfrac{x}{1+x^2}$；

（3）$y=\dfrac{x^3+1}{x}$；（4）$y=\dfrac{x}{x^2-1}$；（5）$y=\dfrac{1}{x(x^2-1)}$；

（6）$y=\ln(x^2+1)$；（7）$y=\mathrm{e}^{-(x-1)^2}$；（8）$y=\dfrac{\cos x}{\cos 2x}$.

复习题三

1. 判断题.

（1）若在 (a,b) 内 $f(x)$ 与 $g(x)$ 均可导，且 $f'(x)>g'(x)$，则在 (a,b) 内必有 $f(x)>g(x)$.（　　）

（2）若 x_0 是可导函数 $f(x)$ 的一个极值点，则必有 $f'(x_0)=0$.（　　）

（3）若 $f(x)$ 在 $[0,+\infty)$ 上连续，且在 $(0,+\infty)$ 内 $f'(x)<0$，则 $f(0)$ 为 $f(x)$ 在 $[0,+\infty)$ 上的最大值.（　　）

（4）若对任意 $x\in(a,b)$，都有 $f'(x)=0$，则在 (a,b) 内 $f(x)$ 恒为常数.（　　）

（5）函数的极大值一定大于极小值.（　　）

（6）$\lim\limits_{x\to 2}\dfrac{2x}{2x-1}=\lim\limits_{x\to 2}\dfrac{(2x)'}{(2x-1)'}$.（　　）

（7）$\lim\limits_{x\to 0}\dfrac{e^{2x}-1}{\sin x}=\lim\limits_{x\to 0}\left(\dfrac{e^{2x}-1}{\sin x}\right)'$.　　（　　）

（8）若 $f(x)$ 在 $x=x_0$ 的邻域内具有三阶连续导数，且 $f''(x_0)=0$，$f'''(x_0)\neq 0$，则 $(x_0,f(x_0))$ 是曲线 $y=f(x)$ 的拐点.　　（　　）

（9）若 $f(x)$ 在 (a,b) 内单调递增，则 $-f(x)$ 在 (a,b) 内单调递减.　　（　　）

（10）若 $f''(x_0)=0$，则点 $(x_0,f(x_0))$ 必是曲线 $y=f(x)$ 的拐点.　　（　　）

2. 填空题.

（1）函数 $f(x)=(x-1)(x-2)(x-3)$，则方程 $f'(x)=0$ 有________个实数根.

（2）对曲线 $y=ax^3+bx^2+cx+d$ 使得 $(-2,4)$ 为驻点，$(1,-10)$ 为拐点的 $a=$______，$b=$______，$c=$_________，$d=$_________.

（3）函数 $y=(x-5)\sqrt[3]{x^2}$ 的极大值点为___________；极小值为______.

（4）$f(x)=\sin x$ 在 $[0,\pi]$ 上满足罗尔中值定理的条件，当 $\xi=$______时，$f'(\xi)=0$.

（5）$y=\ln(x+1)$ 在区间 $[0,1]$ 上满足拉格朗日中值定理的 $\xi=$____________.

（6）设常数 $k>0$，函数 $f(x)=\ln x-\dfrac{x}{e}+k$ 在（$0,+\infty$）内零点的个数为_________.

3. 选择题.

（1）设函数 $f(x)$ 在区间 (a,b) 内可导，则在 (a,b) 内 $f'(x)>0$ 是 $f(x)$ 在区间 (a,b) 内单调增加的（　　）.

（A）必要非充分条件　　（B）充分非必要条件

（C）充要条件　　（D）无关条件

（2）已知 $y=f(x)$ 对一切 x 满足 $xf''(x)+2x[f'(x)]^2=1-e^{-x}$，若 $f'(x_0)=0(x_0\neq 0)$，则（　　）.

（A）$f(x_0)$ 是 $f(x)$ 的极大值　　（B）$f(x_0)$ 是 $f(x)$ 的极小值

（C）点 $(x_0,f(x_0))$ 是拐点　　（D）都不是

（3）以下结论正确的是（　　）.

（A）函数 $f(x)$ 在 $[a,b]$ 上可导，且 $f'(x)>0$，则方程 $f(x)=0$ 在 $[a,b]$ 上至多有一个实根

（B）函数 $f(x)$ 二阶可导，且在点 x_0 取得极小值，则 $f''(x_0)>0$

（C）设函数 $f(x)$ 在 $[a,b]$ 上可导，$f(a)\neq f(b)$，则一定不存在一点 $\xi\in(a,b)$，使 $f'(\xi)=0$

（D）若函数 $f(x)$ 在 x_0 处有定义且极限 $\lim\limits_{x\to x_0}f(x)$ 存在，则 $f(x)$ 在点 x_0 连续

（4）下列函数在 $[-1,1]$ 上满足罗尔定理条件的是（　　）.

（A）e^x　　（B）$\ln|x|$　　（C）$1-x^2$　　（D）$\dfrac{1}{1-x^2}$.

（5）设 $\lim\limits_{x\to a}\dfrac{f(x)-f(a)}{(x-a)^2}=-1$，则在点 a 处有（　　）.

（A）$f(x)$ 的导数存在且 $f'(a)\neq 0$　　（B）$f(x)$ 取得极大值

（C）$f(x)$ 取得极小值　　（D）$f(x)$ 导数不存在

（6）设 $y=f(x)$ 是方程 $y''-2y'+4y=0$ 的一个解，若 $f(x_0)>0$，且 $f'(x_0)=0$，则 $f(x)$ 在点 x_0（　　）.

（A）取得极大值　　（B）取得极小值

（C）某个邻域内单调增　　（D）某个邻域内单调减

（7）设 $f(x)$ 在 $x=\frac{\pi}{2}$ 的某一邻域内可导，且 $f'\left(\frac{\pi}{2}\right)=0$，$\lim\limits_{x\to\frac{\pi}{2}}\frac{f'(x)}{\cos x}=-1$，则（　　）.

（A）$f\left(\frac{\pi}{2}\right)$ 必为 $f(x)$ 的一个极大值　　（B）$f\left(\frac{\pi}{2}\right)$ 必为 $f(x)$ 的一个极小值

（C）$f(x)$ 在该邻域内单调增加　　（D）$f(x)$ 在该邻域内单调减少

（8）设 $f(x)$ 为可导函数，ξ 为开区间 (a,b) 内一定点，$f(\xi)>0$，而且当 $x\neq\xi$ 时，$(x-\xi)f'(x)>0$，则在闭区间 $[a,b]$ 上总有（　　）.

（A）$f(x)<0$　　（B）$f(x)\leqslant 0$　　（C）$f(x)>0$　　（D）$f(x)\geqslant 0$

4. 求下列极限.

（1）$\lim\limits_{x\to 0}\frac{x\cot x-1}{x^2}$；　　（2）$\lim\limits_{x\to a}\frac{x^a-a^x}{x^x-a^a}\ (a>0)$；

（3）$\lim\limits_{x\to\frac{\pi}{2}}\frac{\ln\sin x}{(\pi-2x)^2}$；　　（4）$\lim\limits_{x\to+\infty}\left(\frac{2}{\pi}\arctan x\right)^x$.

5. 证明下列不等式.

（1）$x-\frac{x^2}{2}<\ln(1+x)<x$，$x>0$；

（2）$\ln^2 b-\ln^2 a>\frac{4}{e^2}(b-a)$，$e<a<b<e^2$.

6. 设函数 $f(x)$ 和 $g(x)$ 在闭区间 $[a,b]$ 上可微，且 $g'(x)\neq 0$，证明存在 $\xi\in(a,b)$，使得 $\frac{f(a)-f(\xi)}{g(\xi)-g(b)}=\frac{f'(\xi)}{g'(\xi)}$.

7. 证明多项式 $f(x)=x^3-3x+a$ 在 $[0,1]$ 不可能有两个零点.

8. 设 $f(x)$ 在 $[0,1]$ 上连续，在 $(0,1)$ 内可导，且 $f(1)=0$，证明存在 $\xi\in(0,1)$，使得 $f'(\xi)=-\frac{f(\xi)}{\xi}$.

9. 求数列 $\{\sqrt[n]{n}\}$ 的最大项.

第四章

不定积分

在第二章里，我们应用微分学的方法，学习了如何求已知函数的导数. 然而在许多实际问题中，常会遇到已知函数的导数，求原来的函数的问题. 本章将从微分学的逆运算引出不定积分的基本概念、基本性质和基本积分方法. 对不定积分概念本身是不难理解的，但要较好地解决它的计算，却有相当的难度.

第一节　不定积分的概念与性质

一、原函数与不定积分的概念

定义 1.1　如果在区间 I 上，可导函数 $F(x)$ 的导函数为 $f(x)$，即对任一 $x\in I$，都有

$$F'(x)=f(x) \quad 或 \quad \mathrm{d}F(x)=f(x)\mathrm{d}x$$

则称 $F(x)$ 为 $f(x)$ 在区间 I 上的一个原函数.

例如，因 $(\sin x)'=\cos x$，故 $\sin x$ 是 $\cos x$ 的一个原函数.

又因为 $(\sin x+1)'=\cos x$，$(\sin x+C)'=\cos x$ (C 为任意常数)，所以 $\sin x+1$，$\sin x+C$ 也都是 $\cos x$ 的原函数.

给出原函数的概念之后，我们自然会提出以下几个问题：

（1）$f(x)$在区间 I 上函数满足什么条件时才存在原函数？这属于原函数的存在性问题.

（2）如果 $f(x)$在区间 I 上存在原函数，那么它的原函数是否唯一？这属于原函数是否唯一的问题.

首先我们解决原函数的存在性问题，于是有如下定理：

定理 1.1（原函数存在定理）

（1）如果 $f(x)$在闭区间$[a,b]$上连续，则 $f(x)$在闭区间$[a,b]$上必定存在原函数；

（2）如果 $f(x)$在区间 I 上有界，并且最多只有有限个间断点，则 $f(x)$在区间 I 上必定存在原函数；

（3）如果 $f(x)$在闭区间$[a,b]$上单调，则 $f(x)$在闭区间$[a,b]$上必定存在原函数.

其次解决关于原函数的唯一性问题，即同一个函数的原函数有多少个？它们之间又有什么样的关系？

我们不难验证：

$$(\sin x+1)'=\cos x,\ (\sin x+C)'=\cos x\quad (C\text{ 为任意常数})$$

所以 $\sin x+1, \sin x+C$ 也都是 $\cos x$ 的原函数. 可见，原函数如果存在的话，它就是不唯一的.

定理 1.2 若函数 $F(x)$ 为函数 $f(x)$ 的一个原函数，则函数族 $F(x)+C$（C 为任意常数）中的任一个函数一定是 $f(x)$ 的原函数，且 $f(x)$ 的任何两个原函数仅差一个常数.

证明 因为 $F(x)$ 为 $f(x)$ 在区间 I 上的一个原函数，即 $F'(x)=f(x)$，故对任意常数 C，有

$$(F(x)+C)'=F'(x)=f(x)$$

因此，函数族 $F(x)+C$（C 为任意常数）中的任一个函数一定是 $f(x)$ 的原函数. 这表明同一个函数的原函数有无穷多个.

设 $\varPhi(x)$ 是 $f(x)$ 的另一个原函数，即对任一 $x\in I$ 有

$$\varPhi'(x)=f(x)$$

于是

$$[\varPhi(x)-F(x)]'=\varPhi'(x)-F'(x)=f(x)-f(x)=0$$

在第三章第一节中已经知道，在一个区间上导数恒为零的函数必为常数，所以

$$\varPhi(x)-F(x)=C_0\quad (C_0\text{ 为某个常数})$$

这表明 $\varPhi(x)$ 与 $F(x)$ 只差一个常数. 因此，当 C 为任意常数时，表达式

$$F(x)+C$$

就可表示 $f(x)$ 的任意一个原函数. 也就是说，$f(x)$ 的全体原函数所组成的集合就是函数族：

$$\{F(x)+C \mid -\infty<C<+\infty\}$$

就像我们用 $f'(x)$ 或 $\dfrac{\mathrm{d}f}{\mathrm{d}x}$ 表示函数 $f(x)$ 的导数一样，我们需要引进一个符号用来表示："已知函数 $f(x)$ 在区间 I 上的全体原函数". 据此，我们给出不定积分的定义.

定义 1.2 如果 $f(x)$ 在区间 I 上存在原函数，那么，$f(x)$ 在区间 I 上的全体原函数记为

$$\int f(x)\mathrm{d}x$$

并称它为 $f(x)$ 在区间 I 上的**不定积分**，这时称 $f(x)$ 在区间 I 上**可积**，即

$$\int f(x)\mathrm{d}x=F(x)+C$$

其中 $\int$ 称为积分号；$f(x)$ 称为被积函数；x 称为积分变量；$f(x)\mathrm{d}x$ 称为被积表达式；C 称为积分常数.

值得特别指出的是：$\int f(x)\mathrm{d}x=F(x)+C$ 表示"$f(x)$ 在区间 I 上的所有原函数"，因此等式中的积分常数是不可疏漏的. 所以，求一个函数的不定积分实际上只需求出它的一个原函数，再加上任意常数即得. 我们把求一个函数的原函数的运算，称为积分运算.

例 1　求 $\int x\mathrm{d}x$.

解　由于 $\left(\dfrac{x^2}{2}\right)'=x$，故 $\int x\mathrm{d}x=\dfrac{x^2}{2}+C$.

例 2　求 $\int\dfrac{\mathrm{d}x}{1+x^2}$.

解　由于 $(\arctan x)'=\dfrac{1}{1+x^2}$，所以 $\int\dfrac{\mathrm{d}x}{1+x^2}=\arctan x+C$.

例 3　求 $\int\dfrac{\mathrm{d}x}{x}$.

解　当 $x>0$ 时，$(\ln x)'=\dfrac{1}{x}$，所以有

$$\int\frac{\mathrm{d}x}{x}=\ln x+C$$

当 $x<0$ 时，$[\ln(-x)]'=\dfrac{1}{x}$，所以有

$$\int\frac{\mathrm{d}x}{x}=\ln(-x)+C$$

故

$$\int\frac{\mathrm{d}x}{x}=\ln|x|+C$$

例 4　设曲线通过点 $(2,3)$，曲线上任一点切线的斜率为 $3x^2$，求此曲线的方程.

解　设所求曲线方程为 $y=f(x)$，由题设，曲线上任一点 (x,y) 处的切线斜率为

$$f'(x)=3x^2$$

由于 $\int 3x^2\mathrm{d}x=x^3+C$，所以

$$f(x)=x^3+C$$

又因为曲线通过点 $(2,3)$，则 $C=-5$，于是所求曲线的方程为

$$f(x)=x^3-5$$

从例 4 我们可以得出不定积分的几何意义.

如果 $F(x)$是 $f(x)$的一个原函数，那么曲线 $y=F(x)$称为被积函数 $f(x)$的一条积分曲线. 由于不定积分：

$$\int f(x)\mathrm{d}x=F(x)+C$$

因此在几何上，不定积分 $\int f(x)\mathrm{d}x$ 表示：积分曲线 $y=F(x)$沿着 y 轴由 $-\infty$ 到 $+\infty$ 平行移动的**积分曲线族**. 这个曲线族中的所有曲线可表示成 $y=F(x)+C$，它们在同一横坐标 x 处的切线彼此平行，因为它们的斜率都等于 $f(x)$（见图 4.1）.

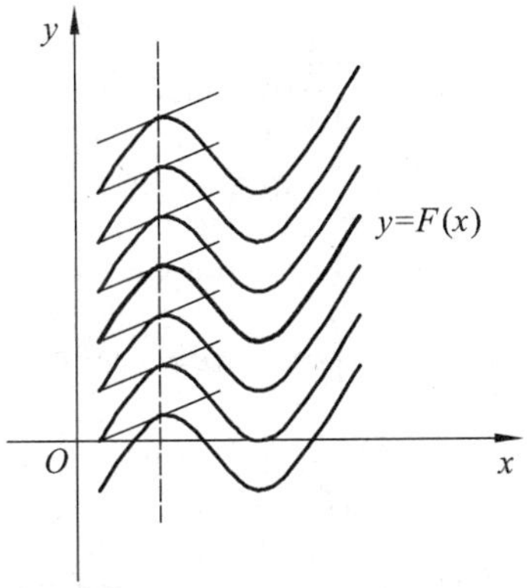

图 4.1

二、不定积分的性质

由原函数与不定积分的定义，容易得到以下几个性质：

性质 1　设函数 $f(x)$ 及 $g(x)$ 的原函数存在，则

$$\int[f(x)+g(x)]\mathrm{d}x=\int f(x)\mathrm{d}x+\int g(x)\mathrm{d}x \tag{1}$$

证明　将（1）式右端求导，得

$$\left[\int f(x)\mathrm{d}x+\int g(x)\mathrm{d}x\right]'=\left[\int f(x)\mathrm{d}x\right]'+\left[\int g(x)\mathrm{d}x\right]'=f(x)+g(x)$$

这表示，(1)式右端是 $f(x)+g(x)$ 的原函数. 又因为(1)式右端有两个积分记号，形式上含两个任意常数，由于任意常数之和仍为任意常数，故实际上含一个任意常数，因此（1）式右端是 $f(x)+g(x)$ 的不定积分.

性质 1 对于有限个函数也是成立的.

类似地可以证明不定积分的第二个性质.

性质 2　设函数 $f(x)$ 的原函数存在，k 为非零常数，则

$$\int kf(x)\mathrm{d}x=k\int f(x)\mathrm{d}x$$

性质 3　一个函数先积分后求导还是函数自身；一个函数先求导后积分等于函数自身再加一个任意常数.

（1）$\left(\int f(x)\mathrm{d}x\right)'=f(x)$；

（2）$\int f'(x)\mathrm{d}x=f(x)+C$.

性质 1、2 称为不定积分的线性性质，性质 3 是积分与微分运算的互逆性质. 由互逆性可将基本初等函数的导数公式逆转过来，得到基本的积分公式.

三、基本积分公式

（1）$\int 0\mathrm{d}x=C$.

（2）$\int x^{\alpha}\mathrm{d}x=\dfrac{1}{1+\alpha}x^{\alpha+1}+C$（$\alpha\neq-1$）.

（3）$\int\dfrac{1}{x}\mathrm{d}x=\ln|x|+C$.

（4）$\int a^{x}\mathrm{d}x=\dfrac{1}{\ln a}a^{x}+C$（$a>0,a\neq1$）.

（5）$\int \mathrm{e}^{x}\mathrm{d}x=\mathrm{e}^{x}+C$.

（6）$\int\sin x\mathrm{d}x=-\cos x+C$.

（7）$\int\cos x\mathrm{d}x=\sin x+C$.

（8）$\int\sec^{2}x\mathrm{d}x=\tan x+C$.

（9）$\int\csc^{2}x\mathrm{d}x=-\cot x+C$.

（10）$\int\sec x\tan x\mathrm{d}x=\sec x+C$.

（11）$\int\csc x\cot x\mathrm{d}x=-\csc x+C$.

（12）$\int\dfrac{1}{\sqrt{1-x^{2}}}\mathrm{d}x=\arcsin x+C=-\arccos x+C$.

（13）$\int\dfrac{1}{1+x^{2}}\mathrm{d}x=\arctan x+C=-\mathrm{arc}\cot x+C$.

上述积分公式是最基本的积分公式，它的作用类似于算术运算中的“九九表”．如果“九九表”记不熟，能顺利地进行乘法运算是一件很难想象的事情．同样的道理，如果上述的基本积分公式记不熟，不定积分的计算基本上是无法进行下去的．以后我们在计算不定积分时，最终都要化为基本积分公式的形式，因此上述基本公式必须达到熟记的程度．上述的基本公式我们通常称为**基本积分表**．

例 5 求 $\int \frac{\mathrm{d}x}{x^2\sqrt{x}}$．

解 $\int \frac{\mathrm{d}x}{x^2\sqrt{x}} = \int x^{-\frac{5}{2}}\mathrm{d}x = \frac{1}{-\frac{5}{2}+1}x^{-\frac{5}{2}+1}+C = -\frac{2}{3x\sqrt{x}}+C$．

例 6 求 $\int \tan^2 x\mathrm{d}x$．

解 $\int \tan^2 x\mathrm{d}x = \int (\sec^2 x-1)\mathrm{d}x = \int \sec^2 x\mathrm{d}x - \int \mathrm{d}x = \tan x - x + C$．

例 7 求 $\int 3^{2x}\mathrm{e}^x\mathrm{d}x$．

解 $\int 3^{2x}\mathrm{e}^x\mathrm{d}x = \int (9\mathrm{e})^x\mathrm{d}x = \frac{(9\mathrm{e})^x}{\ln(9\mathrm{e})}+C = \frac{9^x\mathrm{e}^x}{1+2\ln 3}+C$．

例 8 求 $\int \frac{\mathrm{d}x}{\sin^2\frac{x}{2}\cos^2\frac{x}{2}}$．

解 $\int \frac{\mathrm{d}x}{\sin^2\frac{x}{2}\cos^2\frac{x}{2}} = \int \frac{\mathrm{d}x}{\left(\frac{\sin x}{2}\right)^2} = 4\int \frac{\mathrm{d}x}{\sin^2 x} = -4\cot x + C$．

例 9 求 $\int \frac{x^2-1}{x^2+1}\mathrm{d}x$．

解

$$\int \frac{x^2-1}{x^2+1}\mathrm{d}x = \int \frac{x^2+1-2}{x^2+1}\mathrm{d}x = \int \left(1-\frac{2}{x^2+1}\right)\mathrm{d}x$$

$$= \int \mathrm{d}x - 2\int \frac{1}{x^2+1}\mathrm{d}x = x - 2\arctan x + C.$$

例 10 求 $\int \left(6x^2+3\cos x-\frac{1}{x^2}\right)\mathrm{d}x$．

解 $\int \left(6x^2+3\cos x-\frac{1}{x^2}\right)\mathrm{d}x = 2x^3+3\sin x+\frac{1}{x}+C$．

习题 4.1

1．求下列不定积分．

（1）$\int \mathrm{e}^{3x}\mathrm{d}x$；　（2）$\int (\sin x + x^3 - \mathrm{e}^x)\mathrm{d}x$；　（3）$\int (1+\sqrt[3]{x})^2\mathrm{d}x$；

（4）$\int (5^x+\tan^2 x)\mathrm{d}x$；　（5）$\int \cos^2\frac{x}{2}\mathrm{d}x$；　（6）$\int \mathrm{e}^{x+1}\mathrm{d}x$；

(7) $\int\frac{(1+x)^2}{x(1+x^2)}dx$；　　(8) $\int\frac{1}{\sin^2 x\cos^2 x}dx$；

(9) $\int\frac{\cos 2x}{\cos x-\sin x}dx$；　　(10) $\int\sec x(\sec x-\tan x)dx$.

(11) $\int\frac{1}{x^3}dx$　　(12) $\int\sqrt{x}(x^2-5)dx$

(13) $\int\frac{(x-2)^3}{x^2}dx$　　(14) $\int(e^x-3\cos x)dx$

(15) $\int\frac{2x^4+x^2+3}{x^2+1}dx$　　(16) $\int\frac{dx}{1+\cos 2x}$

2. 利用求导运算验证下列等式.

(1) $\int\frac{1}{\sqrt{x^2+1}}dx=\ln(x+\sqrt{x^2+1})+C$；

(2) $\int\frac{2x}{(x^2+1)(x+1)^2}dx=\arctan x+\frac{1}{x+1}+C$；

(3) $\int x\cos x dx=x\sin x+\cos x+C$；

(4) $\int e^x\sin x dx=\frac{1}{2}e^x(\sin x-\cos x)+C$.

3. 根据不定积分的定义验证.

(1) $\int 2\sin x\cos x dx=\sin^2 x+C$；　　(2) $\int 2\sin x\cos x dx=-\cos^2 x+C$.

能否说函数 $2\sin x\cos x$ 有两族不同的原函数族？为什么？

4. 汽车以 20 m/s 的速度行驶，刹车后匀减速行驶了 50 m 停住，求刹车加速.

可执行下列步骤：

(1) 求微分方程 $\frac{d^2s}{dt^2}=-k$ 满足条件 $\left.\frac{ds}{dt}\right|_{t=0}=20$ 及 $s|_{t=0}=0$ 的解；

(2) 求使 $\frac{ds}{dt}=0$ 的 t 值及相应的 s 值；

(3) 求使 $s=50$ 的 k 值.

5. 一曲线通过点 $(e^2,3)$，且在任一点处的切线斜率等于该点横坐标的倒数，求该曲线的方程.

6. 设某企业生产某种产品的边际收入为 $210q-3q^2$（万元/吨），求该企业生产该产品的总收入函数，并求出总收入达到最大值时的产量.

第二节　换元积分法

对于被积函数是复合函数的不定积分，仅利用基本积分表与积分的性质是不够的，因此，有必要进一步研究不定积分的求法. 本节把复合函数的微分法反过来用于求不定积分，得到一种重要的积分方法——换元积分法.

一、第一类换元法

设 $f(u)$ 具有原函数 $F(u)$，即

$$F'(u)=f(u),\quad \int f(u)\mathrm{d}u=F(u)+C$$

如果 u 是中间变量：$u=\varphi(x)$，且设 $\varphi(x)$ 可微，那么根据复合函数微分法，有

$$\mathrm{d}F[\varphi(x)]=f[\varphi(x)]\varphi'(x)\mathrm{d}x$$

从而根据不定积分的定义得

$$\int f[\varphi(x)]\varphi'(x)\mathrm{d}x=F[\varphi(x)]+C=\left[\int f(u)\mathrm{d}u\right]_{u=\varphi(x)}$$

于是有下述定理：

定理 2.1 设 $f(u)$ 具有原函数，$u=\varphi(x)$ 可导，则有换元公式

$$\int f[\varphi(x)]\varphi'(x)\mathrm{d}x=\left[\int f(u)\mathrm{d}u\right]_{u=\varphi(x)}$$

从定理 2.1 可以看出，若 $\int g(x)\mathrm{d}x$ 不易求得，且被积表达式 $g(x)$ 可以化为 $g(x)=f[\varphi(x)]\varphi'(x)$ 的形式，那么

$$\int g(x)\mathrm{d}x=\int f[\varphi(x)]\varphi'(x)\mathrm{d}x=\left[\int f(u)\mathrm{d}u\right]_{u=\varphi(x)}$$

这一积分方法的关键是将被积式 $g(x)\mathrm{d}x$ 进行微分变形，从中凑出 $\varphi(x)$ 的微分 $\varphi'(x)\mathrm{d}x$，所以这种积分方法又叫**凑微分法**.

因此，第一类换元积分法的积分思路是：首先在被积函数中分解一个"因式"出来，再把这个因式按微分意义放到微分符号里面去，使得微分符号里面的这个函数形成一个新的积分变量，在新的积分变量下，积分变得简单了.

例 1 求 $\int \sin 2x\mathrm{d}x$.

解 被积式

$$g(x)\mathrm{d}x=\sin 2x\mathrm{d}x=\sin x\cdot\frac{1}{2}\mathrm{d}(2x)$$

令 $2x=u$，则

$$\int \sin 2x\mathrm{d}x=\int \sin 2x\cdot\frac{1}{2}\mathrm{d}(2x)=\frac{1}{2}\int \sin u\mathrm{d}u$$
$$=-\frac{1}{2}\cos u+C=-\frac{1}{2}\cos 2x+C$$

例 2 计算 $\int x\mathrm{e}^{x^2}\mathrm{d}x$

解 我们不难发现 $x\mathrm{d}x=\frac{1}{2}\mathrm{d}(x^2)$，在这种情况下，令 $u=x^2$，问题就不难解决了，即

$$\int x\mathrm{e}^{x^2}\mathrm{d}x=\int \frac{1}{2}\mathrm{e}^{x^2}\mathrm{d}x^2=\frac{1}{2}\int \mathrm{e}^u\mathrm{d}u=\frac{1}{2}\mathrm{e}^u+C=\frac{1}{2}\mathrm{e}^{x^2}+C$$

例 3 求 $\int \frac{1}{3+2x}\mathrm{d}x$.

解 被积函数 $\frac{1}{3+2x}=\frac{1}{u}$，$u=3+2x$. 这里缺少 $\frac{\mathrm{d}u}{\mathrm{d}x}=2$ 这样一个因子，但由于 $\frac{\mathrm{d}u}{\mathrm{d}x}$ 是个常数，故可改变系数凑出这个因子：

$$\frac{1}{3+2x}=\frac{1}{2}\cdot\frac{1}{3+2x}\cdot 2=\frac{1}{2}\cdot\frac{1}{3+2x}(3+2x)'$$

从而令 $u=3+2x$，便有

$$\begin{aligned}\int \frac{1}{3+2x}\mathrm{d}x&=\int \frac{1}{2}\cdot\frac{1}{3+2x}(3+2x)'\mathrm{d}x=\int \frac{1}{2}\cdot\frac{1}{u}\mathrm{d}u\\&=\frac{1}{2}\ln|u|+C=\frac{1}{2}\ln|3+2x|+C\end{aligned}$$

一般的，对于积分 $\int f(ax+b)\mathrm{d}x$，总可作变换 $u=ax+b$，把它化为

$$\int f(ax+b)\mathrm{d}x=\int \frac{1}{a}f(ax+b)\mathrm{d}(ax+b)=\frac{1}{a}\left[\int f(u)\mathrm{d}u\right]_{u=ax+b}$$

例 4 求 $\int \frac{x^2}{(x+2)^3}\mathrm{d}x$.

解 令 $u=x+2$，则 $x=u-2$，$\mathrm{d}x=\mathrm{d}u$. 于是

$$\begin{aligned}\int \frac{x^2}{(x+2)^3}\mathrm{d}x&=\int \frac{(u-2)^2}{u^3}\mathrm{d}u=\int (u^2-4u+4)u^{-3}\mathrm{d}u\\&=\int (u^{-1}-4u^{-2}+4u^{-3})\mathrm{d}u=\ln|u|+4u^{-1}-2u^{-2}+C\\&=\ln|x+2|+\frac{4}{x+2}-\frac{2}{(x+2)^2}+C\end{aligned}$$

凑微分法运用时的难点在于原题并未指明应该把哪一部分凑成 $\mathrm{d}\varphi(x)$，这需要多练习，总结经验. 熟记下列微分式，在解题中会给我们一些启示.

（1）$\mathrm{d}x=\frac{1}{a}\mathrm{d}(ax+b)$，$x\mathrm{d}x=\frac{1}{2}\mathrm{d}(x^2)$，$\frac{\mathrm{d}x}{\sqrt{x}}=2\mathrm{d}(\sqrt{x})$.

（2）$\mathrm{e}^x\mathrm{d}x=\mathrm{d}(\mathrm{e}^x)$，$\frac{1}{x}\mathrm{d}x=\mathrm{d}(\ln|x|)$，$\sin x\mathrm{d}x=-\mathrm{d}(\cos x)$.

（3）$\cos x\mathrm{d}x=\mathrm{d}(\sin x)$，$\sec^2 x\mathrm{d}x=\mathrm{d}(\tan x)$，$\csc^2 x\mathrm{d}x=-\mathrm{d}(\cot x)$.

（4）$\frac{\mathrm{d}x}{\sqrt{1-x^2}}=\mathrm{d}(\arcsin x)$，$\frac{\mathrm{d}x}{1+x^2}=\mathrm{d}(\arctan x)$.

例 5 求 $\int \frac{\mathrm{d}x}{x\sqrt{1-\ln^2 x}}$.

解 $\int \frac{\mathrm{d}x}{x\sqrt{1-\ln^2 x}}=\int \frac{1}{\sqrt{1-\ln^2 x}}\mathrm{d}(\ln x)=\arcsin(\ln x)+C$.

例 6 求$\int\frac{dx}{\sqrt{a^2-x^2}}\,(a>0)$.

解 $\int\frac{dx}{\sqrt{a^2-x^2}}=\int\frac{1}{\sqrt{1-\left(\frac{x}{a}\right)^2}}d\left(\frac{x}{a}\right)=\arcsin\frac{x}{a}+C$.

例 7 求 $\int\frac{dx}{a^2+x^2}$.

解 $\int\frac{dx}{a^2+x^2}=\frac{1}{a}\int\frac{1}{1+\left(\frac{x}{a}\right)^2}d\left(\frac{x}{a}\right)=\frac{1}{a}\arctan\left(\frac{x}{a}\right)+C$.

例 8 求$\int\frac{1}{a^2-x^2}dx$.

解 由于$\frac{1}{a^2-x^2}=\frac{1}{(a-x)(a+x)}=\frac{1}{2a}\left(\frac{1}{a-x}+\frac{1}{a+x}\right)$，所以

$$\begin{aligned}\int\frac{1}{a^2-x^2}dx&=\frac{1}{2a}\left\{\int\frac{1}{a-x}dx+\int\frac{1}{a+x}dx\right\}\\&=\frac{1}{2a}\int\frac{-1}{a-x}d(a-x)+\frac{1}{2a}\int\frac{1}{a+x}d(a+x)\\&=\frac{-1}{2a}\ln|a-x|+\frac{1}{2a}\ln|a+x|+C=\frac{1}{2a}\ln\left|\frac{a+x}{a-x}\right|+C\end{aligned}$$

例 9 求$\int\tan x dx$.

解 $\int\tan x dx=\int\frac{\sin x}{\cos x}dx=-\int\frac{d(\cos x)}{\cos x}=-\ln|\cos x|+C$.

例 10 求$\int\cot x dx$.

解 $\int\cot x dx=\int\frac{\cos x}{\sin x}dx=\int\frac{d(\sin x)}{\sin x}=\ln|\sin x|+C$.

例 11 求$\int\sec x dx$.

解 $\int\sec x dx=\int\frac{\sec x(\sec x+\tan x)}{\sec x+\tan x}dx=\int\frac{1}{\sec x+\tan x}d(\sec x+\tan x)$
$=\ln|\sec x+\tan x|+C$

同样可以得到

$$\int\csc x dx=\ln|\csc x-\cot x|+C$$

例 6 ~ 例 11 的 6 个积分在以后的计算中可以作为公式直接使用.

例 12 求$\int\frac{1}{1+e^x}dx$.

解 在积分前，需对被积函数作代数运算的适当变形：

$$\int\frac{1}{1+e^x}dx=\int\frac{1+e^x-e^x}{1+e^x}dx=\int\left(1-\frac{e^x}{1+e^x}\right)dx$$

$$=\int dx-\int\frac{1}{1+e^x}d(1+e^x)=x-\ln(1+e^x)+C$$

当被积函数中含有三角函数，在计算这种积分时需要用到一些三角公式.

例 13 求 $\int\sin^3 x dx$.

$$\int\sin^3 x dx=\int(1-\cos^2 x)d(-\cos x)=\int\cos^2 x d\cos x-\int d\cos x$$

$$=\frac{1}{3}\cos^3 x-\cos x+C$$

不定积分第一换元积分法是积分计算的一种常用的方法，但是它的技巧性相当强，这不仅要求熟练掌握积分的基本公式，还要有一定的分析能力，要熟悉许多恒式及微分公式. 这里没有一个可以普遍遵循的东西，即使同一个问题，解决者选择的切入点不同，解决途径也就不同，难易程度和计算量也会大不相同.

积分 $\int\frac{1}{1+\sqrt{1+x}}dx$ 应当如何计算呢？还能否采用上面的方法呢？

在我们所掌握的基本公式中以及所能采用的恒等变换中，很难找到一个很好的变换，凑出简便的积分式. 从问题的分析角度来说，讨厌的就是这个根号，如果能把根号消去的话，问题就会变得简单一点. 这一方法就是我们将要介绍的第二类换元积分法.

二、第二类换元法

定理 2.2 设 $x=\varphi(t)$ 是单调的、可导的函数，并且 $\varphi'(t)\neq 0$. 又设 $f[\varphi(t)]\varphi'(t)$ 具有原函数，则有换元公式

$$\int f(x)dx=\left[\int f[\varphi(t)\varphi'(t)dt\right]_{t=\varphi^{-1}(x)} \tag{1}$$

其中 $\varphi^{-1}(x)$ 是 $x=\varphi(t)$ 的反函数.

证明 设 $f[\varphi(t)]\varphi'(t)$ 的原函数为 $\Phi(t)$，记 $\Phi[\varphi^{-1}(x)]=F(x)$，利用复合函数及反函数的求导法则，得到

$$F'(x)=\frac{d\Phi}{dt}\cdot\frac{dt}{dx}=f[\varphi(t)]\varphi'(t)\cdot\frac{1}{\varphi'(t)}=f[\varphi(t)]=f(x)$$

即 $F(x)$ 是 $f(x)$ 的原函数，所以有

$$\int f(x)dx=F(x)+C=\Phi[\varphi^{-1}(x)]+C=\left[\int f[\varphi(t)]\varphi'(t)dt\right]_{t=\varphi^{-1}(x)}$$

这就证明了公式（1）.

使用第二换元法的关键是恰当选择变换函数 $x=\varphi(t)$，特别对 $x=\varphi(t)$ 要求其单调、可导，$\varphi'(t)\neq 0$，且其反函数存在.

例 14 求 $\int \frac{1}{1+\sqrt{1+x}}\mathrm{d}x$.

解 令 $\sqrt{1+x}=t$，于是 $x=t^2-1$，这时 $\mathrm{d}x=2t\mathrm{d}t$，把这些关系式代入原式，得

$$\begin{aligned}\int \frac{1}{1+\sqrt{1+x}}\mathrm{d}x &= \int \frac{1}{1+t}2t\mathrm{d}t=\int\left(2-\frac{2}{1+t}\right)\mathrm{d}t=2t-2\ln(1+t)+C \\ &= 2\sqrt{1+x}-2\ln(1+\sqrt{1+x})+C\end{aligned}$$

例 15 求 $\int \frac{\sqrt{x}}{1+\sqrt{x}}\mathrm{d}x$.

解 令 $\sqrt{x}=t$，即 $x=t^2\ (t\geqslant 0)$，则 $\mathrm{d}x=2t\mathrm{d}t$．于是

$$\begin{aligned}\int \frac{\sqrt{x}}{1+\sqrt{x}}\mathrm{d}x &= \int \frac{t}{1+t}2t\mathrm{d}t=2\int \frac{t^2}{1+t}\mathrm{d}t=2\int \frac{(t^2-1)+1}{1+t}\mathrm{d}t \\ &= 2\int\left(t-1+\frac{1}{1+t}\right)\mathrm{d}t=t^2-2t+2\ln|1+t|+C \\ &\overset{t=\sqrt{x}}{=\!=} x-2\sqrt{x}+2\ln\left|1+\sqrt{x}\right|+C\end{aligned}$$

例 16 求 $\int \sqrt{a^2-x^2}\mathrm{d}x$.

解 令 $x=a\sin t$，则 $\mathrm{d}x=\mathrm{d}(a\sin t)=a\cos t\mathrm{d}t$，所以有

$$\begin{aligned}\int \sqrt{a^2-x^2}\mathrm{d}x &= \int \sqrt{a^2-a^2\sin^2 t}\ a\cos t\mathrm{d}t=a^2\int \cos^2 t\mathrm{d}t \\ &= a^2\int \frac{1+\cos 2t}{2}\mathrm{d}t=\frac{a^2}{2}t+\frac{a^2}{4}\sin 2t+C\end{aligned}$$

如图 4.2 所示，选择一个直角坐标系，于是 $\sin t=\frac{x}{a}$，$\cos t=\frac{\sqrt{a^2-x^2}}{a}$，所以

$$\sin 2t=2\sin t\cos t=\frac{2}{a^2}x\sqrt{a^2-x^2}$$

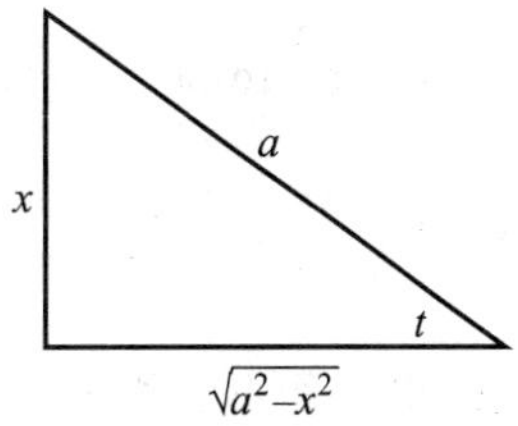

图 4.2

所以
$$\int \sqrt{a^2-x^2}\mathrm{d}x=\frac{a^2}{2}\arcsin\frac{x}{a}+\frac{x}{2}\sqrt{a^2-x^2}+C$$

例 17 $\int \frac{1}{\sqrt{x^2-a^2}}\mathrm{d}x$.

解 如图 4.3 所示，令 $x=a\sec t$，所以 $\mathrm{d}x=a\sec t\tan t\mathrm{d}t$，因此

$$\begin{aligned}\int \frac{1}{\sqrt{x^2-a^2}}\mathrm{d}x &= \int \frac{1}{a\tan t}a\sec t\tan t\mathrm{d}t=\int \sec t\mathrm{d}t \\ &= \ln\left|\sec t+\tan t\right|+C=\ln\left|x+\sqrt{x^2-a^2}\right|+C\end{aligned}$$

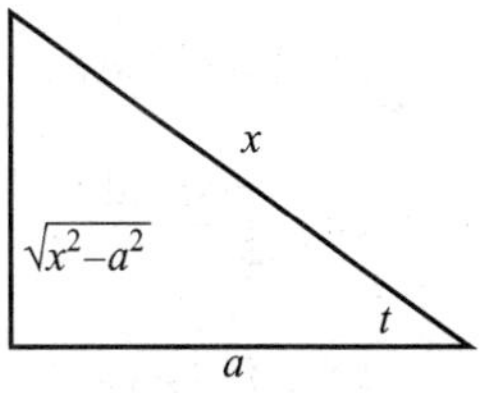

图 4.3

例 18 求$\int\frac{1}{\sqrt{a^2+x^2}}\mathrm{d}x$.

解 令$x=a\tan t$，代入得

$$\int\frac{1}{\sqrt{a^2+x^2}}\mathrm{d}x=\int\frac{1}{a\sec t}a\sec^2 t\mathrm{d}t=\int\sec t\mathrm{d}t$$

$$=\ln\left|\sec t+\tan t\right|+C_1=\ln\left|x+\sqrt{a^2+x^2}\right|+C$$

一般的，当被积函数含有

（1）$\sqrt{a^2-x^2}$，可作代换$x=a\sin t$；

（2）$\sqrt{x^2-a^2}$，$x=a\sec t$；

（3）$\sqrt{x^2+a^2}$，可作代换$x=a\tan t$.

但具体问题应具体分析，不要拘泥于上述的变量代换.

习题 4.2

1. 在下列各式等号右端的横线上填入适当的系数，使等式成立（例如：$\mathrm{d}x=\frac{1}{4}\mathrm{d}(4x+7)$）：

（1）$\mathrm{d}x=$____$\mathrm{d}(7x-3)$

（2）$x\mathrm{d}x=$____$\mathrm{d}(x^2)$；

（3）$x\mathrm{d}x=$____$\mathrm{d}(1-x^2)$

（4）$\mathrm{e}^{2x}\mathrm{d}x=$____$\mathrm{d}(\mathrm{e}^{2x})$；

（5）$\sin\frac{3}{2}x\mathrm{d}x=$____$\mathrm{d}\left(\cos\frac{3}{2}x\right)$

（6）$\frac{\mathrm{d}x}{x}=$____$\mathrm{d}(5\ln|x|)$；

（7）$\frac{\mathrm{d}x}{1+9x^2}=$____$\mathrm{d}(\arctan 3x)$；

（8）$\frac{x\mathrm{d}x}{\sqrt{1-x^2}}=$____$\mathrm{d}(\sqrt{1-x^2})$.

2. 求下列不定积分.

（1）$\int(3+x)^{100}\mathrm{d}x$；

（2）$\int\frac{\mathrm{e}^{\frac{1}{x}}}{x^2}\mathrm{d}x$；

（3）$\int\frac{1-2x}{2+5x^2}\mathrm{d}x$；

（4）$\int\frac{\sin 2x}{\sin^2 x+3}\mathrm{d}x$；

（5）$\int\frac{\arctan\sqrt{x}}{\sqrt{x}(1+x)}\mathrm{d}x$；

（6）$\int\frac{1}{a^2-x^2}\mathrm{d}x$；

（7）$\int\sin^2 3x\mathrm{d}x$；

（8）$\int\frac{\mathrm{d}x}{x\ln^2 x}$；

（9）$\int\frac{\mathrm{e}^{2x}}{1+\mathrm{e}^{2x}}\mathrm{d}x$；

（10）$\int\frac{\cos x\mathrm{d}x}{\mathrm{e}^{\sin x}}$.

（11）$\int\frac{\mathrm{e}^{3\sqrt{x}}}{\sqrt{x}}\mathrm{d}x$

（12）$\int\sin^2 x\cos^5 x\mathrm{d}x$

（13）$\int\cos^2 x\mathrm{d}x$

（14）$\int\frac{\mathrm{d}x}{1-2x}$

（15）$\int\frac{\mathrm{d}x}{(\arcsin x)^2\sqrt{1-x^2}}$

3. 求下列不定积分

（1）$\int [f(x)]^3 f'(x)\mathrm{d}x$；（2）$\int \frac{f'(x)}{1+f^2(x)}\mathrm{d}x$；

（3）$\int \frac{f'(x)}{f(x)}\mathrm{d}x$；（4）$\int \mathrm{e}^{f(x)} f'(x)\mathrm{d}x$.

4. 已知 $\int f(x)\mathrm{d}x = x^2 + C$，求 $\int xf(1-x^2)\mathrm{d}x$.

5. 求下列不定积分.

（1）$\int \frac{1}{x\sqrt{x+1}}\mathrm{d}x$；（2）$\int \frac{\mathrm{d}x}{\sqrt{x}-\sqrt[3]{x}}$；（3）$\int \frac{\sqrt{1-x^2}}{x^4}\mathrm{d}x$；

（4）$\int \frac{\mathrm{d}x}{\sqrt{4-x^2}}$；（5）$\int \frac{\mathrm{d}x}{\sqrt{x^2-2x+2}}$；（6）$\int \frac{1}{\sqrt{5+2x+x^2}}\mathrm{d}x$.

第三节　分部积分法

应用基本积分公式和换元积分法，我们已能计算出许多积分，但形如

$$\int x\sin x\mathrm{d}x,\quad \int \mathrm{e}^x\cos x\mathrm{d}x$$

这样的积分还是不能计算. 本节就利用两个函数乘积的求导法则，推出另一个求不定积分的基本方法——分部积分法.

分部积分法是不定积分中另一个重要的积分法，它对应于两个函数乘积的求导法则. 现在我们回忆一下两个函数乘积的求导法则. 设 u, v 可导，则

$$(uv)' = u'v + uv'$$

如果 u', v' 连续，那么对上式两边积分，有

$$\int (uv)'\mathrm{d}x = \int u'v\mathrm{d}x + \int uv'\mathrm{d}x$$

即

$$\int uv'\mathrm{d}x = uv - \int u'v\mathrm{d}x$$

这就是我们所说的分部积分公式.

我们把这个公式略微变换一下，有

$$\int u\mathrm{d}v = uv - \int v\mathrm{d}u$$

在积分计算中常常会遇到积分 $\int u\mathrm{d}v$，它很难计算，若把“微分符号”里外的两个函数 u、v 互换一下位置之后，积分就可能变得非常简单了.

例 1　求 $\int x\cos x\mathrm{d}x$.

解　这个积分用换元积分法不易求得结果，现在试用分部积分法来求它. 但是怎样选取 u 和 $\mathrm{d}v$ 呢？如果设 $u = x, \mathrm{d}v = \cos x\mathrm{d}x$，那么 $\mathrm{d}u = \mathrm{d}x$，$v = \sin x$，代入分部积分公式（1），得

$$\int x\cos x\mathrm{d}x = x\sin x - \int \sin x\mathrm{d}x$$

而$\int v\mathrm{d}u=\int \sin x\mathrm{d}x$容易积出，因此

$$\int x\cos x\mathrm{d}x = x\sin x+\cos x+C$$

求这个积分时，如果设$u=\cos x, \mathrm{d}v = x\mathrm{d}x$，那么

$$\mathrm{d}u=-\sin x\mathrm{d}x\,,\qquad v=\frac{x^2}{2}$$

于是

$$\int x\cos x\mathrm{d}x=\frac{x^2}{2}\cos x+\int\frac{x^2}{2}\sin x\mathrm{d}x$$

上式右端的积分比原积分更不容易求出.

由此可见，如果u和$\mathrm{d}v$选取不当，就求不出结果. 所以应用分部积分法时，恰当选取u和$\mathrm{d}v$是一个关键. 选取u和$\mathrm{d}v$一般要考虑下面两点：

（1）v要容易求得；

（2）$\int v\mathrm{d}u$要比$\int u\mathrm{d}v$容易积出.

例 2 求$\int x\ln x\mathrm{d}x$.

解 设$u=\ln x$，$\mathrm{d}v=x\mathrm{d}x$，那么

$$\begin{aligned}\int x\ln x\mathrm{d}x&=\int \ln x\mathrm{d}\left(\frac{x^2}{2}\right)=\frac{x^2}{2}\ln x-\int\frac{x^2}{2}\mathrm{d}(\ln x)\\&=\frac{x^2}{2}\ln x-\frac{1}{2}\int x\mathrm{d}x=\frac{x^2}{2}\ln x-\frac{x^2}{4}+C\end{aligned}$$

例 3 求$\int x\mathrm{e}^x\mathrm{d}x$.

解 $\int x\mathrm{e}^x\mathrm{d}x=\int x\mathrm{d}\mathrm{e}^x=x\mathrm{e}^x-\int \mathrm{e}^x\mathrm{d}x=x\mathrm{e}^x-\mathrm{e}^x+C$.

例 4 求$\int \arccos x\mathrm{d}x$.

解 设$u=\arccos x$，$\mathrm{d}v=\mathrm{d}x$，那么

$$\begin{aligned}\int \arccos x\mathrm{d}x&=x\arccos x-\int x\mathrm{d}(\arccos x)=x\arccos x+\int\frac{x}{\sqrt{1-x^2}}\mathrm{d}x\\&=x\arccos x-\frac{1}{2}\int\frac{1}{(1-x^2)^{\frac{1}{2}}}\mathrm{d}(1-x^2)\\&=x\arccos x-\sqrt{1-x^2}+C\end{aligned}$$

在分部积分法运用比较熟练以后，就不必再写出哪一部分选作u，哪一部分选作$\mathrm{d}v$，只要把被积表达式凑成$\varphi(x)\mathrm{d}\varphi(x)$的形式，便可使用分部积分公式.

例 5 求$\int \mathrm{e}^x\sin x\mathrm{d}x$.

解

$$\int \mathrm{e}^x\sin x\mathrm{d}x=\int\sin x\mathrm{d}(\mathrm{e}^x)=\mathrm{e}^x\sin x-\int\mathrm{e}^x\cos x\mathrm{d}x$$

等式右端的积分与等式左端的积分是同一类型的，因此对右端的积分再用一次分部积分法，得

$$\int e^x \sin x dx = e^x \sin x - \int \cos x d(e^x) = e^x \sin x - e^x \cos x - \int e^x \sin x dx$$

由于上式右端的第三项就是所求的积分 $\int e^x \sin x dx$，把它移到等号左端去，再两端同除以 2，便得

$$\int e^x \sin x dx = \frac{1}{2} e^x (\sin x - \cos x) + C$$

因上式右端已不包含积分项，所以必须加上任意常数 C.

通过以上几个例子，可总结 u 和 v' 取法的规律：

（1）$\int x^n e^{kx} dx, \int x^n \sin ax dx, \int x^n \cos ax dx$，可设 $u = x^n$，$v' = e^{kx}, \sin ax, \cos ax$；

（2）$\int x^n \ln x dx, \int x^n \arcsin x dx, \int x^n \arctan x dx$，可设 $u = \ln x, \arcsin x, \arctan x, v' = x^n$；

（3）$\int e^{ax} \sin bx dx, \int e^{ax} \cos bx dx$，可设 $u = \sin bx, \cos bx, v' = e^{ax}$.

也就是“反、对、幂、三、指”，对于任意两个函数相乘，排在前面的作为 u，另一个作为 v'. 对某些不定积分的计算，有时需要同时用换元积分法和分部积分法.

例 6 求 $\int e^{\sqrt{3x+2}} dx$.

解 令 $\sqrt{3x+2} = t$，则 $x = \frac{t^2 - 2}{3}$，所以 $dx = \frac{2}{3} t dt$，代入原式得

$$\int e^{\sqrt{3x+2}} dx = \frac{2}{3} \int t e^t dt$$

变化到此，再用分部积分法可得

$$\begin{aligned} \int e^{\sqrt{3x+2}} dx &= \frac{2}{3} \int t e^t dt = \frac{2}{3} \int t de^t = \frac{2}{3} t e^t - \frac{2}{3} \int e^t dt \\ &= \frac{2}{3} t e^t - \frac{2}{3} e^t + C = \frac{2}{3} (\sqrt{3x+2} - 1) e^{\sqrt{3x+2}} + C \end{aligned}$$

例 7 求 $\int x^5 \cos x^3 dx$.

解

$$\begin{aligned} \int x^5 \cos x^3 dx &= \frac{1}{3} \int x^3 \cos x^3 dx^3 = \frac{1}{3} \int x^3 d \sin x^3 \\ &= \frac{1}{3} x^3 \sin x^3 - \frac{1}{3} \int \sin x^3 dx^3 = \frac{1}{3} x^3 \sin x^3 + \frac{1}{3} \cos x^3 + C \end{aligned}$$

例 8 求 $I_n = \int \frac{1}{(a^2 + x^2)^n} dx$.

对于一个被积函数是高次幂函数的积分来说，一般情况下，就是考虑如何降幂，本问题的思路就是如此.

解
$$\begin{aligned}I_n&=\int\frac{1}{(a^2+x^2)^n}\mathrm{d}x=\frac{1}{a^2}\int\frac{a^2+x^2-x^2}{(a^2+x^2)^n}\mathrm{d}x\\&=\frac{1}{a^2}\int\frac{1}{(a^2+x^2)^{n-1}}\mathrm{d}x-\frac{1}{a^2}\int\frac{x^2}{(a^2+x^2)^n}\mathrm{d}x\\&=\frac{1}{a^2}I_{n-1}-\frac{1}{a^2}\int x\frac{x}{(a^2+x^2)^n}\mathrm{d}x\\&=\frac{1}{a^2}I_{n-1}+\frac{1}{a^2}\frac{1}{2(n-1)}\int x\mathrm{d}\frac{1}{(a^2+x^2)^{n-1}}\\&=\frac{1}{a^2}\frac{1}{2(n-1)}\frac{x}{(a^2+x^2)^{n-1}}+\left\{\frac{1}{a^2}-\frac{1}{a^2}\frac{1}{2(n-1)}\right\}I_{n-1}\end{aligned}$$

所以
$$I_n=\frac{1}{2a^2(n-1)}\frac{x}{(a^2+x^2)^{n-1}}+\frac{2n-3}{2a^2(n-1)}I_{n-1}$$

这样我们就得到了一个递推公式. 由于

$$I_1=\frac{1}{a}\arctan\frac{x}{a}+C$$

因此, 对任何正整数 n 由递推公式, 我们都能求得结果.

习题 4.3

求下列不定积分.

（1）$\int\ln 2x\mathrm{d}x$；（2）$\int x\arctan x\mathrm{d}x$；（3）$\int x\sin x\mathrm{d}x$；

（4）$\int x\mathrm{e}^{-2x}\mathrm{d}x$；（5）$\int\arcsin x\mathrm{d}x$；（6）$\int(\ln x)^2\mathrm{d}x$；

（7）$\int\mathrm{e}^{ax}\cos bx\mathrm{d}x$；（8）$\int x^2\mathrm{e}^x\mathrm{d}x$；（9）$\int\sec^3 x\mathrm{d}x$；

（10）$\int\arctan\sqrt{x}\mathrm{d}x$；（11）$\int(x^2-1)\sin 2x\mathrm{d}x$；（12）$\int x\ln^2 x\mathrm{d}x$.

（13）$\int\mathrm{e}^{\sqrt{x}}\mathrm{d}x$　（14）$\int x\sin x\cos x\mathrm{d}x$　（15）$\int\mathrm{e}^{\sqrt{3x+9}}\mathrm{d}x$

第四节　简单有理函数的积分

前面我们介绍了不定积分的两类重要的积分法——换元积分法和分部积分法. 尽管积分（不定积分）是微分的逆运算, 但积分运算要比微分运算困难得多. 我们知道, 任一个初等函数只要可导, 我们就一定能利用基本求导法则和基本导数公式, 求出它的导数. 但是一个初等函数的积分, 即使函数形式很简单, 其积分计算也很复杂, 很难计算出结果, 甚至有的积分根本无法表达出来, 因为它的原函数不再是初等函数了. 比如 $\int\mathrm{e}^{x^2}\mathrm{d}x$, $\int\frac{\sin x}{x}\mathrm{d}x$ 等. 尽管如此，有些特殊函数的积分我们还是有比较好的办法求出其结果．比如有理函数、三角函数有理式以及一些特殊的无理函数等，都可以经过一些特殊的变换，求出它们的积分．

一、有理函数的不定积分

形如 $\dfrac{P(x)}{Q(x)}$ 的函数称为有理分式函数．其中 $P(x)$，$Q(x)$ 是关于 x 的多项式函数，并假定 $\dfrac{P(x)}{Q(x)}$ 为既约分式，也就是 $P(x)$ 与 $Q(x)$ 是互质的．

有理函数在理论上一定是可积的，也就是有理函数的原函数一定是初等函数．

设

$$P(x)=a_nx^n+a_{n-1}x^{n-1}+\cdots+a_1x+a_0\,,\quad Q(x)=b_mx^m+b_{m-1}x^{m-1}+\cdots+b_1x+b_0$$

其中 $a_n\neq 0$，$b_m\neq 0$．

如果 $n\geqslant m$，则 $\dfrac{P(x)}{Q(x)}$ 称为有理假分式；如果 $n<m$，则 $\dfrac{P(x)}{Q(x)}$ 称为有理真分式．

当 $n\geqslant m$ 时，根据多项式的带余除法有

$$P(x)=g(x)Q(x)+r(x)$$

其中 $r(x)=0$ 或者 $\partial(r(x))<\partial(Q(x))$．于是

$$\frac{P(x)}{Q(x)}=g(x)+\frac{r(x)}{Q(x)}$$

而 $\dfrac{r(x)}{Q(x)}$ 为有理真分式．

综上所述，有如下结论：

任一个有理分式 $\dfrac{P(x)}{Q(x)}$ 一定可以表示成一个多项式函数与一个有理真分式之和．

我们知道，多项式的不定积分是简单的，所以，只要能有效地解决有理真分式的不定积分问题，就能有效地解决有理函数的不定积分问题．这样，我们就将问题放到如何解决有理真分式的不定积分上来了．

对于有理真分式，我们有如下的概念和结论：

（1）部分分式的概念（也称简单分式）

形如 $\dfrac{A}{x-a}$，$\dfrac{A}{(x-a)^n}$，$\dfrac{Ax+B}{x^2+px+q}$ 以及 $\dfrac{Ax+B}{(x^2+px+q)^n}$ 的有理真分式称为部分分式，其中 x^2+px+q 是实数域上的不可约多项式（即 $p^2-4q<0$）

（2）任何一个有理真分式必能表示成一系列部分分式之和．

综上所述有：**有理函数一定可以表示成多项式函数与部分分式之和**．于是，有理函数的不定积分，最终归结到部分分式：

$$\frac{A}{x-a},\quad \frac{A}{(x-a)^n},\quad \frac{Ax+B}{x^2+px+q},\quad \frac{Ax+B}{(x^2+px+q)^n}$$

的不定积分上来了.

（3）有理真分式表示成部分分式之和的基本方法.

在解决有理真分式的不定积分之前，首先要解决如何把有理真分式表示成部分分式之和. 这里我们采用的基本方法称为**待定系数法**. 具体步骤如下：

首先求出 $Q(x)$ 的标准分解式. 现假定 $Q(x)$ 的标准分解式为

$$Q(x)=b(x-\alpha_1)^{l_1}\cdots(x-\alpha_k)^{l_k}(x^2+p_1x+q_1)^{s_1}\cdots(x^2+p_tx+q_t)^{s_t}$$

再假设

$$\frac{P(x)}{Q(x)}=\frac{A_{11}}{x-\alpha_1}+\frac{A_{12}}{(x-\alpha_1)^2}+\cdots+\frac{A_{1l_1}}{(x-\alpha_1)^{l_1}}+\cdots+$$
$$\frac{C_{11}x+D_{11}}{x^2+p_1x+q_1}+\frac{C_{12}x+D_{12}}{(x^2+p_1x+q_1)^2}+\cdots+\frac{C_{1s_1}x+D_{1s_1}}{(x^2+p_1x+q_1)^{s_1}}+\cdots$$

其中 $A_{11}, A_{12}, \cdots, C_{11}, D_{11}, \cdots$ 为待定系数.

然后将等式右边进行通分，相加后把分子整理成一个多项式，比较等式两边分子的同次项系数，得到一个线性方程组，最后解线性方程组，求出所有待定系数. 这样，该有理真分式就表示成部分分式之和.

在分解过程中，要特别强调的是：如果 $Q(x)$ 的标准分解式中有因式 $(x-\alpha)^k$，那么在分解成部分分式和的时候，和式中必须含有

$$\frac{A_1}{x-\alpha},\quad \frac{A_2}{(x-\alpha)^2},\quad \cdots,\quad \frac{A_k}{(x-\alpha)^k}$$

这 k 个部分分式. 同样的，$Q(x)$ 的标准分解式中有因式 $(x^2+px+q)^s$，那么在分解成部分分式和的时候，和式中同样必须含有

$$\frac{C_1x+D_1}{x^2+px+q},\quad \frac{C_2x+D_2}{(x^2+px+q)^2},\quad \cdots,\quad \frac{C_sx+D_s}{(x^2+px+q)^s}$$

这 s 个部分分式.

下面我们来看部分分式的不定积分：

（1）$\displaystyle\int\frac{A}{x-\alpha}\mathrm{d}x=A\ln|x-\alpha|+C$.

（2）$\displaystyle\int\frac{A}{(x-\alpha)^n}\mathrm{d}x=\frac{A}{1-n}\frac{1}{(x-\alpha)^{n-1}}+C$（$n>1$ 的整数）.

（3）
$$\begin{aligned}\int\frac{Ax+B}{x^2+px+q}\mathrm{d}x&=\frac{A}{2}\int\frac{(x^2+px+q)'}{x^2+px+q}\mathrm{d}x+\left(B-\frac{Ap}{2}\right)\int\frac{1}{x^2+px+q}\mathrm{d}x\\&=\frac{A}{2}\ln\left|x^2+px+q\right|+\left(B-\frac{Ap}{2}\right)\int\frac{1}{\left(q-\frac{p^2}{4}\right)+\left(x+\frac{p}{2}\right)^2}\mathrm{d}\left(x+\frac{p}{2}\right)\\&=\frac{A}{2}\ln\left|x^2+px+q\right|+\frac{2B-Ap}{\sqrt{4q-p^2}}\arctan\frac{2x+p}{\sqrt{4q-p^2}}+C.\end{aligned}$$

（4）$\int\frac{Ax+B}{(x^2+px+q)^n}\mathrm{d}x=\frac{A}{2}\int\frac{(x^2+px+q)'}{(x^2+px+q)^n}\mathrm{d}x+\left(B-\frac{Ap}{2}\right)\int\frac{1}{(x^2+px+q)^n}\mathrm{d}x$

$$=\frac{A}{2(1-n)}\frac{1}{(x^2+px+q)^{n-1}}+\left(B-\frac{Ap}{2}\right)\int\frac{1}{\left\{\left(q-\frac{p^2}{4}\right)+\left(x+\frac{p}{2}\right)^2\right\}^n}\mathrm{d}x.$$

剩下来的积分问题就变成了 $I_n=\int\frac{1}{(a^2+x^2)^n}\mathrm{d}x$ 的积分了．由上一节例 8 可得

$$I_n=\frac{1}{2a^2(n-1)}\frac{x}{(a^2+x^2)^{n-1}}+\frac{2n-3}{2a^2(n-1)}I_{n-1}$$

这样，有理函数的不定积分问题，就算完全得到解决了．下面来看几个具体的例题.

例 1　求 $\int\frac{x^3+x+1}{x^2+1}\mathrm{d}x$．

解　被积函数为假分式

$$\frac{x^3+x+1}{x^2+1}=x+\frac{1}{x^2+1}$$

则
$$\int\frac{x^3+x+1}{x^2+1}\mathrm{d}x=\int\left(x+\frac{1}{x^2+1}\right)\mathrm{d}x=\frac{x^2}{2}+\arctan x+C$$

例 2　求 $\int\frac{x+1}{x^2-5x+6}\mathrm{d}x$．

解　被积函数的分母分解成 $(x-3)(x-2)$，故可设

$$\frac{x+1}{x^2-5x+6}=\frac{A}{x-3}+\frac{B}{x-2}$$

其中 A, B 为待定系数．上式两端去分母后，得

$$x+1=A(x-2)+B(x-3)$$

即
$$x+1=(A+B)x-2A-3B$$

比较上式两端同次幂的系数，即有

$$\begin{cases}A+B=1\\2A+3B=-1\end{cases}$$

从而解得 $A=4,\ B=-3$．于是

$$\int\frac{x+1}{x^2-5x+6}\mathrm{d}x=\int\left(\frac{4}{x-3}-\frac{3}{x-2}\right)\mathrm{d}x$$
$$=4\ln|x-3|-3\ln|x-2|+C$$

例 3　求 $\int\frac{x-3}{(x-1)(x^2-1)}\mathrm{d}x$．

解　被积函数分母的两个因式 $x-1$ 与 x^2-1 有公因式，故需再分解成 $(x-1)^2(x+1)$．设

$$\frac{x-3}{(x-1)^2(x+1)}=\frac{Ax+B}{(x-1)^2}+\frac{C}{x+1}$$

则
$$x-3=(Ax+B)(x+1)+C(x-1)^2$$

即
$$x-3=(A+C)x^2+(A+B-2C)x+B+C$$

有
$$\begin{cases}A+C=0\\A+B-2C=1\\B+C=-3\end{cases}$$

解得 $A=1, B=-2, C=-1$．于是

$$\begin{aligned}\int\frac{x-3}{(x-1)(x^2-1)}\mathrm{d}x&=\int\frac{x-3}{(x-1)^2(x+1)}\mathrm{d}x=\int\left[\frac{x-2}{(x-1)^2}-\frac{1}{x+1}\right]\mathrm{d}x\\&=\int\frac{x-1-1}{(x-1)^2}\mathrm{d}x-\ln|x+1|\\&=\ln|x-1|+\frac{1}{x-1}-\ln|x+1|+C\end{aligned}$$

二、可化为有理函数的积分

1. 三角函数有理式的积分

由三角函数 $\sin x,\cos x$ 及常数经过有限次四则运算所构成的函数称为三角函数有理式，记作 $R(\sin x,\cos x)$．对于三角函数有理式的积分 $\int R(\sin x,\cos x)\mathrm{d}x$，总可以作代换 $t=\tan\frac{x}{2}$，有

$$\sin x=\frac{2\tan\frac{x}{2}}{1+\tan^2\left(\frac{x}{2}\right)}=\frac{2t}{1+t^2},\quad \cos x=\frac{1-\tan^2\left(\frac{x}{2}\right)}{1+\tan^2\left(\frac{x}{2}\right)}=\frac{1-t^2}{1+t^2}$$

例 4 求 $\int\frac{1+\sin x}{\sin x(1+\cos x)}\mathrm{d}x$．

解

$$\begin{aligned}\int\frac{1+\sin x}{\sin x(1+\cos x)}\mathrm{d}x&=\int\frac{\left(1+\frac{2u}{1+u^2}\right)\frac{2\mathrm{d}u}{1+u^2}}{\frac{2u}{1+u^2}\left(1+\frac{1-u^2}{1+u^2}\right)}=\frac{1}{2}\int\left(u+2+\frac{1}{u}\right)\mathrm{d}u\\&=\frac{1}{2}\left(\frac{u^2}{2}+2u+\ln|u|\right)+C\\&=\frac{1}{4}\tan^2\frac{x}{2}+\tan\frac{x}{2}+\frac{1}{2}\ln\left|\tan\frac{x}{2}\right|+C\end{aligned}$$

用代换 $t=\tan\frac{x}{2}$，虽然可以解决三角函数有理式的积分，但有些情况下计算量比较大，因此可以根据积分的具体情况选取较简单的方法.

例 5 求 $\int\frac{\sin^5 x}{\cos^4 x}\mathrm{d}x$.

解 令 $t=\cos x$，则

$$\begin{aligned}\int\frac{\sin^5 x}{\cos^4 x}\mathrm{d}x&=\int\frac{-(1-\cos^2 x)^2}{\cos^4 x}\mathrm{d}(\cos x)=-\int\frac{t^4-2t^2+1}{t^4}\mathrm{d}t\\&=-\int(1-2t^{-2}+t^{-4})\mathrm{d}t=-t-\frac{2}{t}+\frac{1}{3t^3}+C\\&=-\cos x-2\sec x+\frac{\sec^3 x}{3}+C\end{aligned}$$

2. 简单无理函数的积分

例 6 $\int\frac{\mathrm{d}x}{1+\sqrt[3]{x+2}}$.

解 为了去掉根号，可以设 $\sqrt[3]{x+2}=u$，于是 $x=u^3-2$，$\mathrm{d}x=3u^2\mathrm{d}u$，从而所求积分为

$$\begin{aligned}\int\frac{\mathrm{d}x}{1+\sqrt[3]{x+2}}&=\int\frac{3u^2}{1+u}\mathrm{d}u=3\int\left(u-1+\frac{1}{1+u}\right)\mathrm{d}u\\&=3\left(\frac{u^2}{2}-u+\ln|1+u|\right)+C\\&=\frac{3}{2}\sqrt[3]{(x+2)^2}-3\sqrt[3]{x+2}+3\ln\left|1+\sqrt[3]{x+2}\right|+C\end{aligned}$$

例 7 求 $\int\frac{1}{x}\sqrt{\frac{1+x}{x}}\mathrm{d}x$.

解 为了去掉根号，可以设 $\sqrt{\frac{1+x}{x}}=t$，于是 $\frac{1+x}{x}=t^2$，$x=\frac{1}{t^2-1}$，$\mathrm{d}x=-\frac{2t\mathrm{d}t}{(t^2-1)^2}$，从而所求积分为

$$\begin{aligned}\int\frac{1}{x}\sqrt{\frac{1+x}{x}}\mathrm{d}x&=\int(t^2-1)t\cdot\frac{-2t}{(t^2-1)^2}\mathrm{d}t=-2\int\frac{t^2}{t^2-1}\mathrm{d}t\\&=-2\int\left(1+\frac{1}{t^2-1}\right)\mathrm{d}t=-2t-\ln\left|\frac{t-1}{t+1}\right|+C\\&=-2t+2\ln(t+1)-\ln\left|t^2-1\right|+C\\&=-2\sqrt{\frac{1+x}{x}}+2\ln\left(\sqrt{\frac{1+x}{x}}+1\right)+\ln|x|+C\end{aligned}$$

通过例子可以看出，如果被积函数中含有简单根式 $\sqrt[n]{ax+b}$ 或 $\sqrt[n]{\frac{ax+b}{cx+d}}$，可以令这个简单根式为 u. 由于这样的变换具有反函数，且反函数是 u 的有理函数，因此原积分即可化为有理函数的积分.

习题 4.4

求下列不定积分.

（1）$\int\frac{x}{x^2+3x+2}\mathrm{d}x$；　（2）$\int\frac{2x+5}{(x+1)(x^2+4x+6)}\mathrm{d}x$；　（3）$\int\frac{x^3}{9+x^2}\mathrm{d}x$；

（4）$\int\frac{x^5+x^4-8}{x^3-x}\mathrm{d}x$；　（5）$\int\frac{2x+1}{x^2-1}\mathrm{d}x$；　（6）$\int\frac{\mathrm{d}x}{3+\sin^2 x}$；

（7）$\int\frac{\mathrm{d}x}{2+\sin x}$；　（8）$\int\frac{\mathrm{d}x}{\sin x+\tan x}$；　（9）$\int\sqrt{\frac{3+x}{3-x}}\mathrm{d}x$；

（10）$\int\frac{\mathrm{d}x}{\sqrt{x}+\sqrt[4]{x}}$.

第五节　积分表的使用

通过前面的讨论可以看出，积分的计算要比导数的计算灵活、复杂. 为了使用方便，往往把常用的积分公式汇集成表，这种表叫作**积分表**. 积分表是按照被积函数的类型来排列的. 求积分时，可根据被积函数的类型直接地或经过简单的变形后，在表内查得所需的结果.

本书末附录Ⅱ有一个简单的积分表，以供查阅.

我们先举几个可以直接从积分表中查得结果的积分例子.

例 1　求 $\int\frac{x}{(3x+4)^2}\mathrm{d}x$.

解　被积函数含有 $ax+b$，在积分表（一）中查得公式（7）:

$$\int\frac{x}{(ax+b)^2}\mathrm{d}x=\frac{1}{a^2}\left(\ln|ax+b|+\frac{b}{ax+b}\right)+C$$

现在 $a=3$，$b=4$，于是

$$\int\frac{x}{(3x+4)^2}\mathrm{d}x=\frac{1}{9}\left(\ln|3x+4|+\frac{4}{3x+4}\right)+C$$

例 2　求 $\int\frac{\mathrm{d}x}{5-4\cos x}$.

解　被积函数含有三角函数，在积分表（十一）中查得关于积分 $\int\frac{\mathrm{d}x}{a+b\cos x}$ 的公式，但是公式有两个，要看 $a^2>b^2$ 或 $a^2<b^2$ 而决定采用哪一个.

现在 $a=5$，$b=-4$，$a^2>b^2$，所以用公式（105）:

$$\int\frac{\mathrm{d}x}{a+b\cos x}=\frac{2}{a+b}\sqrt{\frac{a+b}{a-b}}\arctan\left(\sqrt{\frac{a-b}{a+b}}\tan\frac{x}{2}\right)+C\qquad(a^2>b^2)$$

于是

$$\int \frac{\mathrm{d}x}{5-4\cos x} = \frac{2}{5+(-4)}\sqrt{\frac{5+(-4)}{5-(-4)}}\arctan\left(\sqrt{\frac{5-(-4)}{5+(-4)}}\tan\frac{x}{2}\right)+C$$

$$= \frac{2}{3}\arctan\left(3\tan\frac{x}{2}\right)+C$$

下面再举一个需要先进行变量代换，然后再查表求积分的例子.

例 3 求 $\int \frac{\mathrm{d}x}{x\sqrt{4x^2+9}}$.

解 这个积分不能在表中直接查到，需要先进行变量代换.

令 $2x=u$，那么 $\sqrt{4x^2+9}=\sqrt{u^2+3^2}$，$x=\frac{u}{2}$，$\mathrm{d}x=\frac{1}{2}\mathrm{d}u$. 于是

$$\int \frac{\mathrm{d}x}{x\sqrt{4x^2+9}} = \int \frac{\frac{1}{2}\mathrm{d}u}{\frac{u}{2}\sqrt{u^2+3^2}} = \int \frac{\mathrm{d}u}{u\sqrt{u^2+3^2}}$$

被积函数中含有 $\sqrt{u^2+3^2}$，在积分表（六）中查到公式（37）:

$$\int \frac{\mathrm{d}x}{x\sqrt{x^2+a^2}} = \frac{1}{a}\ln\frac{\sqrt{x^2+a^2}-a}{|x|}+C$$

现在 $a=3$，x 相当于 u，于是

$$\int \frac{\mathrm{d}u}{u\sqrt{u^2+3^2}} = \frac{1}{3}\ln\frac{\sqrt{u^2+3^2}-3}{|u|}+C$$

再把 $u=2x$ 代入，最后得到

$$\int \frac{\mathrm{d}x}{x\sqrt{4x^2+9}} = \int \frac{\mathrm{d}u}{u\sqrt{u^2+3^2}} = \frac{1}{3}\ln\frac{\sqrt{u^2+3^2}-3}{|u|}+C$$

$$= \frac{1}{3}\ln\frac{\sqrt{4x^2+9}-3}{2|x|}+C$$

最后，举一个用递推公式求积分的例子.

例 4 求 $\int \sin^4 x\mathrm{d}x$.

解 在积分表（十一）中查到公式（95）:

$$\int \sin^n x\mathrm{d}x = -\frac{\sin^{n-1}x\cos x}{n}+\frac{n-1}{n}\int \sin^{n-2}x\mathrm{d}x$$

利用这个公式可以使被积函数中正弦的幂次减少两次，只要重复使用这个公式，可以使正弦的幂次继续减少，直到求出最后结果为止，这种公式叫作**递推公式**.

现在 $n=4$，于是

$$\int \sin^4 x\mathrm{d}x = -\frac{\sin^3 x\cos x}{4} + \frac{3}{4}\int \sin^2 x\mathrm{d}x$$

而对积分 $\int \sin^2 x\mathrm{d}x$，用公式（93）：

$$\int \sin^2 x\mathrm{d}x = \frac{x}{2} - \frac{1}{4}\sin 2x + C$$

从而所求积分为

$$\int \sin^4 x\mathrm{d}x = -\frac{\sin^3 x\cos x}{4} + \frac{3}{4}\left(\frac{x}{2} - \frac{1}{4}\sin 2x\right) + C$$

一般来说，查积分表可以节省计算积分的时间，但是，只有掌握了前面学过的基本积分方法才能灵活地使用积分表，而且对一些比较简单的积分，应用基本积分方法计算比查表更快些．例如，对 $\int \sin^2 x\cos^3 x\mathrm{d}x$，用变换 $u=\sin x$ 很快就可得到结果．所以，求积分时究竟是直接计算，还是查表，或是两者结合使用，应该做具体分析，不能一概而论．

在本章结束之前，我们还要指出：对初等函数来说，在其定义区间上，它的原函数一定存在，但原函数不一定都是初等函数．如

$$\int \mathrm{e}^{-x^2}\mathrm{d}x, \quad \int \frac{\sin x}{x}\mathrm{d}x, \quad \int \frac{\mathrm{d}x}{\ln x}, \quad \int \frac{\mathrm{d}x}{\sqrt{1+x^4}}$$

等等，它们的原函数都不是初等函数．

习题 4.5

利用积分表计算下列不定积分：

（1）$\int \frac{1}{x^2+2x+5}\mathrm{d}x$；（2）$\int \mathrm{e}^{-2x}\sin 3x\mathrm{d}x$；（3）$\int \sin 3x\sin 5x\mathrm{d}x$；

（4）$\int \frac{1}{x^2(1-x)}\mathrm{d}x$；（5）$\int \frac{x}{(2+3x)^2}\mathrm{d}x$；（6）$\int \cos^6 x\mathrm{d}x$；

（7）$\int \frac{\mathrm{d}x}{\sqrt{5-4x+x^2}}$；（8）$\int \sqrt{2x^2+9}\mathrm{d}x$；（9）$\int \frac{x+5}{x^2-2x-1}\mathrm{d}x$；

（10）$\int \frac{x\mathrm{d}x}{\sqrt{1+x-x^2}}$．

复习题四

1. 填空：

（1）已知 $\int f(x) = F(x) + C$，则 $\int f(3x+2) =$ ________________．

（2）设 e^{-x} 是 $f(x)$ 的一个原函数，则 $\int xf(x)=$________.

2. 选择题

（1）若 $\int f'(x^3)dx = x^3 + C$，则 $f(x)=$（　　）

（A）$\frac{6}{5}x^{\frac{5}{3}}+C$　　（B）$\frac{9}{5}x^{\frac{5}{3}}+C$　　（C）x^3+C　　（D）$x+C$

（2）设 $\int f(x)dx = x^2 + C$ 则 $\int xf(1-x^2)dx=$（　　）

（A）$-2(1-x^2)^2+C$　　（B）$2(1-x^2)^2+C$

（C）$-\frac{1}{2}(1-x^2)^2+C$　　（D）$\frac{1}{2}(1-x^2)^2+C$

（3）在下列等式中正确的是（　　）

（A）$d[\int f(x)dx]=f(x)$　　（B）$\frac{d}{dx}[\int f(x)dx]=f(x)dx$

（C）$\int df(x)=f(x)$　　（D）$\int df(x)=f(x)+C$

3. 求下列不定积分.

（1）$\int\left(\frac{2}{x}+\frac{x}{3}\right)^2dx$；　（2）$\int e^{x-3}dx$；　（3）$\int \cos^2\frac{x}{2}dx$；

（4）$\int\frac{x}{(1-x)^3}dx$；　（5）$\int xe^{-x^2}dx$；　（6）$\int x\sqrt{1-x^2}dx$；

（7）$\int\frac{dx}{x\ln x}$；　（8）$\int\cos^3 xdx$；　（9）$\int\frac{dx}{\sqrt{4-9x^2}}$；

（10）$\int\sqrt{x}\sin\sqrt{x}dx$；　（11）$\int\frac{dx}{e^x+e^{-x}}$；　（12）$\int\frac{dx}{x^3\sqrt{x^2-9}}$；

（13）$\int 2e^x\sqrt{1-e^{2x}}dx$；　（14）$\int xe^{10x}dx$；　（15）$\int\frac{dx}{(x-2)^2(x-3)}$；

（16）$\int\ln(1+x^2)dx$；　（17）$\int\frac{\sqrt{1+\cos x}}{\sin x}dx$；　（18）$\int\ln^2(x+\sqrt{1+x^2})dx$；

（19）$\int\frac{xe^x}{(e^x+1)^2}dx$；　（20）$\int\frac{x^3}{(1+x^8)^2}dx$.

4. 一物体由静止开始运动，经 t s 后的速度是 $3t^2$ m/s，问

（1）在 3 s 后物体离开出发点的距离是多少？

（2）物体走完 360 m 需要多少时间？

5. 设某函数当 $x=1$ 时有极小值，当 $x=-1$ 时有极大值 4，又知道这个函数的导数具有形状 $y'=3x^2+bx+c$，求此函数.

6. 设 $f'(\sin^2 x)=\cos^2 x$，求 $f(x)$.

7. 证明：（1）$\frac{2}{5}\leqslant\int_1^2\frac{x}{1+x^2}dx\leqslant\frac{1}{2}$；

（2）$\frac{2}{\pi}\left(\frac{\pi}{2}-\frac{\pi}{4}\right)\leqslant\int_{\frac{\pi}{4}}^{\frac{\pi}{2}}\frac{\sin x}{x}dx\leqslant\frac{2\sqrt{2}}{\pi}\left(\frac{\pi}{2}-\frac{\pi}{4}\right)$.

第五章 定积分

定积分不论在理论上还是在实际应用上，都有十分重要的意义，它是整个高等数学的最重要的内容之一. 本章从分析实例出发，引出定积分的概念，进而讨论其性质及解法.

第一节　定积分的概念与性质

一、定积分的实际背景

1. 曲边梯形的面积

在初等数学中，我们对于一些规则图形，如三角形、矩形、梯形等给出了面积计算公式，但现实中还存在着许多以曲线为边缘的平面图形，这类图形的面积计算就需要引入新的方法加以解决.

先从平面图形中较为简单的曲边梯形的面积问题来加以考虑. 所谓曲边梯形是指图 5.1 所示的图形. 设该曲边梯形是由连续曲线 $y=f(x)$（不妨设 $f(x)\geqslant 0$）和直线 $x=a, x=b, y=0$ 所围成，求其面积.

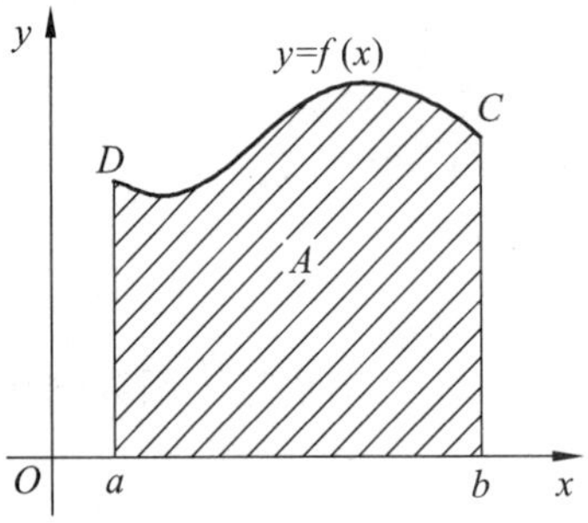

图 5.1

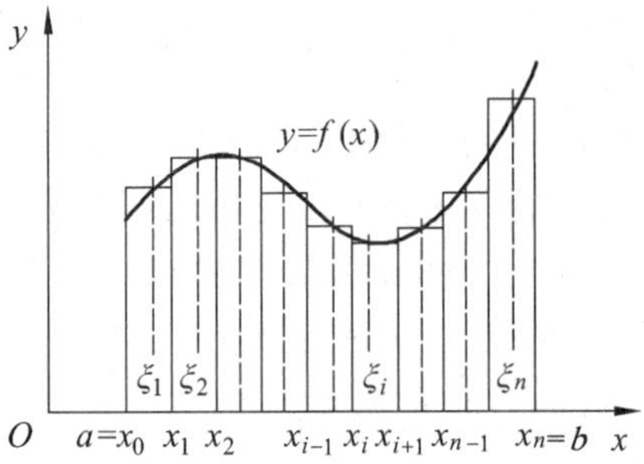

图 5.2

将曲边梯形与矩形的面积进行比较易得，矩形的高是常量，曲边梯形的高 $f(x)$ 是变量. 因此，不能直接用矩形的面积公式计算曲边梯形的面积. 为此，我们用细分、近似代替、作和、取极限的思想来解决. 其具体步骤如下：

（1）分割：如图 5.1 所示，在 $[a,b]$ 内任意插入 $n-1$ 个分点，使

$$a = x_0 < x_1 < x_2 < \cdots < x_{i-1} < x_i < \cdots < x_{n-1} < x_n = b$$

将区间$[a,b]$分成 n 个子区间$[x_{i-1},x_i](i=1,2,\cdots,n)$，其长度记为

$$\Delta x_i = x_i - x_{i-1} \quad (i=1,2,\cdots,n)$$

过各分点$x_i(i=1,2,\cdots,n-1)$作 x 轴的垂线，将原曲边梯形划分成 n 个小曲边梯形.

（2）取近似值：在每个子区间$[x_{i-1},x_i]$上任取一点$\xi_i(x_{i-1} \leqslant \xi_i \leqslant x_i)$. 当子区间长度$\Delta x_i$很小时，用以$\Delta x_i$为宽、$f(\xi_i)$为高的小矩形面积近似代替小曲边梯形的面积$\Delta A_i(i=1,2,\cdots,n)$，即

$$\Delta A_i \approx f(\xi_i)\cdot\Delta x_i$$

（3）作和式：将这 n 个小曲边梯形面积的近似值相加，就得到曲边梯形的面积 A 的近似值，即

$$A = \sum_{i=1}^{n}\Delta A_i \approx \sum_{i=1}^{n} f(\xi_i)\cdot\Delta x_i$$

（4）求极限：显然，分割越细，即$\Delta x_i(i=1,2,\cdots,n)$越小，则$f(\xi_i)\cdot\Delta x_i$的值与$\Delta A_i$就越接近，从而$\sum\limits_{i=1}^{n} f(\xi_i)\cdot\Delta x_i$亦越接近于曲边梯形的面积 A. 为了保证每个子区间的长度无限小，令

$$\lambda = \max\{\Delta x_i\} \quad (i=1,2,\cdots,n)$$

我们称为最大子区间长度，当$\lambda \to 0$时（这时子区间数n无限增多，即$n\to\infty$），若$\sum\limits_{i=1}^{n} f(\xi_i)\cdot\Delta x_i$的极限存在，则可以认为此极限就是曲边梯形面积 A 的精确值，即

$$A = \lim_{\lambda\to 0}\sum_{i=1}^{n} f(\xi_i)\cdot\Delta x_i$$

由此把曲边梯形的面积归结为一个和式的极限问题.

2. 变速直线运动的路程

设某物体做直线运动，且其速度$v=v(t)$是时间段$[T_1,T_2]$上 t 的连续函数 $(v(t)\geqslant 0)$，求物体在该时间段内所经过的路程 s. 这是一个变速直线运动的路程问题.

在物理学中，我们知道匀速直线运动的路程计算公式为

$$\text{路程} = \text{速度}\times\text{时间}$$

因为物体作变速直线运动，则路程不能简单地按匀速直线运动的路程公式来计算.

解决这个问题的思路和步骤与求曲边梯形的面积相似，具体步骤如下：

（1）分割：用分点$T_1 = t_0 < t_1 < t_2 < \cdots < t_{i-1} < t_i < \cdots < t_{n-1} < t_n = T_2$，将总的时间间隔$[T_1,T_2]$分成 n 个子区间$[t_{i-1},t_i](i=1,2,\cdots,n)$，记它们的长度为

$$\Delta t_i = t_i - t_{i-1} \quad (i=1,2,\cdots,n)$$

（2）取近似值：把每小段时间$[t_{i-1},t_i]$上的运动视作匀速，任选一时刻$\xi_i(t_{i-1}\leqslant\xi_i\leqslant t_i)$，作乘积$v(\xi_i)\cdot\Delta t_i \ (i=1,2,\cdots,n)$，显然在这小段时间内所经过的路程$\Delta s_i$可近似地表示为

$$\Delta s_i \approx v(\xi_i)\cdot\Delta t_i \quad (i=1,2,\cdots,n)$$

（3）作和式：将 n 个小段时间上的路程相加，得到总路程 s 的近似值

$$s=\sum_{i=1}^{n}\Delta s_i \approx \sum_{i=1}^{n} v(\xi_i)\cdot\Delta t_i$$

（4）求极限：显然，当 $\lambda=\max\{\Delta t_i\}\to 0$ 时，若 $\sum\limits_{i=1}^{n} v(\xi_i)\cdot\Delta t_i$ 的极限存在，则这个极限值可以作为 s 的精确值，即

$$s=\lim_{\lambda\to 0}\sum_{i=1}^{n} v(\xi_i)\cdot\Delta t_i$$

上述两个实际问题，虽然意义不同，但解决问题的方法却完全相同，即都是采用分割、取近似值、作和式、求极限四个步骤，并且最终具有完全相同的数学模式——和式的极限.

二、定积分的定义

从上面两个例子可以看到：所要计算的量，即曲边梯形的面积 A 及变速直线运动的路程 s 的实际意义虽然不同，前者是几何量，后者是物理量，但是它们都取决于一个函数及其自变量的变化区间. 如：

曲边梯形的高度 $y=f(x)$ 及其底边上的点 x 的变化区间 $[a,b]$；

直线运动的速度 $v=v(t)$ 及时间 t 的变化区间 $[T_1,T_2]$.

其次，计算这些量的方法与步骤都是相同的，并且它们都归结为具有相同结构的一种特定和的极限. 如

$$\text{面积 } A=\lim_{\lambda\to 0}\sum_{i=1}^{n} f(\xi_i)\Delta x_i, \qquad \text{路程 } s=\lim_{\lambda\to 0}\sum_{i=1}^{n} v(\tau_i)\Delta t_i$$

抛开这些问题的具体意义，抓住它们在数量关系上共同的本质与特性加以概括，就可以抽象出下述定积分的定义.

定义 1.1 设函数 $f(x)$ 在 $[a,b]$ 上有界，在 $[a,b]$ 中任意插入若干个分点

$$a=x_0<x_1<x_2<\cdots<x_{n-1}<x_n=b$$

把区间 $[a,b]$ 分成 n 个小区间

$$[x_0,x_1], \quad [x_1,x_2], \quad \cdots, \quad [x_{n-1},x_n]$$

各个小区间的长度依次为

$$\Delta x_1=x_1-x_0, \quad \Delta x_2=x_2-x_1, \quad \cdots, \quad \Delta x_n=x_n-x_{n-1}$$

在每个小区间 $[x_{i-1},x_i]$ 上任取一点 $\xi_i(x_{i-1}\leqslant\xi_i\leqslant x_i)$，作函数值 $f(\xi_i)$ 与小区间长度 Δx_i 的乘积 $f(\xi_i)\Delta x_i\,(i=1,2,\cdots,n)$，并作和

$$S=\sum_{i=1}^{n} f(\xi_i)\Delta x_i \tag{1}$$

记 $\lambda=\max\{\Delta x_1,\Delta x_2,\cdots,\Delta x_n\}$，如果不论对 $[a,b]$ 怎样划分，也不论在小区间 $[x_{i-1},x_i]$ 上点 ξ_i 怎样

选取，只要当$\lambda \to 0$时，和S总趋于确定的极限I，那么称这个极限I为函数$f(x)$在区间$[a,b]$上的**定积分**（简称**积分**），记作$\int_a^b f(x)\mathrm{d}x$，即

$$\int_a^b f(x)\mathrm{d}x = I = \lim_{\lambda \to 0}\sum_{i=1}^{n} f(\xi_i)\Delta x_i \tag{2}$$

其中$f(x)$称为**被积函数**，$f(x)\mathrm{d}x$称为**被积表达式**，x称为**积分变量**，a称为**积分下限**，b称为**积分上限**，$[a,b]$称为**积分区间**.

注意：当和$\sum_{i=1}^{n} f(\xi_i)\Delta x_i$的极限存在时，其极限$I$仅与被积函数$f(x)$及积分区间$[a,b]$有关. 如果既不改变被积函数$f$，也不改变积分区间$[a,b]$，而只把积分变量$x$改写成其他字母，例如$t$或$u$，那么，这时和的极限$I$不变，也就是定积分的值不变，即

$$\int_a^b f(x)\mathrm{d}x = \int_a^b f(t)\mathrm{d}t = \int_a^b f(u)\mathrm{d}u$$

这就是说，定积分的值只与被积函数及积分区间有关，而与积分变量的记法无关.

和$\sum_{i=1}^{n} f(\xi_i)\Delta x_i$通常称为$f(x)$的**积分和**. 如果$f(x)$在$[a,b]$上的定积分存在，那么就说$f(x)$在$[a,b]$上**可积**.

根据定积分的定义，前面所讨论的两个实际问题可以分别表述如下：

曲线$y = f(x)$ $(f(x) \geqslant 0)$、x轴及两条直线$x = a$、$x = b$所围成的曲边梯形的面积A等于函数$f(x)$在区间$[a,b]$上的定积分，即

$$A = \int_a^b f(x)\mathrm{d}x$$

物体以变速$v = v(t)$ $(v(t) \geqslant 0)$作直线运动，从时刻$t = T_1$到时刻$t = T_2$，这物体经过的路程s等于函数$v(t)$在区间$[T_1, T_2]$上的定积分，即

$$s = \int_{T_1}^{T_2} v(t)\mathrm{d}t$$

但是函数$f(x)$在$[a,b]$上满足怎样的条件才使$f(x)$在$[a,b]$上一定可积呢？

下面给出两个充分条件.

定理 1.1 设$f(x)$在区间$[a,b]$上连续，则$f(x)$在$[a,b]$上可积.

定理 1.2 设$f(x)$在区间$[a,b]$上有界，且只有有限个间断点，则$f(x)$在$[a,b]$上可积.

三、定积分的几何意义

根据前面求解曲边梯形的面积，我们知道：$\int_a^b f(x)\mathrm{d}x$在几何上表示由曲线$y = f(x)$，两条直线$x = a$，$x = b$与x轴所围成的曲边梯形的面积. 在$[a,b]$上$f(x) \leqslant 0$时，由曲线$y = f(x)$，两条直线$x = a$，$x = b$与x轴所围成的曲边梯形位于x轴的下方，定积分$\int_a^b f(x)\mathrm{d}x$在几何上

表示上述曲边梯形面积的负值；在$[a,b]$上$f(x)$既取得正值又取得负值时，函数$f(x)$图形的某些部分在x轴的上方，而其他部分在x轴下方（见图 5.3），此时定积分$\int_a^b f(x)\mathrm{d}x$表示x轴上方图形的面积减去x轴下方图形的面积.

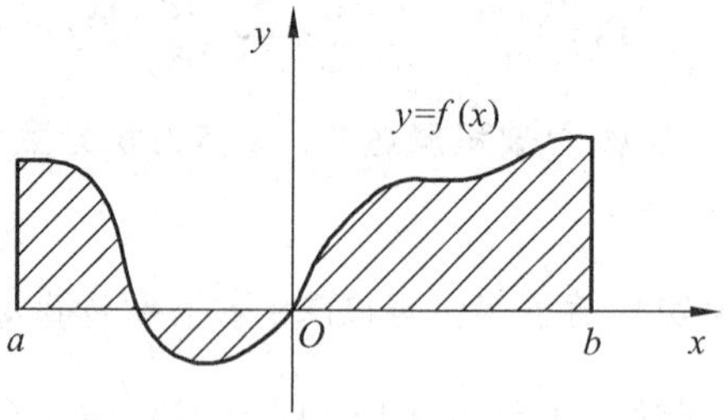

图 5.3

例 1　利用定义计算定积分$\int_0^1 x^2\mathrm{d}x$.

解　因为被积函数$f(x)=x^2$在积分区间$[0,1]$上连续，而连续函数是可积的，所以积分与区间$[0,1]$的分法及点ξ_i的取法无关. 因此，为了便于计算，不妨把区间$[0,1]$分成n等份，分点为$x_i=\frac{i^*}{n}\,(i=1,2,\cdots,n-1)$；这样，每个小区间$[x_{i-1},x_i]$的长度$\Delta x_i=\frac{1}{n}\,(i=1,2,\cdots,n)$；取$\xi_i=x_i\ (i=1,2,\cdots,n)$，于是，得和式

$$\begin{aligned}\sum_{i=1}^n f(\xi_i)\Delta x_i&=\sum_{i=1}^n \xi_i^2\Delta x_i=\sum_{i=1}^n x_i^2\Delta x_i=\sum_{i=1}^n\left(\frac{i}{n}\right)^2\cdot\frac{1}{n}=\frac{1}{n^3}\sum_{i=1}^n i^2\\&=\frac{1}{n^3}\cdot\frac{1}{6}n(n+1)(2n+1)=\frac{1}{6}\left(1+\frac{1}{n}\right)\left(2+\frac{1}{n}\right)\end{aligned}$$

当$\lambda\to 0$，即$n\to\infty$时，取上式右端的极限，由定积分的定义，即得所要计算的积分

$$\int_0^1 x^2\mathrm{d}x=\lim_{\lambda\to 0}\sum_{i=1}^n \xi_i^2\Delta x_i=\lim_{n\to\infty}\frac{1}{6}\left(1+\frac{1}{n}\right)\left(2+\frac{1}{n}\right)=\frac{1}{3}$$

四、定积分的性质

为了以后计算及应用方便起见，对定积分作以下两点补充规定：

（1）当$a=b$时，$\int_a^b f(x)\mathrm{d}x=0$；

（2）当$a>b$时，$\int_a^b f(x)\mathrm{d}x=-\int_b^a f(x)\mathrm{d}x$

由上式可知，交换定积分的上下限时，定积分的绝对值不变而符号相反.

下面讨论定积分的性质. 下列各性质中积分上下限的大小，如不特别指明，均不加限制，并假定各性质中所列出的定积分都是存在的.

性质 1　$\int_a^b[f(x)\pm g(x)]\mathrm{d}x=\int_a^b f(x)\mathrm{d}x\pm\int_a^b g(x)\mathrm{d}x$.

证明 $\int_a^b [f(x) \pm g(x)]\mathrm{d}x = \lim_{\lambda \to 0} \sum_{i=1}^{n} [f(\xi_i) \pm g(\xi_i)]\Delta x_i$

$$= \lim_{\lambda \to 0} \sum_{i=1}^{n} f(\xi_i)\Delta x_i \pm \lim_{\lambda \to 0} \sum_{i=1}^{n} g(\xi_i)\Delta x_i$$

$$= \int_a^b f(x)\mathrm{d}x \pm \int_a^b g(x)\mathrm{d}x .$$

性质 1 对于任意有限个函数都是成立的. 类似地, 可以证明：

性质 2 $\int_a^b kf(x)\mathrm{d}x = k\int_a^b f(x)\mathrm{d}x$ (k 是常数).

性质 3 设 $a<c<b$, 则

$$\int_a^b f(x)\mathrm{d}x = \int_a^c f(x)\mathrm{d}x + \int_c^b f(x)\mathrm{d}x$$

证明 因为函数 $f(x)$ 在区间 $[a,b]$ 上可积, 所以不论把 $[a,b]$ 怎样分, 积分和的极限总是不变的. 因此, 在分区间时, 可以使 c 永远是个分点. 那么, $[a,b]$ 上的积分和等 $[a,c]$ 上的积分和加 $[c,b]$ 上的积分和, 记为

$$\sum_{[a,b]} f(\xi_i)\Delta x_i = \sum_{[a,c]} f(\xi_i)\Delta x_i + \sum_{[c,b]} f(\xi_i)\Delta x_i$$

令 $\lambda \to 0$, 上式两端同时取极限, 即得

$$\int_a^b f(x)\mathrm{d}x = \int_a^c f(x)\mathrm{d}x + \int_c^b f(x)\mathrm{d}x$$

这个性质表明定积分对于积分区间具有**可加性**.

按定积分的补充规定, 我们有：不论 a,b,c 的相对位置如何, 总有等式

$$\int_a^b f(x)\mathrm{d}x = \int_a^c f(x)\mathrm{d}x + \int_c^b f(x)\mathrm{d}x$$

成立, 例如, 当 $a<b<c$ 时, 由于

$$\int_a^c f(x)\mathrm{d}x = \int_a^b f(x)\mathrm{d}x + \int_b^c f(x)\mathrm{d}x$$

于是得

$$\int_a^b f(x)\mathrm{d}x = \int_a^c f(x)\mathrm{d}x - \int_b^c f(x)\mathrm{d}x = \int_a^c f(x)\mathrm{d}x + \int_c^b f(x)\mathrm{d}x$$

性质 4 如果在区间 $[a,b]$ 上 $f(x) \equiv 1$, 则

$$\int_a^b 1\mathrm{d}x = \int_a^b \mathrm{d}x = b-a$$

性质 5 如果在区间 $[a,b]$ 上, $f(x) \geqslant 0$, 则

$$\int_a^b f(x)\mathrm{d}x \geqslant 0 \quad (a<b)$$

证明 因为 $f(x) \geqslant 0$, 所以

$$f(\xi_i) \geqslant 0 \quad (i=1,2,\cdots,n)$$

又由于 $\Delta x_i \geqslant 0 (i=1,2,\cdots,n)$, 因此

$$\sum_{i=1}^{n} f(\xi_i)\Delta x_i \geqslant 0$$

令 $\lambda = \max\{\Delta x_1, \cdots, \Delta x_n\} \to 0$，便得要证的不等式

推论 1 如果在区间 $[a,b]$ 上，$f(x) \leqslant g(x)$，则

$$\int_a^b f(x)\mathrm{d}x \leqslant \int_a^b g(x)\mathrm{d}x \quad (a<b)$$

证明 因为 $g(x) - f(x) \geqslant 0$，由性质 5 得

$$\int_a^b [g(x) - f(x)]\mathrm{d}x \geqslant 0$$

再利用性质 1，便得要证的不等式.

推论 2 $\left|\int_a^b f(x)\mathrm{d}x\right| \leqslant \int_a^b |f(x)|\mathrm{d}x \ (a<b)$.

证明 因为

$$-|f(x)| \leqslant f(x) \leqslant |f(x)|$$

所以由推论 1 及性质 2 可得

$$-\int_a^b |f(x)|\mathrm{d}x \leqslant \int_a^b f(x)\mathrm{d}x \leqslant \int_a^b |f(x)|\mathrm{d}x$$

即

$$\left|\int_a^b f(x)\mathrm{d}x\right| \leqslant \int_a^b |f(x)|\mathrm{d}x$$

性质 6 设 M 和 m 分别是 $f(x)$ 在 $[a,b]$ 上的最大值与最小值，则

$$m(b-a) \leqslant \int_a^b f(x)\mathrm{d}x \leqslant M(b-a)$$

证明 因为 $m \leqslant f(x) \leqslant M$，所以由性质 5 推论 1，得

$$\int_a^b m\mathrm{d}x \leqslant \int_a^b f(x)\mathrm{d}x \leqslant \int_a^b M\mathrm{d}x$$

再由性质 2 及性质 4，即得所要证的不等式.

性质 7（定积分中值定理） 若函数 $f(x)$ 在区间 $[a,b]$ 上连续，则在 $[a,b]$ 上至少存在一点 ξ 使

$$\int_a^b f(x)\mathrm{d}x = f(\xi)(b-a)$$

证明 把性质 6 中的不等式各除以 $b-a$，得

$$m \leqslant \frac{1}{b-a}\int_a^b f(x)\mathrm{d}x \leqslant M$$

这表明，确定的数值 $\frac{1}{b-a}\int_a^b f(x)\mathrm{d}x$ 介于函数 $f(x)$ 的最小值 m 及最大值 M 之间. 根据闭区间上连续函数的介值定理，在 $[a,b]$ 上至少存在一点 ξ，使得函数 $f(x)$ 在点 ξ 处的值与这个确定的数值相等，即应有

$$\frac{1}{b-a}\int_a^b f(x)\mathrm{d}x = f(\xi) \quad (a \leqslant \xi \leqslant b)$$

两端各乘以 $b-a$，即得所要证的等式.

定积分中值定理的几何意义是显然的. 如图 5.4 所示，设 $f(x) \geqslant 0$，对于以区间 $[a,b]$ 为底、$y=f(x)$ 为曲边的曲边梯形，则必存在一个同一底边而高为 $f(\xi)$ 的一个矩形与它的面积相等.

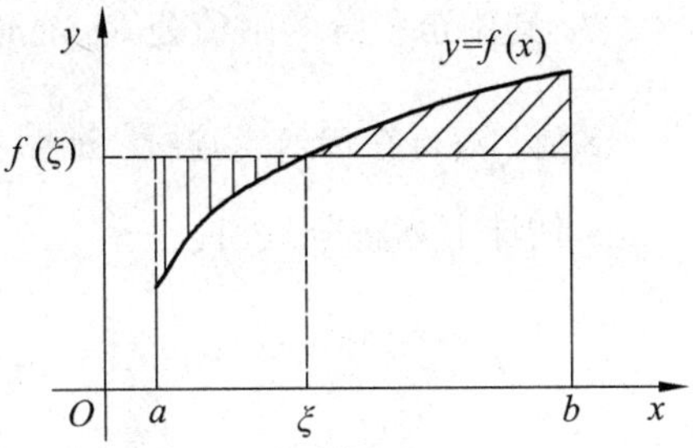

图 5.4

例 2 估计定积分 $\int_{-1}^{1}\mathrm{e}^{-x^2}\mathrm{d}x$ 的值.

解 先求 $f(x)=\mathrm{e}^{-x^2}$ 在 $[-1,1]$ 上的最大值和最小值. 因为

$$f'(x) = -2x\mathrm{e}^{-x^2}$$

令 $f'(x)=0$，得驻点 $x=0$. 比较

$$f(0)=1,\ f(-1)=f(1)=\mathrm{e}^{-1}$$

则最大值为 1，最小值为 e^{-1}. 由估值性质得

$$\frac{2}{\mathrm{e}} \leqslant \int_{-1}^{1}\mathrm{e}^{-x^2}\mathrm{d}x \leqslant 2$$

习题 5.1

1. 利用定积分的几何意义，证明下列等式.

（1）$\int_0^1 2x\mathrm{d}x = 1$；　（2）$\int_0^1 \sqrt{1-x^2}\mathrm{d}x = \frac{\pi}{4}$.

2. 利用定积分的几何意义，求下列积分.

（1）$\int_0^1 x\mathrm{d}x\ (x>0)$；　（2）$\int_{-2}^{4}\left(\frac{x}{2}+3\right)\mathrm{d}x$；

（3）$\int_{-1}^{2}|x|\mathrm{d}x$；　（4）$\int_{-3}^{3}\sqrt{9-x^2}\mathrm{d}x$.

3. 利用定积分定义计算下列积分.

（1）$\int_a^b x\mathrm{d}x\ (a<b)$；　（2）$\int_0^1 \mathrm{e}^x\mathrm{d}x$

4. 利用定积分定义证明 $\int_a^b kf(x)\mathrm{d}x = k\int_a^b f(x)\mathrm{d}x$（$k$ 为常数).

5. 设 $\int_{-1}^{1}3f(x)\mathrm{d}x = 18$，$\int_{-1}^{3}f(x)\mathrm{d}x = 4$，$\int_{-1}^{3}g(x)\mathrm{d}x = 3$，求下列积分：

（1）$\int_{-1}^{1}f(x)\mathrm{d}x$；　（2）$\int_1^3 f(x)\mathrm{d}x$；

（3）$\int_3^{-1}g(x)\mathrm{d}x$；　（4）$\int_{-1}^{3}\frac{1}{5}[4f(x)+3g(x)]\mathrm{d}x$.

6. 利用定积分性质证明下列不等式.

（1）$\int_1^2 \sqrt{5-x}\mathrm{d}x \geqslant \int_1^2 \sqrt{x+1}\mathrm{d}x$；　　（2）$\int_0^3 \sqrt{1+x}\mathrm{d}x \geqslant 3$.

7. 利用定积分的估值公式，证明：$0 \leqslant \int_0^2 \frac{x}{1+x^2}\mathrm{d}x \leqslant 1$.

8. 设 $f(x)$ 在 $[0,1]$ 上连续，证明 $\int_0^1 f^2(x)\mathrm{d}x \geqslant (\int_0^1 f(x)\mathrm{d}x)^2$.

9.估计下列积分的值：

（1）$\int_1^4 (x^2+1)\mathrm{d}x$；　　（2）$\int_{\frac{\pi}{4}}^{\frac{5\pi}{4}} (1+\sin^2 x)\mathrm{d}x$.

第二节　微积分基本公式

定积分作为一种特殊的和式极限，如果直接用定义来计算是很复杂的，本节将通过对定积分与原函数关系的讨论，导出一种计算定积分既简单又有效的方法.

从第一节知道：物体在时间间隔 $[T_1,T_2]$ 内经过的路程可以用速度函数 $v(t)$ 在 $[T_1,T_2]$ 上的定积分

$$\int_{T_1}^{T_2} v(t)\mathrm{d}t$$

来表达；另一方面，这段路程又可以通过位置函数 $s(t)$ 在区间 $[T_1,T_2]$ 上的增量

$$s(T_2)-s(T_1)$$

来表达，由此可见，位置函数 $s(t)$ 与速度函数 $v(t)$ 之间有如下关系：

$$\int_{T_1}^{T_2} v(t)\mathrm{d}t = s(T_2)-s(T_1) \tag{1}$$

因为 $s'(t)=v(t)$，即位置函数 $s(t)$ 是速度函数 $v(t)$ 的原函数，所以关系式（1）表示：速度函数 $v(t)$ 在区间 $[T_1,T_2]$ 上的定积分等于 $v(t)$ 的原函数 $s(t)$ 在区间 $[T_1,T_2]$ 上的增量：

$$s(T_2)-s(T_1)$$

那么这个结论有没有普遍意义呢？

一、变上限的定积分

设函数 $f(x)$ 在区间 $[a,b]$ 上连续，由定义，定积分 $\int_a^x f(x)\mathrm{d}x$ 的值由被积函数 $f(x)$ 和积分区间 $[a,b]$ 所确定，与积分变量的记号无关，故改可改为 $\int_a^x f(t)\mathrm{d}t$. 由于对任意的 $x\in[a,b]$，都有一个积分 $\int_a^x f(t)\mathrm{d}t$ 所确定的值与之对应，因此 $\int_a^x f(t)\mathrm{d}t$ 是上限 x 的函数，记为 $\varPhi(x)$，即

$$\varPhi(x)=\int_a^x f(t)\mathrm{d}t \quad (a\leqslant x\leqslant b)$$

显然 $\Phi(a)=0$，$\Phi(b)=\int_a^b f(t)\mathrm{d}t=\int_a^b f(x)\mathrm{d}x$. 函数 $\Phi(x)$ 通常称为变上限积分函数.

定理 2.1 若函数 $f(x)$ 在区间 $[a,b]$ 上连续，则函数 $\Phi(x)=\int_a^x f(t)\mathrm{d}t$ 在 $[a,b]$ 上可导，且导数为

$$\Phi'(x)=\frac{\mathrm{d}}{\mathrm{d}x}\left[\int_a^x f(t)\mathrm{d}t\right]=f(x)\quad (a\leqslant x\leqslant b) \tag{2}$$

证明 欲证 $\Phi'(x)=f(x)$，即证

$$\lim_{\Delta x\to 0}\frac{\Phi(x+\Delta x)-\Phi(x)}{\Delta x}=\lim_{\Delta x\to 0}\frac{\Delta\Phi}{\Delta x}=f(x)$$

由 $\Phi(x)$ 的定义可知

$$\begin{aligned}\Delta\Phi=\Phi(x+\Delta x)-\Phi(x)&=\int_a^{x+\Delta x}f(t)\mathrm{d}t-\int_a^x f(t)\mathrm{d}t\\&=\int_a^{x+\Delta x}f(t)\mathrm{d}t+\int_x^a f(t)\mathrm{d}t=\int_x^{x+\Delta x}f(t)\mathrm{d}t\end{aligned}$$

又由定积分中值定理可知，在 x 与 $x+\Delta x$ 之间至少存在一点 ξ（见图 5.5），使得

$$\Delta\Phi=\int_x^{x+\Delta x}f(t)\mathrm{d}t=f(\xi)\cdot\Delta x$$

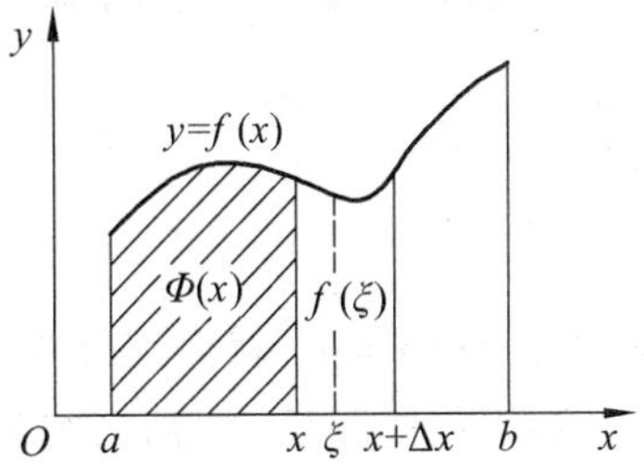

图 5.5

于是有

$$\frac{\Delta\Phi}{\Delta x}=f(\xi)$$

由于 $f(x)$ 在 $[a,b]$ 上连续，又当 $\Delta x\to 0$ 时有 $\xi\to x$，由此得

$$\lim_{\Delta x\to 0}\frac{\Delta\Phi(x)}{\Delta x}=\lim_{\Delta x\to 0}f(\xi)=\lim_{\xi\to x}f(\xi)=f(x)$$

即

$$\Phi'(x)=\frac{\mathrm{d}}{\mathrm{d}x}\left[\int_a^x f(t)\mathrm{d}t\right]=f(x)\qquad (a\leqslant x\leqslant b)$$

定理 2.2 如果函数 $f(x)$ 在区间 $[a,b]$ 上连续，则函数

$$\Phi(x)=\int_a^x f(t)\mathrm{d}t \tag{3}$$

就是 $f(x)$ 在 $[a,b]$ 上的一个原函数.

该定理表明定积分变上限函数 $\Phi(x)$ 是被积函数 $f(x)$ 的一个原函数，由此，它揭示了定积分与原函数（不定积分）之间的内在联系，进而使得通过原函数来计算定积分有了可能.

例 1 求 $\Phi(x)=\int_a^{\mathrm{e}^x}\frac{\ln t}{t}\mathrm{d}t\ (a>0)$ 的导数.

解 $\Phi'(x)=\frac{\ln\mathrm{e}^x}{\mathrm{e}^x}\mathrm{e}^x=x$.

例 2 求 $\Phi(x)=\int_{x^2}^1\frac{\sin\sqrt{\theta}}{\theta}\mathrm{d}\theta\ (x>0)$ 的导数.

解 $\Phi'(x)=-\frac{\mathrm{d}}{\mathrm{d}x}\int_{1}^{x^2}\frac{\sin\sqrt{\theta}}{\theta}\mathrm{d}\theta=-\frac{\sin x}{x^2}2x=-\frac{2\sin x}{x}$.

二、微积分的基本定理

定理 2.3 如果函数 $F(x)$ 是连续函数 $f(x)$ 在区间 $[a,b]$ 上的一个原函数，则

$$\int_{a}^{b} f(x)\mathrm{d}x=F(b)-F(a) \tag{4}$$

证明 已知函数 $F(x)$ 是连续函数 $f(x)$ 的一个原函数，又根据定理 2.2，积分上限的函数

$$\Phi(x)=\int_{a}^{x} f(t)\mathrm{d}t$$

也是 $f(x)$ 的一个原函数，于是这两个原函数之差 $F(x)-\Phi(x)$ 在 $[a,b]$ 上必定是某一个常数 C，即

$$F(x)-\Phi(x)=C \quad (a\leqslant x\leqslant b) \tag{5}$$

在上式中令 $x=a$，得 $F(a)-\Phi(a)=C$. 又由 $\Phi(x)$ 的定义式（3）及上节定积分的补充规定（1）可知 $\Phi(a)=0$，因此，$C=F(a)$. 以 $F(a)$ 代入（5）式中的 C，以 $\int_{a}^{x} f(t)\mathrm{d}t$ 代入（5）式中的 $\Phi(x)$，可得

$$\int_{a}^{x} f(t)\mathrm{d}t=F(x)-F(a)$$

在上式中令 $x=b$，就得到所要证明的公式（4）.

为了方便起见，以后把 $F(b)-F(a)$ 记成 $[F(x)]_a^b$，于是（4）式又可写成

$$\int_{a}^{b} f(x)\mathrm{d}x=[F(x)]_a^b$$

上式称为牛顿-莱布尼茨公式. 微积分的基本定理通常以牛顿-莱布尼茨公式著称. 该公式表明：定积分的值等于其原函数在上、下限处值的差. 这样就把定积分与原函数这两个本来似乎并不相干的概念建立起了定量关系，从而为定积分计算找到了一条简捷的途径. 它是整个积分学最重要的公式.

例 3 求 $\int_{0}^{1} x^2\mathrm{d}x$.

解 由于 $\frac{x^3}{3}$ 是 x^2 的一个原函数，所以按牛顿-莱布尼茨公式，有

$$\int_{0}^{1} x^2\mathrm{d}x=\left[\frac{x^3}{3}\right]_0^1=\frac{1^3}{3}-\frac{0^3}{3}=\frac{1}{3}-0=\frac{1}{3}$$

牛顿-莱布尼兹公式的适用条件是被积函数在积分区间上是连续的. 但当被积函数在积分区间上是分段连续且有界时，可把积分区间分成若干个子区间，使得每一个子区间上的被积函数是连续的，此时仍然可以应用牛顿-莱布尼兹公式.

例 4 求$\int_{-1}^{1}\sqrt{x^2}\mathrm{d}x$.

解 $\sqrt{x^2}=|x|$在$[-1,1]$上可写成分段函数的形式：

$$f(x)=\begin{cases}-x, & -1\leqslant x<0\\ x, & 0\leqslant x\leqslant 1\end{cases}$$

于是
$$\int_{-1}^{1}\sqrt{x^2}\mathrm{d}x=\int_{-1}^{0}(-x)\mathrm{d}x+\int_{0}^{1}x\mathrm{d}x=-\left.\frac{x^2}{2}\right|_{-1}^{0}+\left.\frac{x^2}{2}\right|_{0}^{1}=1$$

例 5 计算$\int_{-1}^{\sqrt{3}}\frac{\mathrm{d}x}{1+x^2}$.

解 由于$\arctan x$是$\frac{1}{1+x^2}$的一个原函数，所以

$$\int_{-1}^{\sqrt{3}}\frac{\mathrm{d}x}{1+x^2}=[\arctan x]_{-1}^{\sqrt{3}}=\arctan\sqrt{3}-\arctan(-1)$$
$$=\frac{\pi}{3}-\left(-\frac{\pi}{4}\right)=\frac{7}{12}\pi$$

例 6 证明积分中值定理：若函数$f(x)$在闭区间$[a,b]$上连续，则在开区间(a,b)内至少存在一点ξ，使

$$\int_{a}^{b}f(x)\mathrm{d}x=f(\xi)(b-a)\qquad(a<\xi<b)$$

证明 因$f(x)$连续，故它的原函数存在，设为$F(x)$，即在$[a,b]$上设$F'(x)=f(x)$，根据牛顿-莱布尼茨公式，有

$$\int_{a}^{b}f(x)\mathrm{d}x=F(b)-F(a)$$

显然函数$F(x)$在区间$[a,b]$上满足微分中值定理的条件，因此按微分中值定理，在开区间(a,b)内至少存在一点ξ，使

$$F(b)-F(a)=F'(\xi)(b-a),\quad \xi\in(a,b)$$

故
$$\int_{a}^{b}f(x)\mathrm{d}x=f(\xi)(b-a),\quad \xi\in(a,b)$$

例 7 计算$\lim\limits_{x\to 0}\frac{\int_{1}^{\cos x}\mathrm{e}^{-t^2}\mathrm{d}t}{x^2}$.

解 本题属于$\frac{0}{0}$型的未定式，可以用洛必达法则来求.

因为$\frac{\mathrm{d}}{\mathrm{d}x}\int_{1}^{\cos x}\mathrm{e}^{-t^2}\mathrm{d}t=\mathrm{e}^{-\cos^2 x}(-\sin x)$，所以

$$\lim_{x\to 0}\frac{\int_{1}^{\cos x}\mathrm{e}^{-t^2}\mathrm{d}t}{x^2}=\lim_{x\to 0}\frac{-\sin x\cdot\mathrm{e}^{-\cos^2 x}}{2x}=-\frac{1}{2}\mathrm{e}^{-1}$$

例 8 设 $f(x)$ 在 $[0,+\infty)$ 内连续且 $f(x)>0$，证明函数

$$F(x)=\frac{\int_0^x tf(t)\mathrm{d}t}{\int_0^x f(t)\mathrm{d}t}$$

在 $(0,+\infty)$ 内为单调增加函数.

证明 由公式（2），得

$$\frac{\mathrm{d}}{\mathrm{d}x}\int_0^x tf(t)\mathrm{d}t=xf(x)\,,\qquad \frac{\mathrm{d}}{\mathrm{d}x}\int_0^x f(t)\mathrm{d}t=f(x)$$

故

$$F'(x)=\frac{xf(x)\int_0^x f(t)\mathrm{d}t-f(x)\int_0^x tf(t)\mathrm{d}t}{\left(\int_0^x f(t)\mathrm{d}t\right)^2}=\frac{f(x)\int_0^x (x-t)f(t)\mathrm{d}t}{\left(\int_0^x f(t)\mathrm{d}t\right)^2}$$

按假设，当 $0<t<x$ 时 $f(t)>0,(x-t)f(t)>0$，按例 6 所述积分中值定理可知

$$\int_0^x f(t)\mathrm{d}t>0\,,\qquad \int_0^x (x-t)f(t)\mathrm{d}t>0$$

所以 $F'(x)>0\ \ (x>0)$，从而 $F(x)$ 在 $(0,+\infty)$ 内为单调增加函数.

习题 5.2

1. 计算下列各导数.

（1）$\frac{\mathrm{d}}{\mathrm{d}x}\int_0^{x^2}\sqrt{1+t^2}\mathrm{d}t$；（2）$\frac{\mathrm{d}}{\mathrm{d}x}\int_{x^2}^{x^3}\frac{\mathrm{d}t}{\sqrt{1+t^4}}$；（3）$\frac{\mathrm{d}}{\mathrm{d}x}\int_{\sin x}^{\cos x}\cos(\pi t^2)\mathrm{d}t$.

2. 求由 $\int_0^y \mathrm{e}^t\mathrm{d}t+\int_0^x\cos t\mathrm{d}t=0$ 所确定的隐函数对 x 的导数 $\frac{\mathrm{d}y}{\mathrm{d}x}$.

3. 计算下列各定积分.

（1）$\int_4^9\sqrt{x}(1+\sqrt{x})\mathrm{d}x$；（2）$\int_0^{\frac{\pi}{2}}|\sin x|\mathrm{d}x$；（3）$\int_0^{\frac{\pi}{4}}\tan^2 x\mathrm{d}x$；

（4）$\int_1^{\mathrm{e}}\frac{1+\ln x}{x}\mathrm{d}x$；（5）$\int_0^{\frac{\pi}{6}}\frac{1}{\cos^2 2x}\mathrm{d}x$；（6）$\int_1^2\left(x^2+\frac{1}{x^4}\right)\mathrm{d}x$；

（7）$\int_0^1\frac{\mathrm{d}x}{\sqrt{4-x^2}}$；（8）$\int_{-2}^4|x-1|\mathrm{d}x$；（9）$\int_0^{2\pi}|\sin x|\mathrm{d}x$；

（10）$\int_{-\frac{1}{2}}^{\frac{1}{2}}\sin x\sqrt{1-x^2}\mathrm{d}x$；（11）$\int_0^t(3x^2-x+1)\mathrm{d}x$；（12）$\int_{-1}^0\frac{3x^4+3x^2+1}{x^2+1}\mathrm{d}x$.

4. 求下列极限.

（1）$\lim\limits_{x\to0}\frac{\int_0^x\cos t^2\mathrm{d}t}{x}$；（2）$\lim\limits_{x\to0}\frac{\left(\int_0^x \mathrm{e}^{t^2}\mathrm{d}t\right)^2}{\int_0^x t\mathrm{e}^{2t^2}\mathrm{d}t}$.

5. 设 $k \in \mathbf{N}^+$，试证下列问题：

（1）$\int_{-\pi}^{\pi} \cos kx \mathrm{d}x = 0$；（2）$\int_{-\pi}^{\pi} \sin^2 kx \mathrm{d}x = \pi$.

6. 计算 $\int_0^2 f(x)\mathrm{d}x$，其中 $f(x)=\begin{cases} x+1, & x \leqslant 1 \\ \frac{1}{2}x^2, & x>1 \end{cases}$.

7. 设 $f(x)$ 在 $[a,b]$ 上连续，在 (a,b) 内可导且 $f'(x) \leqslant 0$，设

$$F(x)=\frac{1}{x-a}\int_a^x f(t)\mathrm{d}t$$

证明在 (a,b) 内有 $F'(x) \leqslant 0$.

8. 设 $f(x)$ 在 $[0,+\infty)$ 内连续，且 $\lim\limits_{x \to +\infty} f(x)=1$，证明函数

$$y=\mathrm{e}^{-x}\int_0^x \mathrm{e}^t f(t)\mathrm{d}t$$

满足方程 $\frac{\mathrm{d}y}{\mathrm{d}x}+y=f(x)$，并求 $\lim\limits_{x \to +\infty} y(x)$.

9. 设 $F(x)=\int_0^x \frac{\sin t}{t}\mathrm{d}t$，求 $F'(0)$.

10. 求函数 $F(x)=\int_1^x \left(2-\frac{1}{\sqrt{t}}\right)\mathrm{d}t \, (x>0)$ 的单调减区间.

第三节　定积分的积分方法

根据上一节的定理，我们知道了定积分与原函数的定量关系. 因此，与不定积分的基本积分方法相对应，定积分也有换元积分法和分部积分法.

一、定积分的换元法

为了说明如何用换元法计算定积分，先证明下面的定理.

定理 3.1　假设函数 $f(x)$ 在区间 $[a,b]$ 上连续，函数 $x=\varphi(t)$ 满足条件：

（1）$\varphi(\alpha)=a, \varphi(\beta)=b$；

（2）$\varphi(t)$ 在 $[\alpha,\beta]$（或 $[\beta,\alpha]$）上具有连续导数，具其值域 $R_\varphi=[a,b]$，

则有

$$\int_a^b f(x)\mathrm{d}x=\int_\alpha^\beta f[\varphi(t)]\varphi'(t)\mathrm{d}t \qquad (1)$$

公式（1）叫作定积分的**换元公式**.

证明　由假设可以知道，上式两边的被积函数都是连续的，因此不仅上式两边的定积分都存在，而且由上节的定理 2.2 知道，被积函数的原函数也都存在，所以，（1）式两边的定积

分都可应用牛顿-莱布尼茨公式. 假设 $F(x)$ 是 $f(x)$ 的一个原函数, 则

$$\int_a^b f(x)\mathrm{d}x = F(b) - F(a)$$

另一方面, 记 $\Phi(t) = F[\varphi(t)]$, 它是由 $F(x)$ 与 $x = \varphi(t)$ 复合而成的函数, 由复合函数求导法则, 得

$$\Phi'(t) = \frac{\mathrm{d}F}{\mathrm{d}x}\frac{\mathrm{d}x}{\mathrm{d}t} = f(x)\varphi'(t) = f[\varphi(t)]\varphi'(t)$$

这表明 $\Phi(t)$ 是 $f[\varphi(t)]\varphi'(t)$ 的一个原函数. 因此有

$$\int_\alpha^\beta f[\varphi(t)]\varphi'(t)\mathrm{d}t = \Phi(\beta) - \Phi(\alpha)$$

又由 $\Phi(t) = F[\varphi(t)]$ 及 $\varphi(\alpha) = a$, $\varphi(\beta) = b$ 可知

$$\Phi(\beta) - \Phi(\alpha) = F[\varphi(\beta)] - F[\varphi(\alpha)] = F(b) - F(a)$$

所以

$$\int_a^b f(x)\mathrm{d}x = F(b) - F(a) = \Phi(\beta) - \Phi(\alpha) = \int_\alpha^\beta f[\varphi(t)]\varphi'(t)\mathrm{d}t$$

这就证明了换元公式.

应用中, 要注意两点:

(1) 换元必换限.(原)上限对(新)上限, (原)下限对(新)下限;

(2) 求出 $f[\varphi(t)]\varphi'(t)$ 的一个原函数 $\Phi(t)$ 后, 不必像计算不定积分那样再把 $\Phi(t)$ 变换成原来变量 x 的函数, 而只要把新变量 t 的上、下限分别代入 $\Phi(t)$ 中相减就行了.

例 1 求 $\int_a^{2a}\frac{\sqrt{x^2-a^2}}{x^4}\mathrm{d}x$.

解 设 $x = a\sec t$, 则 $\mathrm{d}x = a\sec t\tan t\mathrm{d}t$. 换限: 当 $x = a$ 时, $t = 0$; 当 $x = 2a$ 时, $t = \frac{\pi}{3}$. 于是

$$\int_a^{2a}\frac{\sqrt{x^2-a^2}}{x^4}\mathrm{d}x = \int_0^{\frac{\pi}{3}}\frac{a\tan t}{a^4\sec^4 t}a\sec t\tan t\mathrm{d}t$$

$$= \int_0^{\frac{\pi}{3}}\frac{1}{a^2}\sin^2 t\cos t\mathrm{d}t = \frac{1}{a^2}\cdot\left.\frac{\sin^3 t}{3}\right|_0^{\frac{\pi}{3}} = \frac{\sqrt{3}}{8a^2}$$

例 2 求 $\int_0^{\ln 2}\sqrt{\mathrm{e}^x-1}\mathrm{d}x$.

解 设 $\sqrt{\mathrm{e}^x-1} = t$, 即 $x = \ln(1+t^2)$, $\mathrm{d}x = \frac{2t}{1+t^2}\mathrm{d}t$. 换限: 当 $x = 0$ 时, $t = 0$; 当 $x = \ln 2$ 时, $t = 1$. 于是

$$\int_0^{\ln 2}\sqrt{\mathrm{e}^x-1}\mathrm{d}x = \int_0^1 t\cdot\frac{2t}{1+t^2}\mathrm{d}t = 2\int_0^1\left(1-\frac{1}{1+t^2}\right)\mathrm{d}t$$

$$= 2(t-\arctan t)\Big|_0^1 = 2-\frac{\pi}{2}$$

例 3 证明:(1)若 $f(x)$ 在 $[-a,a]$ 上连续且为偶函数，则

$$\int_{-a}^{a} f(x)\mathrm{d}x = 2\int_{0}^{a} f(x)\mathrm{d}x$$

(2)若 $f(x)$ 在 $[-a,a]$ 上连续且为奇函数，则

$$\int_{-a}^{a} f(x)\mathrm{d}x = 0$$

证明 因为

$$\int_{-a}^{a} f(x)\mathrm{d}x = \int_{-a}^{0} f(x)\mathrm{d}x + \int_{0}^{a} f(x)\mathrm{d}x$$

对积分 $\int_{-a}^{0} f(x)\mathrm{d}x$ 作代换 $x=-t$，则得

$$\int_{-a}^{0} f(x)\mathrm{d}x = -\int_{a}^{0} f(-t)\mathrm{d}t = \int_{0}^{a} f(-t)\mathrm{d}t = \int_{0}^{a} f(-x)\mathrm{d}x$$

于是

$$\int_{-a}^{a} f(x)\mathrm{d}x = \int_{0}^{a} f(-x)\mathrm{d}x + \int_{0}^{a} f(x)\mathrm{d}x = \int_{0}^{a} [f(x)+f(-x)]\mathrm{d}x$$

(1)若 $f(x)$ 为偶函数，则

$$f(x)+f(-x) = 2f(x)$$

从而

$$\int_{-a}^{a} f(x)\mathrm{d}x = 2\int_{0}^{a} f(x)\mathrm{d}x$$

(2)若 $f(x)$ 为奇函数，则

$$f(x)+f(-x) = 0$$

从而

$$\int_{-a}^{a} f(x)\mathrm{d}x = 0$$

例 4 计算 $\int_{-1}^{1} (x+\sqrt{1-x^2})^2 \mathrm{d}x$.

解 $\int_{-1}^{1} (x+\sqrt{1-x^2})^2 \mathrm{d}x = \int_{-1}^{1} (2x\sqrt{1-x^2}+1)\mathrm{d}x$

$$= \int_{-1}^{1} 2x\sqrt{1-x^2}\mathrm{d}x + \int_{-1}^{1} \mathrm{d}x = 0+2 = 2$$

例 5 设函数

$$f(x) = \begin{cases} x\mathrm{e}^{-x^3}, & x \geqslant 0 \\ \dfrac{1}{1+\cos x}, & -\pi < x < 0 \end{cases}$$

计算 $\int_{1}^{4} f(x-2)\mathrm{d}x$.

解 设 $x-2=t$，则 $dx=dt$，且当 $x=1$ 时，$t=-1$；当 $x=4$ 时，$t=2$．于是

$$\int_1^4 f(x-2)dx=\int_{-1}^2 f(t)dt=\int_{-1}^0\frac{dt}{1+\cos t}+\int_0^2 te^{-t^2}dt$$

$$=\left[\tan\frac{t}{2}\right]_{-1}^0-\left[\frac{1}{2}e^{-t^2}\right]_0^2=\tan\frac{1}{2}-\frac{1}{2}e^{-4}+\frac{1}{2}$$

二、定积分的分部积分法

依据不定积分的分部积分法，可得

$$\int_a^b u(x)v'(x)dx=\left[\int u(x)v'(x)dx\right]_a^b=\left[u(x)v(x)-\int v(x)u'(x)dx\right]_a^b$$

$$=[u(x)v(x)]_a^b-\int_a^b v(x)u'(x)dx$$

简记作
$$\int_a^b uv'dx=[uv]_a^b-\int_a^b vu'dx$$
或
$$\int_a^b udv=[uv]_a^b-\int_a^b vdu$$

即把先积出来的那一部分代上下限求值，余下的部分继续积分．这样比完全把原函数求出来再代上下限简便些．

例 6 求 $\int_0^{\frac{\pi}{2}}x^2\cos xdx$．

解 $\int_0^{\frac{\pi}{2}}x^2\cos xdx=\int_0^{\frac{\pi}{2}}x^2d(\sin x)=x^2\sin x\Big|_0^{\frac{\pi}{2}}-\int_0^{\frac{\pi}{2}}2x\sin xdx$

$$=\frac{\pi^2}{4}+2\int_0^{\frac{\pi}{2}}xd(\cos x)=\frac{\pi^2}{4}+2x\cos x\Big|_0^{\frac{\pi}{2}}-2\int_0^{\frac{\pi}{2}}\cos xdx$$

$$=\frac{\pi^2}{4}-2\sin x\Big|_0^{\frac{\pi}{2}}=\frac{\pi^2}{4}-2.$$

例 7 计算 $\int_0^{\frac{1}{2}}\arcsin xdx$

解 $\int_0^{\frac{1}{2}}\arcsin xdx=\left[x\arcsin x\right]_0^{\frac{1}{2}}-\int_0^{\frac{1}{2}}\frac{x}{\sqrt{1-x^2}}dx$

$$=\frac{1}{2}\cdot\frac{\pi}{6}+[\sqrt{1-x^2}]_0^{\frac{1}{2}}=\frac{\pi}{12}+\frac{\sqrt{3}}{2}-1.$$

例 8 证明定积分公式：

$$I_n=\int_0^{\frac{\pi}{2}}\sin^n xdx\left(=\int_0^{\frac{\pi}{2}}\cos^n xdx\right)$$

$$=\begin{cases}\dfrac{n-1}{n}\cdot\dfrac{n-3}{n-2}\cdot\cdots\cdot\dfrac{3}{4}\cdot\dfrac{1}{2}\cdot\dfrac{\pi}{2}, & n\text{为正偶数}\\[2ex] \dfrac{n-1}{n}\cdot\dfrac{n-3}{n-2}\cdot\cdots\cdot\dfrac{4}{5}\cdot\dfrac{2}{3}, & n\text{ 为大于1的正奇数}\end{cases}$$

证明

$$I_n=-\int_0^{\frac{\pi}{2}}\sin^{n-1}x\mathrm{d}(\cos x)=[-\cos x\sin^{n-1}x]_0^{\frac{\pi}{2}}+(n-1)\int_0^{\frac{\pi}{2}}\sin^{n-2}x\cos^2 x\mathrm{d}x$$

右端第一项等于零；将第二项中的$\cos^2 x$写成$1-\sin^2 x$，并把积分分成两个，得

$$\begin{aligned}I_n&=(n-1)\int_0^{\frac{\pi}{2}}\sin^{n-2}x\mathrm{d}x-(n-1)\int_0^{\frac{\pi}{2}}\sin^n x\mathrm{d}x\\&=(n-1)I_{n-2}-(n-1)I_n\end{aligned}$$

由此得
$$I_n=\frac{n-1}{n}I_{n-2}$$

这个等式称为积分 I_n 关于下标的**递推公式**.

如果把 n 换成 $n-2$，则得

$$I_{n-2}=\frac{n-3}{n-2}I_{n-4}$$

同样地依次进行下去，直到 I_n 的下标递减到 0 或 1 为止．于是

$$\begin{aligned}I_{2m}&=\frac{2m-1}{2m}\cdot\frac{2m-3}{2m-2}\cdot\cdots\cdot\frac{5}{6}\cdot\frac{3}{4}\cdot\frac{1}{2}I_0\\I_{2m+1}&=\frac{2m}{2m+1}\cdot\frac{2m-2}{2m-1}\cdot\cdots\cdot\frac{6}{7}\cdot\frac{4}{5}\cdot\frac{2}{3}I_1\quad(m=1,2,\cdots)\end{aligned}$$

而$I_0=\int_0^{\frac{\pi}{2}}\mathrm{d}x=\frac{\pi}{2}, I_1=\int_0^{\frac{\pi}{2}}\sin x\mathrm{d}x=1$，因此

（1）当 n 为偶数时，可推得

$$I_n=\frac{n-1}{n}\cdot\frac{n-3}{n-2}\cdot\cdots\cdot\frac{3}{4}\cdot\frac{1}{2}\cdot\frac{\pi}{2}$$

（2）当 n 为奇数时，可推得

$$I_n=\frac{n-1}{n}\cdot\frac{n-3}{n-2}\cdot\cdots\cdot\frac{4}{5}\cdot\frac{2}{3}$$

例 9 求$\int_{-2}^{2}(x-2)\sqrt{(4-x^2)^3}\mathrm{d}x$.

解 因区间为对称区间，故先考察被积函数的奇偶性，有

$$\begin{aligned}\int_{-2}^{2}(x-2)\sqrt{(4-x^2)^3}\mathrm{d}x&=\int_{-2}^{2}x\sqrt{(4-x^2)^3}\mathrm{d}x-2\int_{-2}^{2}\sqrt{(4-x^2)^3}\mathrm{d}x\\&=0-4\int_0^2\sqrt{(4-x^2)^3}\mathrm{d}x\end{aligned}$$

换元：令$x=2\sin t$，$\mathrm{d}x=2\cos t\mathrm{d}t$，则

$$\int_{-2}^{2}(x-2)\sqrt{(4-x^2)^3}\mathrm{d}x=-4\int_0^2\sqrt{(4-x^2)^3}\mathrm{d}x=-4\int_0^{\frac{\pi}{2}}(2\cos t)^3 2\cos t\mathrm{d}t$$

$$=-64\int_0^{\frac{\pi}{2}}\cos^4 t\mathrm{d}t=64\cdot\frac{3}{4}\cdot\frac{1}{2}\cdot\frac{\pi}{2}=-12\pi$$

习题 5.3

1. 计算下列定积分.

（1） $\int_0^a\sqrt{a^2-x^2}\mathrm{d}x\ (a>0)$；

（2） $\int_0^{\pi}\frac{x\sin x}{1+\cos^2 x}\mathrm{d}x$；

（3） $\int_0^{\pi}\sqrt{\sin^3 x-\sin^5 x}\mathrm{d}x$；

（4） $\int_0^4\frac{x+2}{\sqrt{2x+1}}\mathrm{d}x$；

（5） $\int_0^3\frac{x^2}{(x^2-3x+3)^2}\mathrm{d}x$；

（6） $\int_0^a x^2\sqrt{a^2-x^2}\mathrm{d}x\ (a>0)$；

（7） $\int_{-\pi}^{\pi}x^4\sin x\mathrm{d}x$；

（8） $\int_{-\frac{\pi}{2}}^{\frac{\pi}{2}}4\cos^4\theta\mathrm{d}\theta$；

（9） $\int_{-\frac{1}{2}}^{\frac{1}{2}}\frac{(\arcsin x)^2}{\sqrt{1-x^2}}\mathrm{d}x$；

（10） $\int_0^{\frac{\pi}{2}}\mathrm{e}^{2x}\cos x\mathrm{d}x$；

（11） $\int_0^{\frac{\pi}{2}}\cos^5 x\sin x\mathrm{d}x$；

（12） $\int_0^1\mathrm{e}^{\sqrt{x}}\mathrm{d}x$；

（13） $\int_{-1}^1\frac{x\mathrm{d}x}{\sqrt{5-4x}}$；

（14） $\int_1^4\frac{\mathrm{d}x}{1+\sqrt{x}}$；

（15） $\int_0^{\sqrt{2}}\sqrt{2-x^2}\mathrm{d}x$；

（16） $\int_1^{\mathrm{e}}x\ln x\mathrm{d}x$；

（17） $\int_0^1 x\mathrm{e}^{-x}\mathrm{d}x$；

（18） $\int_0^1 x\arctan x\mathrm{d}x$；

（19） $\int_1^4\frac{\ln x}{\sqrt{x}}\mathrm{d}x$；

（20） $\int_{-5}^5\frac{x^3\sin^2 x}{x^4+2x^2+1}\mathrm{d}x$.

2. 若 $f(x)$ 在 $[0,1]$ 上连续，证明：

（1） $\int_0^{\frac{\pi}{2}}f(\sin x)\mathrm{d}x=\int_0^{\frac{\pi}{2}}f(\cos x)\mathrm{d}x$；

（2） $\int_0^{\pi}xf(\sin x)\mathrm{d}x=\frac{\pi}{2}\int_0^{\pi}f(\sin x)\mathrm{d}x$，由此计算

$$\int_0^{\pi}\frac{x\sin x}{1+\cos^2 x}\mathrm{d}x$$

3. 设 $f(x)$ 是连续的周期函数，周期为 T，证明：

（1） $\int_a^{a+T}f(x)\mathrm{d}x=\int_0^T f(x)\mathrm{d}x$；

（2） $\int_a^{a+nT}f(x)\mathrm{d}x=n\int_0^T f(x)\mathrm{d}x\ (n\in\mathbf{N})$，由此计算

$$\int_0^{n\pi}\sqrt{1+\sin 2x}\,\mathrm{d}x$$

4. 设 $f(x)=\begin{cases} xe^{x^2}, & x>0 \\ x^2-2x, & x\leqslant 0 \end{cases}$，求 $\int_1^4 f(x-2)\mathrm{d}x$.

5. 设函数 $f(x)$ 连续，且 $\int_0^x tf(2x-t)\mathrm{d}t=\frac{1}{2}\arctan x^2$，已知 $f(1)=1$，求 $\int_1^2 f(x)\mathrm{d}x$ 的值.

第四节　广义积分

前面我们讨论的定积分，都是积分区间为有限区间、被积函数为有界函数的积分，但在实际问题中，往往会遇到积分区间为无穷区间、被积函数为无界函数的积分. 这就需要我们把定积分的概念从这两个方面加以推广，形成了广义积分.

一、无穷区间上的广义积分

定义 4.1　设函数 $f(x)$ 在 $[a,+\infty)$ 上连续，且 $b>a$，我们把极限 $\lim\limits_{b\to+\infty}\int_a^b f(x)\mathrm{d}x$ 称为 $f(x)$ 在 $[a,+\infty)$ 上的**无穷限广义积分**，记为

$$\int_a^{+\infty} f(x)\mathrm{d}x=\lim_{b\to+\infty}\int_a^b f(x)\mathrm{d}x$$

若极限 $\lim\limits_{b\to+\infty}\int_a^b f(x)\mathrm{d}x$ 存在，其极限值为 I，则称**无穷限广义积分**（或**无穷限积分**）$\int_a^{+\infty} f(x)\mathrm{d}x$ 收敛，记为

$$\int_a^{+\infty} f(x)\mathrm{d}x=\lim_{b\to+\infty}\int_a^b f(x)\mathrm{d}x=I$$

否则，称该无穷限广义积分 $\int_a^{+\infty} f(x)\mathrm{d}x$ 发散.

类似地，定义函数 $f(x)$ 在 $(-\infty,b]$ 上的无穷限广义积分为

$$\int_{-\infty}^b f(x)\mathrm{d}x=\lim_{a\to-\infty}\int_a^b f(x)\mathrm{d}x$$

同样，可定义无穷限广义积分 $\int_{-\infty}^b f(x)\mathrm{d}x$ 的收敛与发散.

对于函数 $f(x)$ 在 $(-\infty,+\infty)$ 上的无穷限广义积分 $\int_{-\infty}^{+\infty} f(x)\mathrm{d}x$，定义为

$$\int_{-\infty}^{+\infty} f(x)\mathrm{d}x=\int_{-\infty}^{c} f(x)\mathrm{d}x+\int_c^{+\infty} f(x)\mathrm{d}x$$

其中 c 为任意给定的实数.

当无穷限广义积分 $\int_{-\infty}^{c} f(x)\mathrm{d}x$ 和 $\int_c^{+\infty} f(x)\mathrm{d}x$ 都收敛时，称无穷限广义积分 $\int_{-\infty}^{+\infty} f(x)\mathrm{d}x$ 收敛，否则称 $\int_{-\infty}^{+\infty} f(x)\mathrm{d}x$ 发散.

为书写简便，若 $F'(x)=f(x)$，则可记

$$\int_a^{+\infty} f(x)\mathrm{d}x = [F(x)]_a^{+\infty} = F(+\infty) - F(a)$$

其中 $F(+\infty)$ 应理解为 $\lim\limits_{x\to+\infty} F(x)$. 而 $\int_{-\infty}^{b} f(x)\mathrm{d}x$ 和 $\int_{-\infty}^{+\infty} f(x)\mathrm{d}x$ 也有类似的简写法.

例 1 计算 $\int_{-\infty}^{+\infty} \frac{\mathrm{d}x}{1+x^2}$.

解 $\int_{-\infty}^{+\infty} \frac{\mathrm{d}x}{1+x^2} = \arctan x\Big|_{-\infty}^{+\infty} = \frac{\pi}{2} - \left(-\frac{\pi}{2}\right) = \pi$.

例 2 讨论 $\int_{2}^{+\infty} \frac{\mathrm{d}x}{x\ln x}$ 的敛散性.

解 因为

$$\int_2^{+\infty} \frac{\mathrm{d}x}{x\ln x} = \ln|\ln x|\Big|_2^{+\infty} = \ln[\ln(+\infty)] - \ln\ln 2 = +\infty$$

所以 $\int_2^{+\infty} \frac{\mathrm{d}x}{x\ln x}$ 发散.

例 3 讨论 $\int_a^{+\infty} \frac{\mathrm{d}x}{x^p}\ (a>0)$ 的敛散性.

证明 当 $p=1$ 时,

$$\int_a^{+\infty} \frac{\mathrm{d}x}{x^p} = \int_a^{+\infty} \frac{\mathrm{d}x}{x} = [\ln x]_a^{+\infty} = +\infty$$

当 $p\neq 1$ 时,

$$\int_a^{+\infty} \frac{\mathrm{d}x}{x^p} = \left[\frac{x^{1-p}}{1-p}\right]_a^{+\infty} = \begin{cases} +\infty, & p<1 \\ \dfrac{a^{1-p}}{p-1}, & p>1 \end{cases}$$

综上, 当 $p>1$ 时, 广义积分 $\int_a^{+\infty} \frac{\mathrm{d}x}{x^p}\ (a>0)$ 收敛; 当 $p\leqslant 1$ 时, 广义积分 $\int_a^{+\infty} \frac{\mathrm{d}x}{x^p}, (a>0)$ 发散.

二、无界函数的广义积分

定义 4.2 设函数 $f(x)$ 在 $(a,b]$ 上连续, 且 $\lim\limits_{x\to a^+} f(x) = \infty$. 又对 $\varepsilon>0$, 称极限 $\lim\limits_{\varepsilon\to 0^+}\int_{a+\varepsilon}^{b} f(x)\mathrm{d}x$ 为 $f(x)$ 在 $(a,b]$ 上的**无界函数广义积分**, 记为

$$\int_a^b f(x)\mathrm{d}x = \lim_{\varepsilon\to 0^+}\int_{a+\varepsilon}^{b} f(x)\mathrm{d}x$$

如果极限 $\lim\limits_{\varepsilon\to 0^+}\int_{a+\varepsilon}^{b} f(x)\mathrm{d}x$ 存在, 其极限值为 I, 则称**无界函数广义积分**(或**无界函数积分**) $\int_a^b f(x)\mathrm{d}x$ 收敛. 记为

$$\int_a^b f(x)\mathrm{d}x = \lim_{\varepsilon\to 0^+}\int_{a+\varepsilon}^{b} f(x)\mathrm{d}x = I$$

否则, 称该无界函数广义积分 $\int_a^b f(x)\mathrm{d}x$ 发散.

类似地, 若函数 $f(x)$ 在 $[a,b)$ 上连续, 且 $\lim\limits_{x\to b^-} f(x) = \infty$, 则可定义无界函数积分 $\int_a^b f(x)\mathrm{d}x$ 为

$$\int_a^b f(x)\mathrm{d}x = \lim_{\varepsilon\to 0^+}\int_a^{b-\varepsilon} f(x)\mathrm{d}x$$

若函数 $f(x)$ 在 $[a,b]$ 上除点 $c\ (a<c<b)$ 外连续，且 $\lim\limits_{x\to c} f(x)=\infty$，而无界函数积分 $\int_a^c f(x)\mathrm{d}x$ 和 $\int_c^b f(x)\mathrm{d}x$ 都收敛，则定义无界函数积分 $\int_a^b f(x)\mathrm{d}x$ 为

$$\begin{aligned}\int_a^b f(x)\mathrm{d}x &= \int_a^c f(x)\mathrm{d}x + \int_c^b f(x)\mathrm{d}x \\ &= \lim_{\varepsilon_1\to 0^+}\int_a^{c-\varepsilon_1} f(x)\mathrm{d}x + \lim_{\varepsilon_2\to 0^+}\int_{c+\varepsilon_2}^{b} f(x)\mathrm{d}x\end{aligned}$$

并称其是收敛的，否则称其为发散的.

例 4 求 $\int_0^a \frac{\mathrm{d}x}{\sqrt{a^2-x^2}}\ (a>0)$.

解 $x=a$ 为被积函数的无穷间断点，于是

$$\begin{aligned}\int_0^a \frac{\mathrm{d}x}{\sqrt{a^2-x^2}} &= \lim_{t\to a^-}\int_0^t \frac{\mathrm{d}x}{\sqrt{a^2-x^2}} = \lim_{t\to a^-}\arcsin\frac{x}{a}\Big|_0^t \\ &= \lim_{t\to a^-}\arcsin\frac{t}{a} = \frac{\pi}{2}\end{aligned}$$

例 5 求 $\int_0^1 \ln x\mathrm{d}x$.

解 $x=0$ 为被积函数的无穷间断点，于是

$$\begin{aligned}\int_0^1 \ln x\mathrm{d}x &= \lim_{t\to 0^+}\int_t^1 \ln x\mathrm{d}x = \lim_{t\to 0^+}\left(x\ln x\Big|_t^1 - \int_t^1 \mathrm{d}x\right) \\ &= \lim_{t\to 0^+}(-t\ln t - 1 + t) = -1\end{aligned}$$

例 6 讨论 $\int_0^2 \frac{\mathrm{d}x}{(x-1)^2}$ 的收敛性.

解 因被积函数的无穷间断点是 $x=1$，于是

$$\begin{aligned}\int_0^2 \frac{\mathrm{d}x}{(x-1)^2} &= \int_0^1 \frac{\mathrm{d}x}{(x-1)^2} + \int_1^2 \frac{\mathrm{d}x}{(x-1)^2} \\ &= \lim_{t\to 1^-}\int_0^1 \frac{\mathrm{d}x}{(x-1)^2} + \lim_{t\to 1^+}\int_1^2 \frac{\mathrm{d}x}{(x-1)^2} \\ &= \lim_{t\to 1^-}\left(-\frac{1}{x-1}\right)\Big|_0^t + \lim_{t\to 1^+}\left(-\frac{1}{x-1}\right)\Big|_t^2\end{aligned}$$

此极限不存在，故 $\int_0^2 \frac{\mathrm{d}x}{(x-1)^2}$ 发散.

习题 5.4

1. 判定下列广义积分的敛散性. 如果收敛，求出广义积分的值.

（1）$\int_1^{+\infty} \frac{\mathrm{d}x}{\sqrt{x}}$；　（2）$\int_0^{+\infty} \mathrm{e}^{-ax}\mathrm{d}x\ (a>0)$；　（3）$\int_{-1}^1 \frac{\mathrm{d}x}{x^2}$；

（4）$\int_0^1 \frac{dx}{x^p}$；　　（5）$\int_0^1 \frac{xdx}{\sqrt{1-x^2}}$；　　（6）$\int_0^1 \ln x dx$.

2. 讨论积分 $\int_2^{+\infty} \frac{dx}{x(\ln x)^k}$ 的敛散性.

第五节　定积分的几何应用

定积分是一种实用性很强的数学方法，它在科学技术中有广泛的应用. 下面我们将讨论定积分在几何学和物理学两方面的应用.

在讨论定积分的几何应用和物理应用之前，先介绍如何将所求量转化为定积分的一般思路和方法，即“微元法”.

一、定积分应用的微元法

首先回顾一下应用定积分概念解决曲边梯形面积问题的步骤：

（1）用任意一组分点把区间 $[a,b]$ 分成长度为 $\Delta x_i\ (i=1,2,\cdots,n)$ 的 n 个小区间，相应的把曲边梯形分成 n 个窄曲边梯形，第 i 个窄曲边梯形的面积设为 ΔA_i，于是有：$A=\sum\limits_{i=1}^{n}\Delta A_i$；

（2）计算 ΔA_i 的近似值：$\Delta A_i \approx f(\xi_i)\Delta x_i (x_{i-1} \leqslant \xi_i \leqslant x_i)$；

（3）求和，得 A 的近似值：$A \approx \sum\limits_{i=1}^{n} f(\xi_i)\Delta x_i$；

（4）求极限，得：$A=\lim\limits_{\lambda\to 0}\sum\limits_{i=1}^{n} f(\xi_i)\Delta x_i = \int_a^b f(x)dx$.

从上面的四步可以发现，其中第二步最关键，因为最后的被积表达式的形式就是由这一步确定的，第三步、第四步在区间上无限累加也就是在区间上积分，第一步指明所求量具有可加性，是能用定积分计算的基础. 于是，将上述四步化成两步有：

（1）在区间 $[a,b]$ 上任取一个微小区间 $[x,x+dx]$，然后写出在这个小区间上部分量的近似值，记为 $dA=f(x)dx$（称为 A 的微元）；

（2）将微元 dA 在 $[a,b]$ 上积分，即得 $A=\int_a^b f(x)dx$.

上述解决问题的方法称为微元法.

一般的，如果某一实际问题中的所求量 U 符合下列条件：

（1）U 是与一个变量 x 的变化区间 $[a,b]$ 有关的量；

（2）U 对于区间 $[a,b]$ 具有可加性，也就是说，如果把区间 $[a,b]$ 分成许多部分区间，相应的 U 也分成许多部分量，而 U 等于所有部分量之和；

（3）部分量 ΔU_i 的近似值可表示为 $f(\xi_i)\Delta x_i$，那么就可考虑用定积分来表达这个量 U.

确定这个量 U 的积分表达式的步骤是：

（1）根据问题的具体情况，选取一个变量．例如选取 x 作为积分变量，并确定它的变化区间 $[a,b]$；

（2）设想把区间 $[a,b]$ 分成 n 个小区间，取其中任一小区间，并记作 $[x,x+\mathrm{d}x]$，求出相应于这个小区间的部分量 ΔU 的近似值．如果 ΔU 能近似地表示为 $[a,b]$ 上的一个连续函数在 x 处的值 $f(x)$ 与 $\mathrm{d}x$ 的乘积，则把 $f(x)\mathrm{d}x$ 称为量 U 的元素，并记作 $\mathrm{d}U$，即

$$\mathrm{d}U=f(x)\mathrm{d}x$$

（3）以所求量 U 的元素 $f(x)\mathrm{d}x$ 为被积表达式，在区间 $[a,b]$ 上作定积分，得

$$U=\int_a^b f(x)\mathrm{d}x$$

这就是所求量 U 的积分表达式．

下面利用微元法来讨论定积分在几何方面的一些应用．

二、平面图形的面积

1. 直角坐标系下的面积计算

如果函数 $f(x)$，$g(x)$ 在 $[a,b]$ 上连续，且 $f(x)\geqslant g(x)$，则由曲线 $y=f(x)$，$y=g(x)$ 及直线 $x=a$，$x=b$ 所围成的平面图形的面积（见图 5.6）为

$$A=\int_a^b[f(x)-g(x)]\mathrm{d}x$$

其中面积 A 的微元为

$$\mathrm{d}A=[f(x)-g(x)]\mathrm{d}x$$

类似地，由曲线 $x=\varphi(y)$，$x=\psi(y)$ 及直线 $y=c$，$y=d$ 所围成的平面图形的面积（见图 5.7）为

$$A=\int_c^d[\varphi(y)-\psi(y)]\mathrm{d}y$$

其中面积 A 的微元为

$$\mathrm{d}A=[\varphi(y)-\psi(y)]\mathrm{d}y$$

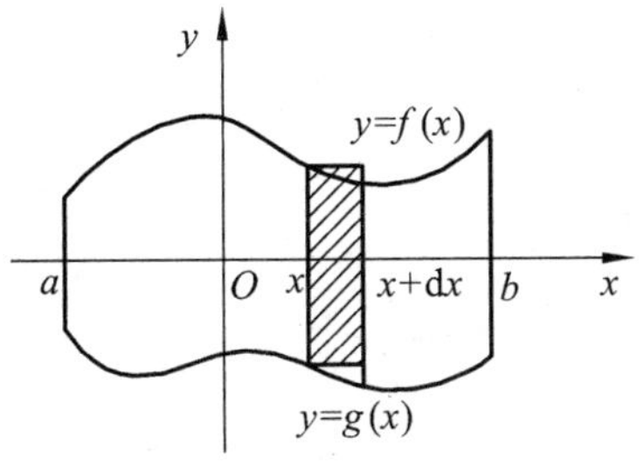

图 5.6

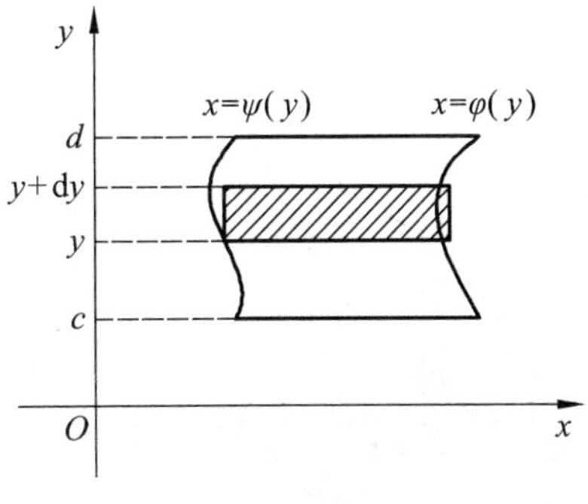

图 5.7

例 1 求由抛物线 $y=x^2$ 和 $x=y^2$ 所围成的图形的面积.

解 作图（见图 5.8），由方程组 $\begin{cases} y=x^2 \\ x=y^2 \end{cases}$ 的解可知，两曲线的交点为（0,0）和（1,1），即两曲线所围成的图形恰好在直线 $x=0$ 和 $x=1$ 之间，取 x 为积分变量，则所求面积 A 的微元为图中的阴影部分，其表达式为

$$dA=(\sqrt{x}-x^2)dx$$

于是

$$A=\int_0^1(\sqrt{x}-x^2)dx=\left[\frac{2}{3}x^{\frac{3}{2}}-\frac{1}{3}x^3\right]_0^1=\frac{1}{3}$$

例 2 求椭圆 $\frac{x^2}{a^2}+\frac{y^2}{b^2}=1$ 所围成的图形的面积.

解 该椭圆关于两坐标轴都对称（见图 5.9），所以椭圆所围成的图形的面积为

$$A=4A_1$$

其中 A_1 为该椭圆在第一象限部分与两坐标轴所围图形的面积，因此

$$A=4A_1=4\int_0^a y dx$$

下面利用椭圆的参数方程：

$$\begin{cases} x=a\cos t \\ y=b\sin t \end{cases} \quad \left(0\leqslant t\leqslant\frac{\pi}{2}\right)$$

求解. 应用定积分换元法，令 $x=a\cos t$，则

$$y=b\sin t,\quad dx=-a\sin t dt$$

当 x 由 0 变到 a 时，t 由 $\frac{\pi}{2}$ 变到 0，所以

$$\begin{aligned} A&=4\int_{\pi/2}^0 b\sin t(-a\sin t)dt=-4ab\int_{\pi/2}^0\sin^2 t dt \\ &=4ab\int_0^{\pi/2}\sin^2 t dt=4ab\cdot\frac{1}{2}\cdot\frac{\pi}{2}=\pi ab \end{aligned}$$

当 $a=b$ 时，就得到大家所熟悉的圆面积公式：$A=\pi a^2$.

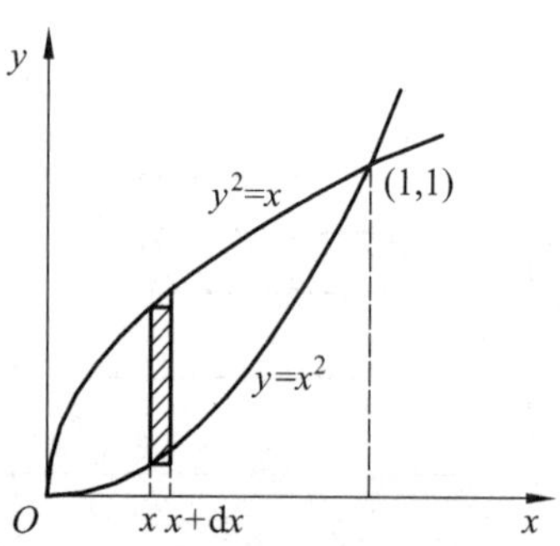

图 5.8

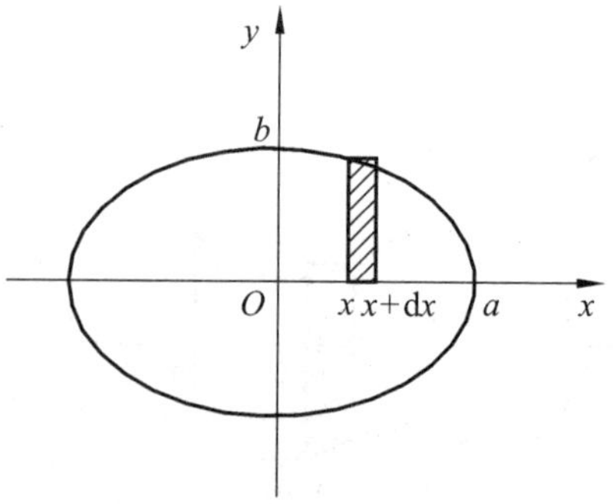

图 5.9

例 3 求星形线$\begin{cases}x=a\cos^3 t\\ y=a\sin^3 t\end{cases}$ $(a>0, 0\leqslant t\leqslant 2\pi)$所围成的图形面积（见图 5.10）.

解 取 x 为积分变量，由图形对称性得

$$A=4\int_0^a ydx$$

再由定积分的换元积分法得

$$A_1=\int_0^a y\mathrm{d}x=\int_{\frac{\pi}{2}}^0 a\sin^3 t(-3a\cos^2 t\sin t)\mathrm{d}t$$

$$=3a^2\int_0^{\frac{\pi}{2}}(\sin^4 t-\sin^6 t)\mathrm{d}t=3a^2\left(\frac{3\pi}{16}-\frac{15\pi}{96}\right)$$

故 $A=4A_1=\dfrac{3\pi a^2}{8}$.

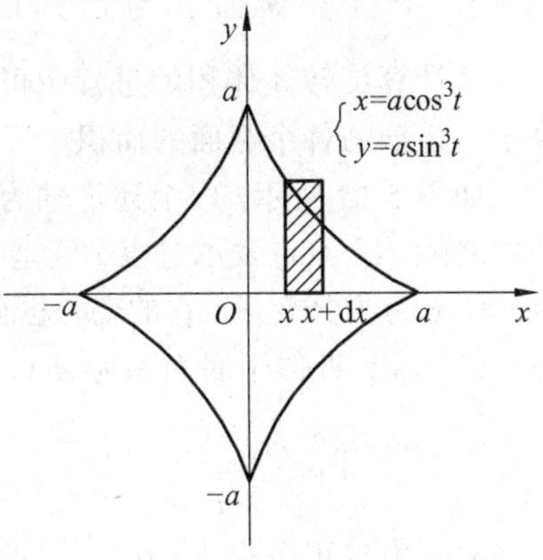

图 5.10

2. 极坐标系下的面积计算

对某些平面图形，用极坐标来计算它们的面积比较方便.

设由曲线 $\rho=\varphi(\theta)$ 及射线 $\theta=\alpha, \theta=\beta$ 围成一图形（简称为曲边扇形），现在要计算它的面积（见图 5.11）. 这里 $\varphi(\theta)$ 在 $[\alpha,\beta]$ 上连续，且 $\varphi(\theta)\geqslant 0$.

由于当 θ 在 $[\alpha,\beta]$ 上变动时，极径 $\rho=\varphi(\theta)$ 也随之变动，因此所求图形的面积不能直接利用扇形面积的公式 $A=\dfrac{1}{2}R^2\theta$ 来计算.

取极角 θ 为积分变量，它的变化区间为 $[\alpha,\beta]$. 相应于任一小区间 $[\theta,\theta+\mathrm{d}\theta]$ 的窄曲边扇形的面积可以用半径为 $\rho=\varphi(\theta)$、中心角为 $\mathrm{d}\theta$ 的扇形的面积来近似代替，从而得到窄曲边扇形面积的近似值，即曲边扇形的面积元素为

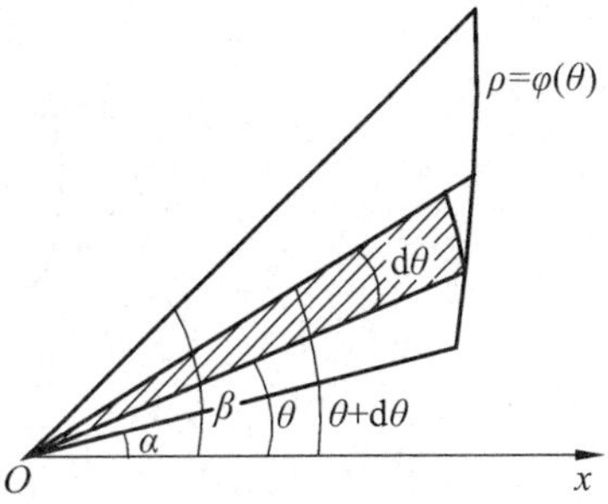

图 5.11

$$\mathrm{d}A=\frac{1}{2}[\varphi(\theta)]^2\mathrm{d}\theta$$

以 $\dfrac{1}{2}[\varphi(\theta)]^2\mathrm{d}\theta$ 为被积表达式，在闭区间 $[\alpha,\beta]$ 上作定积分，便得所求曲边扇形的面积：

$$A=\int_\alpha^\beta \frac{1}{2}[\varphi(\theta)]^2\mathrm{d}\theta$$

例 4 计算双扭线 $r^2=a^2\cos 2\theta\,(a>0)$ 所围成的图形的面积（见图 5.12）.

解 由于图形的对称性，只需求出其在第一象限的面积，再乘以 4 即可. 在第一象限，θ 的变化范围为 $\left[0,\dfrac{\pi}{4}\right]$，于是

$$A=4\cdot\frac{1}{2}\int_0^{\frac{\pi}{4}}a^2\cos 2\theta\mathrm{d}\theta=a^2\sin 2\theta\Big|_0^{\frac{\pi}{4}}=a^2$$

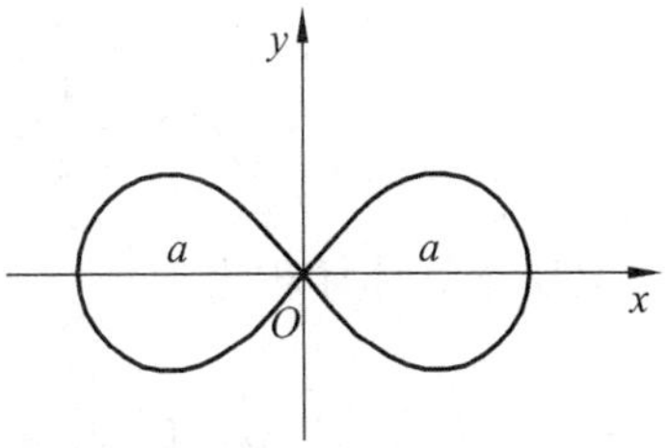

图 5.12

三、用定积分求体积

1. 平行截面面积为已知的立体的体积

从计算旋转体体积的过程中可以看出：如果一个立体不是旋转体，但却知道该立体上垂直于一定轴的各个截面的面积，那么，这个立体的体积也可以用定积分来计算.

如图 5.13 所示，取上述定轴为 x 轴，并设该立体在过点 $x=a$，$x=b$ 且垂直于 x 轴的两个平面之间，以 $A(x)$ 表示过点 x 且垂直于 x 轴的截面面积，假定 $A(x)$ 为 x 的已知的连续函数，这时，取 x 为积分变量，它的变化区间为 $[a,b]$；立体中相应于 $[a,b]$ 上任一小区间 $[x,x+\mathrm{d}x]$ 的一薄片的体积，近似于底面积为 $A(x)$、高为 $\mathrm{d}x$ 的扁柱体的体积，即体积元素为

$$\mathrm{d}V = A(x)\mathrm{d}x$$

以 $A(x)\mathrm{d}x$ 为被积表达式，在闭区间 $[a,b]$ 上作定积分，便得所求立体的体积：

$$V = \int_a^b A(x)\mathrm{d}x$$

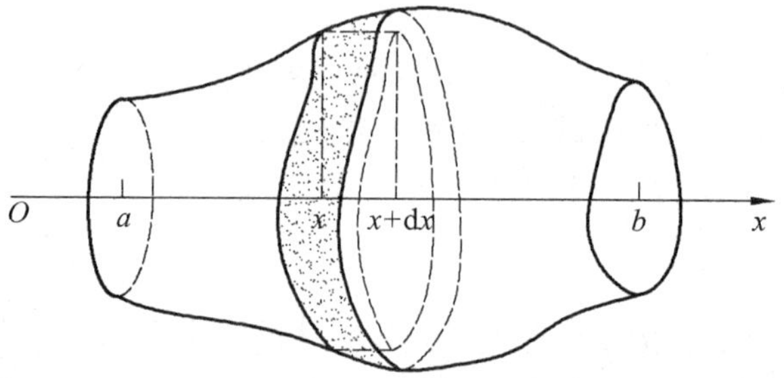

图 5.13

例 5 一平面经过半径为 R 的圆柱体的底圆中心，并与底面的交角为 α，计算这平面截圆柱体所得立体的体积（见图 5.14）.

解 取该平面与圆柱体的底面的交线为 x 轴，底面上过圆中心、且垂直于 x 轴的直线为 y 轴，那么，底圆的方程为 $x^2+y^2=R^2$. 立体中过 x 轴上的点 x 且垂直于 x 轴的截面是一个直角三角形，它的两条直角边的长分别为 y 及 $y\tan\alpha$，即 $\sqrt{R^2-x^2}$ 及 $\sqrt{R^2-x^2}\tan\alpha$. 因而截面积为

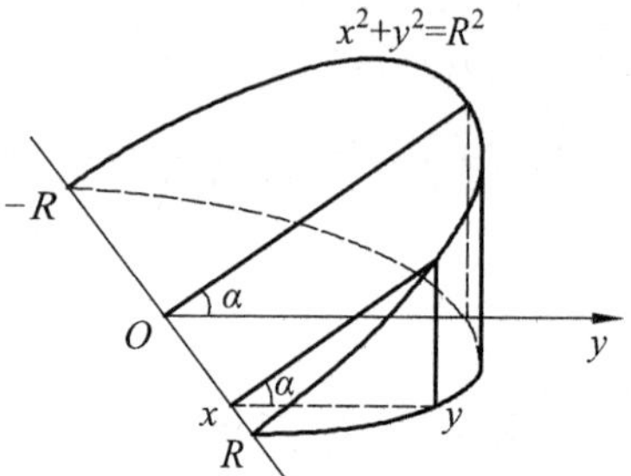

图 5.14

$$A(x) = \frac{1}{2}(R^2-x^2)\tan\alpha$$

于是所求立体体积为

$$V = \int_{-R}^{R} \frac{1}{2}(R^2-x^2)\tan\alpha\mathrm{d}x = \frac{1}{2}\tan\alpha\left[R^2x-\frac{1}{3}x^3\right]_{-R}^{R} = \frac{2}{3}R^3\tan\alpha$$

2. 旋转体体积

设在 xOy 平面内，由曲线 $y=f(x)$ 与直线 $x=a$，$x=b$，$y=0$ 所围成的平面图形绕 x 轴旋转一周而产生一旋转体，如图 5.15 所示. 由于垂直于 x 轴的截面图形为半径等于 y 的圆，因此截面面积为

$$A(x)=\pi y^2=\pi[f(x)]^2$$

于是，旋转体体积 V 的微元为

$$\mathrm{d}V=\pi[f(x)]^2\mathrm{d}x$$

所以

$$V=\pi\int_a^b[f(x)]^2\mathrm{d}x$$

同理，由曲线 $x=\varphi(y)$ 与直线 $y=c$，$y=d$，$x=0$ 所围成的平面图形（见图 5.16）绕 y 轴旋转一周而成的旋转体体积为

$$V=\pi\int_c^d[\varphi(y)]^2\mathrm{d}y$$

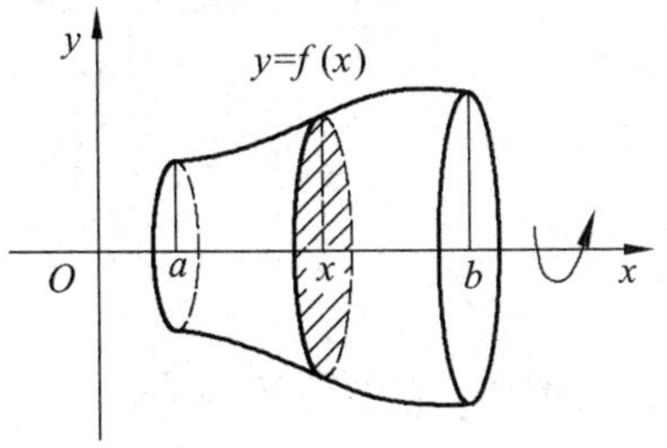

图 5.15

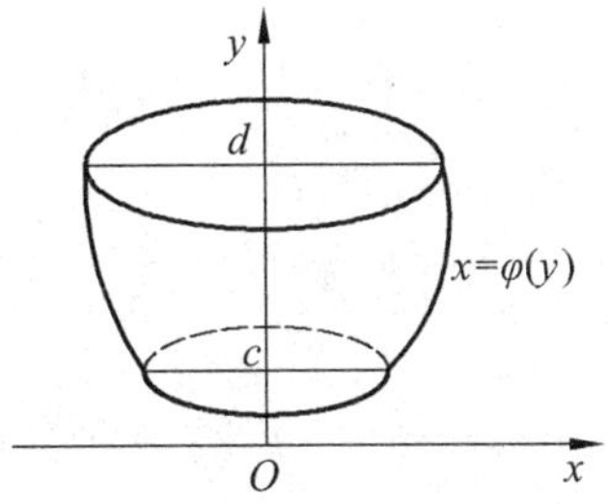

图 5.16

例 6 求由星形线 $x^{\frac{2}{3}}+y^{\frac{2}{3}}=a^{\frac{2}{3}}(a>0)$ 绕 x 轴旋转所成的旋转体的体积（见图 5.17）.

解 由 $x^{\frac{2}{3}}+y^{\frac{2}{3}}=a^{\frac{2}{3}}(a>0)$ 解得

$$y^2=\left(a^{\frac{2}{3}}-x^{\frac{2}{3}}\right)^3$$

于是所求的体积为

$$V=\pi\int_{-a}^{a}y^2\mathrm{d}x=2\pi\int_0^a\left(a^{\frac{2}{3}}-x^{\frac{2}{3}}\right)^3\mathrm{d}x$$

$$=2\pi\int_0^a\left(a^2-3a^{\frac{4}{3}}x^{\frac{2}{3}}+3a^{\frac{2}{3}}x^{\frac{4}{3}}-x^2\right)\mathrm{d}x$$

$$=\frac{32}{105}\pi a^3$$

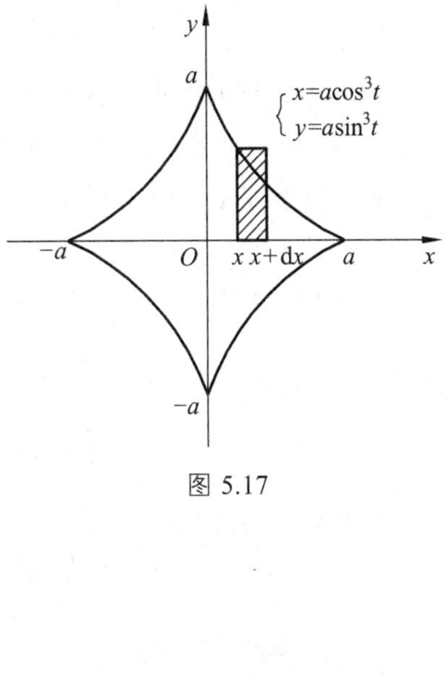

图 5.17

例 7 计算由椭圆

$$\frac{x^2}{a^2}+\frac{y^2}{b^2}=1$$

所围成的图形绕 x 轴旋转一周而成的旋转体（叫作**旋转椭球体**）的体积.

解 这个旋转椭球体也可以看作是由半个椭圆

$$y=\frac{b}{a}\sqrt{a^2-x^2}$$

及 x 轴围成的图形绕 x 轴旋转一周而成的立体.

取 x 为积分变量，它的变化区间为 $[-a,a]$. 旋转椭球体中相应于 $[-a,a]$ 上任一小区间 $[x,x+\mathrm{d}x]$ 的薄片的体积，近似于底半径为 $\frac{b}{a}\sqrt{a^2-x^2}$、高为 $\mathrm{d}x$ 的扁圆柱体的体积（见图 5.18），即体积元素

$$\mathrm{d}V=\frac{\pi b^2}{a^2}(a^2-x^2)\mathrm{d}x$$

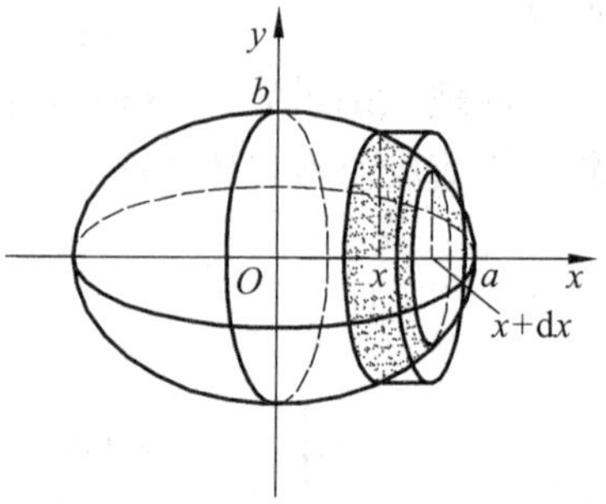

图 5.18

于是所求旋转椭球体的体积为

$$V=\int_{-a}^{a}\pi\frac{b^2}{a^2}(a^2-x^2)\mathrm{d}x$$

$$=\pi\frac{b^2}{a^2}\left[a^2x-\frac{x^3}{3}\right]_{-a}^{a}=\frac{4}{3}\pi ab^2$$

特别地，当 $a=b$ 时，旋转椭球体就成为半径为 a 的球体，它的体积为 $\frac{4}{3}\pi a^3$.

四、平面曲线的弧长

如图 5.19 所示，设有一光滑曲线 $y=f(x)$（即 $f(x)$ 可导），求曲线从 $x=a$ 到 $x=b$ 的一段弧 $\overset{\frown}{AB}$ 的长度.

下面仍使用微元法来计算. 在 $[a,b]$ 上任取一微区间 $[x,x+\mathrm{d}x]$，则与此相应的弧 $\overset{\frown}{MN}$ 可以用切线段 $|MT|$ 来近似代替，即弧长 s 的微元（又称为**弧微分**）为

$$\mathrm{d}s=\sqrt{(\mathrm{d}x)^2+(\mathrm{d}y)^2}=\sqrt{1+\left(\frac{\mathrm{d}y}{\mathrm{d}x}\right)^2}\mathrm{d}x=\sqrt{1+y'^2}\,\mathrm{d}x$$

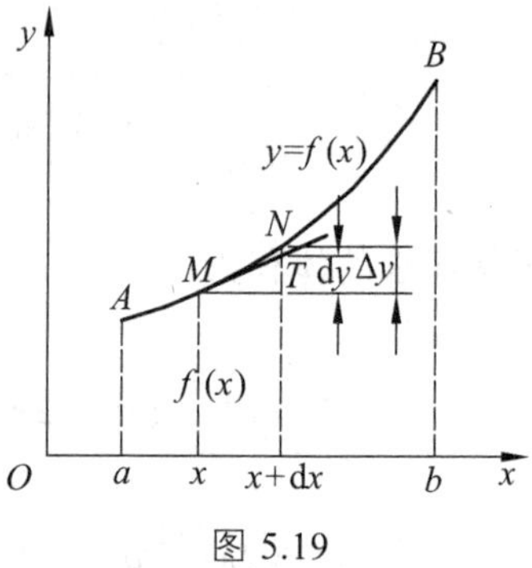

图 5.19

在区间 $[a,b]$ 上将 $\mathrm{d}s$ 无穷累加，得弧长的计算公式：

$$s=\int_a^b\sqrt{1+y'^2}\,\mathrm{d}x$$

当曲线弧由极坐标方程

$$\rho=\rho(\theta)\quad(\alpha\leqslant\theta\leqslant\beta)$$

给出，其中 $\rho(\theta)$ 在 $[\alpha,\beta]$ 上具有连续导数，则由直角坐标与极坐标的关系可得

$$\begin{cases} x=\rho(\theta)\cos\theta \\ y=\rho(\theta)\sin\theta \end{cases} \quad (\alpha\leqslant\theta\leqslant\beta)$$

这就是以极角 θ 为参数的曲线弧的参数方程. 于是，弧长元素为

$$\mathrm{d}s=\sqrt{x'^2(\theta)+y'^2(\theta)}\,\mathrm{d}\theta=\sqrt{\rho^2(\theta)+\rho'^2(\theta)}\,\mathrm{d}\theta$$

从而所求弧长为

$$s=\int_\alpha^\beta\sqrt{\rho^2(\theta)+\rho'^2(\theta)}\mathrm{d}\theta$$

例 8 计算摆线（见图 5.20）

$$\begin{cases} x=a(\theta-\sin\theta) \\ y=a(1-\cos\theta) \end{cases}$$

的一拱 $(0\leqslant\theta\leqslant2\pi)$ 的长度.

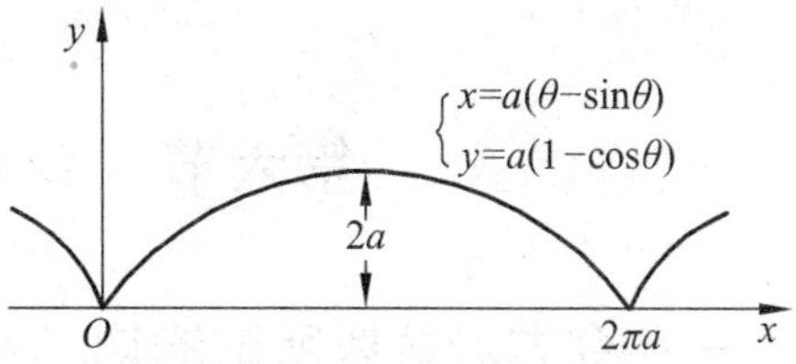

图 5.20

解 弧长元素为

$$\begin{aligned}\mathrm{d}s&=\sqrt{a^2(1-\cos\theta)^2+a^2\sin^2\theta}\,\mathrm{d}\theta\\&=a\sqrt{2(1-\cos\theta)}\,\mathrm{d}\theta=2a\sin\frac{\theta}{2}\mathrm{d}\theta\end{aligned}$$

从而所求弧长为

$$s=\int_0^{2\pi}2a\sin\frac{\theta}{2}\mathrm{d}\theta=2a\left[-2\cos\frac{\theta}{2}\right]_0^{2\pi}=8a$$

习题 5.5

1. 求曲线 $y=x^2$, $y=2x+3$ 围成的平面图形的面积.

2. 计算抛物线 $y^2=2x$ 与直线 $y=x-4$ 所围成的图形面积.

3. 计算曲线 $y=\sqrt{x}$ 与直线 $y=x$ 所围成的图形面积.

4. 计算曲线 $y=3-x^2$ 与直线 $y=2x$ 所围成的图形面积.

5. 计算曲线 $y=\mathrm{e}^x$ 与直线 $y=\mathrm{e}$ 与 $x=0$ 所围成的图形面积.

6. 求 $y=\ln x, y$ 轴与直线 $y=\ln a, y=\ln b(0<a<b)$ 围成图形的面积.

7. 求由下列曲线围成的图形的面积：

（1）$\rho=a\sin2\theta$；（2）$\rho=\mathrm{e}^\theta(0\leqslant\theta\leqslant\pi)$ 与极轴.

8. 求由 $y=\dfrac{1}{x}, y=x, x=2$ 及 x 轴围成的图形绕 x 轴旋转一周所得旋转体的体积.

9. 连接坐标原点 O 及点 $P(h,r)$ 的直线、直线 $x=h$ 及 x 轴围成一个直角三角形，将它绕 x 轴旋转一周构成一个底半径为 r、高为 h 的圆锥体. 计算这圆锥体的体积.（见图 5.21）

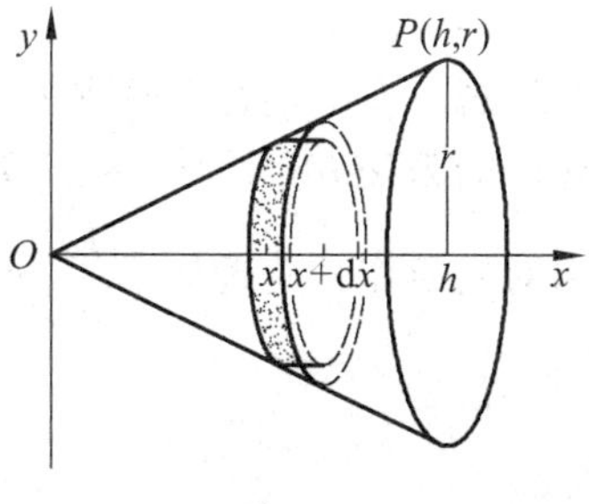

图 5.21

10. 设有一截锥体，其高为 h，上、下底均为椭圆，椭圆的轴长分别为 $2a, 2b$ 和 $2A, 2B$，求这截锥体的体积.

11. 求对数螺线 $\rho = ae^{\theta}(-\pi \leqslant \theta \leqslant \pi)$ 及射线 $\theta = \pi$ 所围成的图形的面积.

12. 求由抛物线 $y^2 = 4ax$ 与过焦点的弦所围成的图形面积的最小值.

13. 证明：由平面图形 $0 \leqslant a \leqslant x \leqslant b, 0 \leqslant y \leqslant f(x)$ 绕 y 轴旋转所成的旋转体的体积为

$$V = 2\pi \int_a^b xf(x)\mathrm{d}x$$

14. 计算曲线 $y = \ln\cos x$ 上相应于 $0 \leqslant x \leqslant \dfrac{\pi}{3}$ 的弧的长度.

第六节　定积分在物理学上的应用

一、变力沿直线所做的功

从物理学知道，如果物体在作直线运动的过程中有一个不变的力 F 作用在该物体上，且这力的方向与物体运动的方向一致，那么，在物体移动了距离 s 时，力 F 对物体所做的功为

$$W = F \cdot s$$

如果物体在运动过程中所受到的力是变化的，这就会遇到变力对物体做功的问题.

例 1　把一个带电荷量 $+q$ 的点电荷放在 r 轴上坐标原点 O 处，它产生一个电场，这个电场对周围的电荷有作用. 由物理学知道，如果有一个单位正电荷放在这个电场中距离原点 O 为 r 的地方，那么电场对它的作用力的大小为

$$F = k\frac{q}{r^2} \quad (k\text{ 是常数})$$

当这个单位正电荷在电场中从 $r = a$ 处沿 r 轴移动到 $r = b(a < b)$ 处时，计算电场力 F 对它所作的功（见图 5.22）.

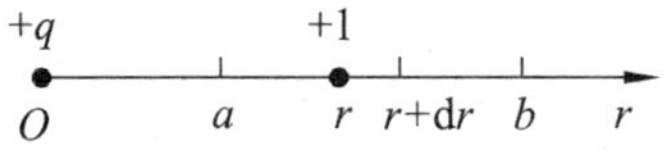

图 5.22

解　在上述移动过程中，电场对该单位正电荷的作用力是变的. 取 r 为积分变量，它的变化区间为 $[a,b]$. 设 $[r, r+\mathrm{d}r]$ 为 $[a,b]$ 上的任一小区间，当单位正电荷从 r 移动到 $r+\mathrm{d}r$ 时，电场力对它所作的功近似于 $\dfrac{kq}{r^2}\mathrm{d}r$，即功元素为

$$\mathrm{d}W = \frac{kq}{r^2}\mathrm{d}r$$

于是所求的功为

$$W=\int_a^b \frac{kq}{r^2}\mathrm{d}r = kq\left[-\frac{1}{r}\right]_a^b = kq\left(\frac{1}{a}-\frac{1}{b}\right)$$

在计算静电场中某点的电位时，要考虑将单位正电荷从该点处 $(r=a)$ 移到无穷远处时电场力所作的功 W. 此时，电场力对单位正电荷所做的功就是

$$W=\int_a^{+\infty} \frac{kq}{r^2}\mathrm{d}r = \left[-\frac{kq}{r}\right]_a^{+\infty} = \frac{kq}{a}$$

二、液体对平面薄板的压力

从物理学知道，在水深为 h 处的压强为 $p=\rho gh$，这里 ρ 是水的密度，g 是重力加速度. 如果有一面积为 A 的平板水平地放置在水深为 h 处，那么，平板一侧所受的水压力为

$$P=p\cdot A$$

如果平板铅直放置在水中，那么，由于水深不同的点处压强 p 不相等，平板一侧所受的水压力就不能用上述方法计算. 下面举例说明它的计算方法.

例 2 一个横放着的圆柱形水桶，桶内盛有半桶水. 设桶的底半径为 R，水的密度为 ρ，计算桶的一个端面上所受的压力（见图 5.23）.

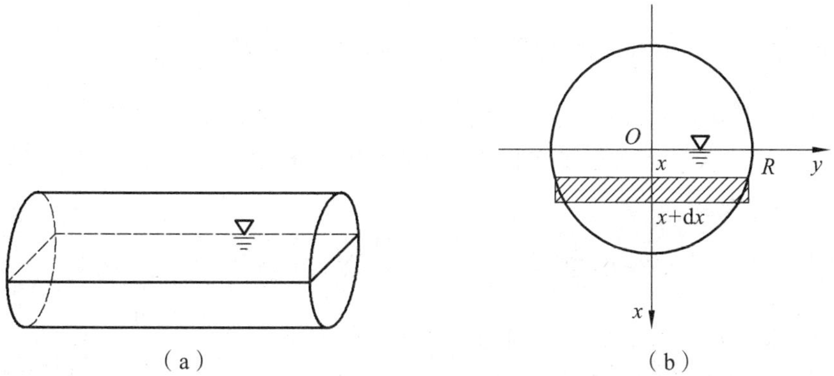

（a）　（b）

图 5.23

解 桶的一个端面是圆片，所以现在要计算的是当水平面通过圆心时，铅直放置的一个半圆片的一侧所受到的水压力.

如图 5.23（b）所示，在这个圆片上取过圆心且铅直向下的直线为 x 轴，过圆心的水平线为 y 轴. 对这个坐标系来讲，所讨论的半圆的方程为 $x^2+y^2=R^2 (0\leqslant x\leqslant R)$. 取 x 为积分变量，它的变化区间为 $[0,R]$. 设 $[x,x+\mathrm{d}x]$ 为 $[0,R]$ 上的任一小区间，半圆片上相应于 $[x,x+\mathrm{d}x]$ 的窄条上各点处的压强近似于 ρgx，这窄条的面积近似于 $2\sqrt{R^2-x^2}\mathrm{d}x$. 因此，这窄条一侧所受水压力的近似值，即压力元素为

$$\mathrm{d}P=2\rho gx\sqrt{R^2-x^2}\mathrm{d}x$$

于是所求压力为

$$P=\int_0^R 2\rho gx\sqrt{R^2-x^2}\,\mathrm{d}x=-\rho g\int_0^R (R^2-x^2)^{1/2}\,\mathrm{d}(R^2-x^2)$$

$$=-\rho g\left[\frac{2}{3}(R^2-x^2)^{3/2}\right]_0^R=\frac{2\rho g}{3}R^3$$

三、引　力

从物理学知道，质量分别为 m_1, m_2，相距为 r 的两质点间的引力大小为

$$F=G\frac{m_1m_2}{r^2}$$

其中 G 为引力系数，引力的方向沿着两质点的连线方向.

如果要计算一根细棒对一个质点的引力，那么，由于细棒上各点与该质点的距离是变化的，且各点对该质点的引力的方向也是变化的，因此就不能用上述公式来计算.

例 3　设有一长度为 l、线密度为 μ 的均匀细直棒，在其中垂线上距棒 a 单位处有一质量为 m 的质点 M. 试计算该棒对质点 M 的引力.

解　如图 5.24 所示，取坐标系使棒位于 y 轴上，质点 M 位于 x 轴上，棒的中点为原点 O. 取 y 为积分变量，它的变化区间为 $\left[-\frac{l}{2},\frac{l}{2}\right]$. 设 $[y,y+\mathrm{d}y]$ 为 $\left[-\frac{l}{2},\frac{l}{2}\right]$ 上任一小区间，把细直棒上相应于 $[y,y+\mathrm{d}y]$ 的一小段近似地看成质点，其质量为 $\mu\mathrm{d}y$，与 M 相距 $r=\sqrt{a^2+y^2}$. 因此可以按照两质点间的引力计算公式求出这小段细直棒对质点 M 的引力 ΔF 的大小

$$\Delta F\approx G\frac{m\mu\mathrm{d}y}{a^2+y^2}$$

从而求出 ΔF 在水平方向分力 ΔF_x 的近似值，即细直棒对质点 M 的引力在水平方向分力 F_x 的元素为

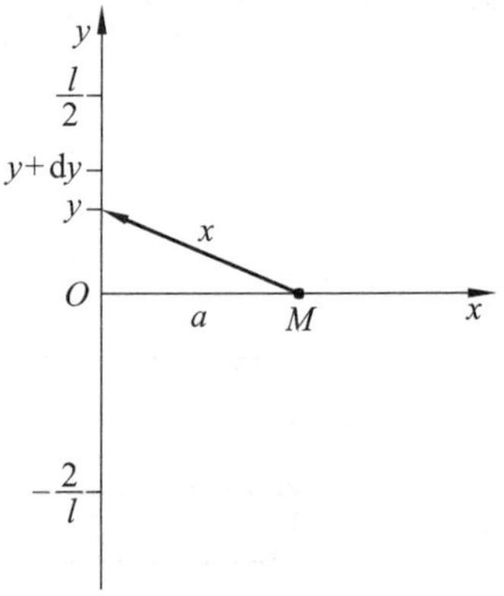

图 5.24

$$\mathrm{d}F_x=-G\frac{am\mu\mathrm{d}y}{(a^2+y^2)^{\frac{3}{2}}}$$

于是引力在水平方向的分力为

$$F_x=-\int_{-\frac{l}{2}}^{\frac{l}{2}}\frac{Gam\mu}{(a^2+y^2)^{\frac{3}{2}}}\mathrm{d}y=-\frac{2Gm\mu l}{a}\cdot\frac{1}{\sqrt{4a^2+l^2}}$$

由对称性可知，引力在铅直方向的分力为 $F_y=0$.

当细直棒的长度 l 很大时，可视 l 趋于无穷，此时，引力的大小为 $\frac{2Gm\mu}{a}$，方向与细棒垂直且由 M 指向细棒.

习题 5.6

1. 弹簧压缩所受的力 F 与压缩距离成正比，现在弹簧由原长压缩了 6 cm，问需做多少功？

2. 等腰三角形薄板垂直放入水中，底与水面相齐，薄板的底为 a m，高为 h m，试求该薄板的一侧所受的水的压力.（水的密度为 $10^3\ \mathrm{kg/m^3}$）

3. 设半径为 R 的半圆弧细丝，质量均匀分布（线密度 μ 为常数）. 在圆心处有一质量为 m 的质点，求铁丝对质点的引力.

复习题五

1. 填空：

（1）函数 $f(x)$ 在 $[a,b]$ 上有界是 $f(x)$ 在 $[a,b]$ 上可积的__________条件，而 $f(x)$ 在 $[a,b]$ 上连续是 $f(x)$ 在 $[a,b]$ 上可积的__________条件；

（2）函数 $f(x)$ 在 $[a,b]$ 上有定义，且 $|f(x)|$ 在 $[a,b]$ 上可积，此时积分 $\int_a^b f(x)\mathrm{d}x$ ______存在.

2. 回答下列问题：

（1）设函数 $f(x)$ 及 $g(x)$ 在区间 $[a,b]$ 上连续，且 $f(x)\geqslant g(x)$，那么 $\int_a^b [f(x)-g(x)]\mathrm{d}x$ 在几何上表示什么？

（2）设函数 $f(x)$ 在区间 $[a,b]$ 上连续，且 $f(x)\geqslant 0$，那么 $\int_a^b \pi f^2(x)\mathrm{d}x$ 在几何上表示什么？

（3）如果在时刻 t 以 $\varphi(t)$ 的流量（单位时间内流过的流体的体积或质量）向一水池注水，那么 $\int_{t_1}^{t_2} \varphi(t)\mathrm{d}t$ 表示什么？

（4）如果某国人口增长的速率为 $u(t)$，那么 $\int_{T_1}^{T_2} u(t)\mathrm{d}t$ 表示什么？

（5）如果一公司经营某种产品的边际利润函数为 $P'(x)$，那么 $\int_{1\,900}^{2\,000} P'(x)\mathrm{d}x$ 表示什么？

3. 求下列极限.

（1）$\lim\limits_{x\to a}\dfrac{x}{x-a}\int_0^x f(t)\mathrm{d}t$，其中 $f(x)$ 连续；　　（2）$\lim\limits_{x\to+\infty}\dfrac{\int_0^x (\arctan t)^2\mathrm{d}t}{\sqrt{x^2+1}}$.

4. 计算下列积分.

（1）$\int_0^{\frac{\pi}{2}}\dfrac{x+\sin x}{1+\cos x}\mathrm{d}x$；　　（2）$\int_0^{\frac{\pi}{4}}\ln(1+\tan x)\mathrm{d}x$；

（3）$\int_0^a \dfrac{\mathrm{d}x}{x+\sqrt{a^2-x^2}}\ (a>0)$；　　（4）$\int_0^{\frac{\pi}{2}}\sqrt{1-\sin 2x}\mathrm{d}x$；

（5）$\int_0^{\frac{\pi}{2}}\dfrac{\mathrm{d}x}{1+\cos^2 x}$；　　（6）$\int_0^{\pi} x\sqrt{\cos^2 x-\cos^4 x}\mathrm{d}x$；

（7）$\int_0^{\pi} x^2 |\cos x| \mathrm{d}x$；（8）$\int_0^{+\infty} \dfrac{\mathrm{d}x}{\mathrm{e}^{x+1}+\mathrm{e}^{3-x}}$；

（9）$\int_{\frac{1}{2}}^{\frac{3}{2}} \dfrac{\mathrm{d}x}{\sqrt{|x^2-x|}}$；（10）$\int_0^x \max\{t^3,t^2,1\}\mathrm{d}t$.

5. 下列计算是否正确，试说明理由：

（1）$\int_{-1}^{1} \dfrac{\mathrm{d}x}{1+x^2} = -\int_{-1}^{1} \dfrac{\mathrm{d}\left(\dfrac{1}{x}\right)}{1+\left(\dfrac{1}{x}\right)^2} = \left[-\arctan\dfrac{1}{x}\right]_{-1}^{1} = -\dfrac{\pi}{2}$；

（2）因为

$$\int_{-1}^{1} \frac{\mathrm{d}x}{x^2+x+1} \xlongequal{x=\frac{1}{t}} -\int_{-1}^{1} \frac{\mathrm{d}t}{t^2+t+1}$$

所以 $\int_{-1}^{1} \dfrac{\mathrm{d}x}{x^2+x+1} = 0$；

（3）$\int_{-\infty}^{+\infty} \dfrac{x}{1+x^2}\mathrm{d}x = \lim\limits_{A\to+\infty}\int_{-A}^{A} \dfrac{x}{1+x^2}\mathrm{d}x = 0$.

6. 判定下列广义积分的敛散性.

（1）$\int_0^{+\infty} \dfrac{\sin x}{\sqrt{x^3}}\mathrm{d}x$；（2）$\int_2^{+\infty} \dfrac{\mathrm{d}x}{x\cdot\sqrt[3]{x^2-3x+2}}$；

（3）$\int_2^{+\infty} \dfrac{\cos x}{\ln x}\mathrm{d}x$；（4）$\int_0^{+\infty} \dfrac{\mathrm{d}x}{\sqrt[3]{x^2(x-1)(x-2)}}$.

7. 计算下列广义积分.

（1）$\int_0^{\frac{\pi}{2}} \ln\sin x\mathrm{d}x$（2）$\int_0^{+\infty} \dfrac{\mathrm{d}x}{(1+x^2)(1+x^a)}$ $(a \geqslant 0)$

8. 计算函数 $f(x)=1+x^2$ 在区间 $[-1,2]$ 上的平均值.

9. 设通过电阻为 R 的纯电阻电路中的交变电流为 $i(t)=I_{\mathrm{m}}\sin\omega t$，其中 I_{m} 是电流的最大值，求在一个周期 $T=\dfrac{2\pi}{\omega}$ 内该电路的平均功率 $\overline{P}$.

10. 试证明不等式 $\int_0^{\frac{\pi}{4}} \sin^3 x\mathrm{d}x \leqslant \int_0^{\frac{\pi}{4}} \sin^2 x\mathrm{d}x$.

11. 估计定积分 $\int_1^4 (x^2+1)\mathrm{d}x$ 的值.

12. 设 $f(x)=\begin{cases} x-1, & -1\leqslant x\leqslant 1 \\ \dfrac{1}{x}, & 1<x\leqslant 2 \end{cases}$，求 $\int_{-1}^{2} f(x)\mathrm{d}x$.

13. 求由曲线 $y=\sin x$ 和 x 轴在区间 $[0,\pi]$ 上所围成的图形的面积.

14. 求由曲线 $y=\dfrac{1}{\sqrt{x}}$，直线 $x=0, x=1$ 与 x 轴所围成的“开口曲边梯形”的面积 A（见图 5.25）.

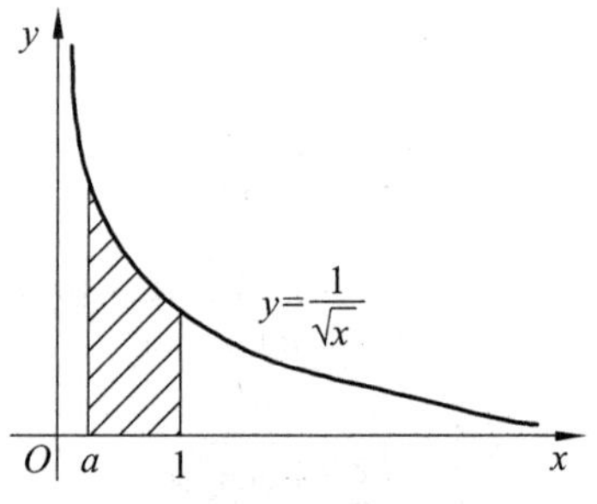

图 5.25

15. 求由下列各组曲线所围成的图形的面积：

（1）抛物线 $y^2=2x$ 与直线 $x-y=4$；

（2）$y=|\ln x|, y=0, x=\frac{1}{\mathrm{e}}, x=\mathrm{e}$；

（3）$y=\sin x, y=\cos x, x=0, x=\frac{\pi}{2}$；

（4）$\rho=a\sin 3\theta$.

16. 求由曲线 $r=1+\cos\theta$ 和曲线 $r=3\cos\theta$ 各自所围图形的公共部分的面积.

17. 求由 $y=\sin x, y=0(0\leqslant x\leqslant\pi)$ 绕 x 轴、y 轴旋转所得旋转体的体积.

18. 求曲线 $y=\frac{1}{4}x^2-\frac{1}{2}\ln x\ (1\leqslant x\leqslant \mathrm{e})$ 的弧长.

19. 求曲线 $y=\ln(\sec x)$ 在 $0\leqslant x\leqslant\frac{\pi}{4}$ 上的一段弧的长度.

20. 一颗人造地球卫星的质量为 173 kg, 在高于地面 630 km 处进入轨道. 问把这颗卫星从地面送到 630 km 的高空处, 克服地球引力要做多少功？已知 $g=9.8\ \mathrm{m/s^2}$, 地球半径 $R=6\,370$ km.

21. 已知一弹簧拉长 0.02 m 要用 9.8 N 的力, 求把该弹簧拉长 0.1 m 所做的功.

22. 在底面积为 S 的圆柱形容器中盛有一定量的气体, 在等温条件下, 由于气体的膨胀, 把容器中的活塞沿圆柱体中心轴由点 a 处推移到点 b 处（见图 5.26）. 计算在移动过程中气体压力所作的功.

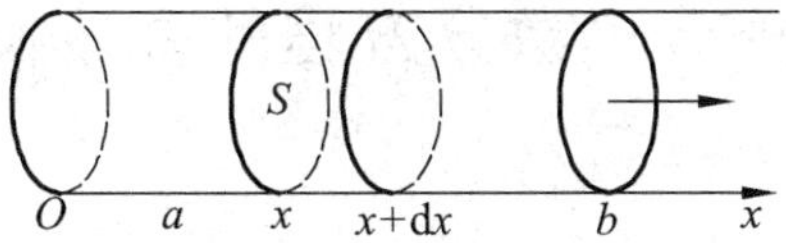

图 5.26

23. 修建大桥的桥墩时应先筑起圆柱形的围囹, 然后抽尽其中的水以便暴露出河床进行施工作业. 已知围囹的直径为 20 m, 水深 27 m, 围囹顶端高出水面 3 m, 求抽尽围囹内的水所做的功.

24. 一长轴为 2 m、短轴为 1 m 的椭圆形薄板, 短轴与水面相齐地将一半垂直置于水中（见图 5.27）, 求此薄板一侧所受的水压力.

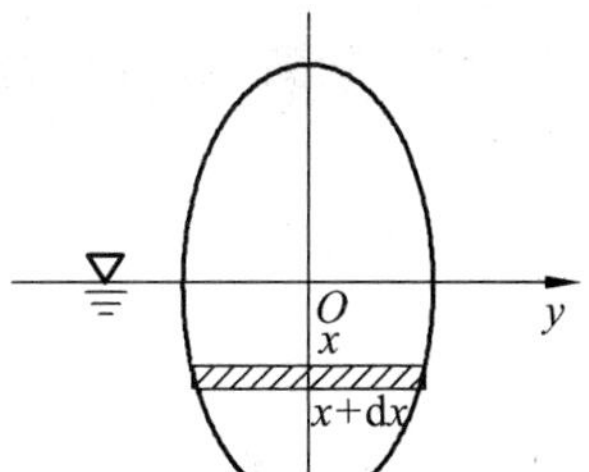

图 5.27

25. 设有质量为 M，长度为 l 的均匀细杆, 另有一质量为 m 的质点和杆位于同一直线上, 且到杆近端的距离为 a，计算杆对质点的引力.

第六章

微分方程

一般的，运动规律很难全靠实验观测认识清楚，因为人们不太可能观察到运动的全过程.然而，运动物体（变量）与它的瞬时变化率（导数）之间，通常在运动过程中会按照某种已知定律存在着联系，而我们容易捕捉到这种联系，若将这种联系用数学语言表达出来，其结果往往形成一个微分方程. 一旦求出这个方程的解，其运动规律将一目了然. 因此，微分方程是描述客观事物的数量关系的一种重要的数学模型. 本章主要介绍微分方程的一些基本概念和常见的几种微分方程的解法.

第一节　微分方程的基本概念

一、引　例

例 1　一曲线通过点 $(1,2)$，且在该曲线上任一点 $M(x,y)$ 处的切线斜率为 $2x$，求这曲线的方程.

解　设所求曲线的方程为 $y=\varphi(x)$，根据导数的几何意义，未知函数 $y=\varphi(x)$ 应满足关系式

$$\frac{\mathrm{d}y}{\mathrm{d}x}=2x \tag{1}$$

此外，未知函数 $y=\varphi(x)$ 还应满足下列条件：

$$x=1\text{时}，\quad y=2 \tag{2}$$

把（1）式两端积分得

$$y=\int 2x\mathrm{d}x$$

即

$$y=x^2+C \tag{3}$$

其中 C 是任意常数.

把条件“$x=1$时，$y=2$”代入（3）式，得

$$2=1^2+C$$

由此定出 $C=1$. 把 $C=1$代入（3）式，即得所求曲线的方程

$$y = x^2 + 1 \tag{4}$$

例 2 列车在平直的线路上以 20 m/s 的速度行驶，当制动时列车获得加速度 $-0.4\ \mathrm{m/s^2}$，问开始制动后多少时间列车才能停住？列车在这段时间内行驶了多少路程？

解 制动后 t 秒钟列车行驶 $s = s(t)\ \mathrm{m}$，由于 $\frac{\mathrm{d}^2 s}{\mathrm{d}t^2} = -0.4$，于是

$$v = \frac{\mathrm{d}s}{\mathrm{d}t} = -0.4t + C_1, \quad s = -0.2t^2 + C_1 t + C_2$$

又因 $t = 0$ 时，$s = 0, v = \frac{\mathrm{d}s}{\mathrm{d}t} = 20$，求得 $C_1 = 20, C_2 = 0$，因此

$$v = -0.4t + 20, \quad s = -0.2t^2 + 20t$$

当列车停住时,有 $v = -0.4t + 20 = 0$，需 $t = \frac{20}{0.4} = 50\ (\mathrm{s})$；

列车在这段时间内行驶了 $s = -0.2 \times 50^2 + 20 \times 50 = 500\ (\mathrm{m})$.

像上面两个例子，方程中含有未知函数的导数，就是微分方程.

二、微分方程的基本概念

凡表示未知函数、未知函数的导数(或微分)与自变量之间关系的方程称为**微分方程**，简称方程. 特别地，当微分方程中所含的未知函数为一元函数时，微分方程称为**常微分方程**. 如果未知函数是两个或两个以上自变量的函数，并且在方程中出现偏导数，则称为**偏微分方程**. 由于本章只介绍常微分方程，所以以后把常微分方程简称为微分方程.

微分方程中所出现的未知函数的最高阶导数的阶数称为微分方程的**阶**.

例如：$\frac{\mathrm{d}y}{\mathrm{d}x} = 2x$ 为一阶(常)微分方程，$\frac{\mathrm{d}^2 s}{\mathrm{d}t^2} = -0.4$ 为二阶微分方程.

n 阶微分方程的一般形式为

$$F(x, y, y', \cdots, y^{(n)}) = 0$$

注：① F 是 $n+1$ 个变量的函数；② $y^{(n)}$ 必须出现,其他可不出现.

若函数 $y = \varphi(x)$ 在区间 I 上使得

$$F[x, \varphi(x), \varphi'(x), \cdots, \varphi^{(n)}(x)] \equiv 0$$

称 $y = \varphi(x)$ 为微分方程 $F(x, y, y', \cdots, y^{(n)}) = 0$ 在 I 上的**解**.

我们把 n 阶常微分方程的含有 n 个独立的任意常数 $C_1, C_2, \cdots, C_n$ 的解，称为该方程的**通解**.

为了准确地描述什么是独立的任意函数这一问题，我们给出如下的定义.

定义 1.1 设函数 $y_1(x), y_2(x)$ 是定义在区间 (a,b) 内的函数，若存在两个不全为零的数 k_1, k_2，使得对于 (a,b) 内的任一 x 恒有

$$k_1 y_1 + k_2 y_2 = 0$$

成立，则称函数 $y_1(x), y_2(x)$ 在 (a,b) 内**线性相关**；否则称为**线性无关**.

显然，y_1, y_2 线性相关的充要条件是 $\frac{y_1}{y_2} \equiv$ 常数；若 $\frac{y_1}{y_2}$ 不恒为常数，则 y_1, y_2 线性无关.

可见，当 y_1, y_2 线性无关时，函数 $y = C_1 y_1 + C_2 y_2$ 中含有两个独立的任意常数 C_1, C_2.

由于通解中含有任意常数，所以它还不能完全确定地反映某一客观事物的规律性. 要完全确定地反映客观事物的规律性，必须确定这些常数的值. 为此，要根据问题的实际情况，提出确定这些常数的条件.

设微分方程中的未知函数为 $y = \varphi(x)$，如果微分方程是一阶的，通常用来确定任意常数的条件是

$$x = x_0 \text{时，} \quad y = y_0$$

或写成

$$y\big|_{x=x_0} = y_0$$

其中 x_0，y_0 都是给定的值；如果微分方程是二阶的，通常用来确定任意常数的条件是

$$x = x_0 \text{时，} \quad y = y_0，\quad y' = y'_0$$

或写成

$$y\big|_{x=x_0} = y_0，\quad y'\big|_{x=x_0} = y'_0$$

其中 x_0，y_0 和 y'_0 都是给定的值. 上述这种条件叫作**初始条件**.

如果确定了通解中的任意常数，则称它为**特解**.

求微分方程 $y' = f(x, y)$ 满足初始条件 $y\big|_{x=x_0} = y_0$ 的特解这样一个问题，叫作一阶微分方程的**初值问题**，记作

$$\begin{cases} y' = f(x, y) \\ y\big|_{x=x_0} = y_0 \end{cases}$$

例 3 验证函数 $y = C_1 e^x + C_2 e^{2x}$（C_1, C_2 为任意常数）为二阶微分方程 $y'' - 3y' + 2y = 0$ 的通解，并求满足初始条件 $y(0) = 0, y'(0) = 1$ 的特解.

解 因为

$$y = C_1 e^x + C_2 e^{2x}，\quad y' = C_1 e^x + 2C_2 e^{2x}，\quad y'' = C_1 e^x + 4C_2 e^{2x}$$

将 y, y', y'' 代入方程 $y'' - 3y' + 2y = 0$，得

$$\begin{aligned} & C_1 e^x + 4C_2 e^{2x} - 3(C_1 e^x + 2C_2 e^{2x}) + 2(C_1 e^x + C_2 e^{2x}) \\ = & (C_1 - 3C_1 + 2C_1)e^x + (4C_2 - 6C_2 + 2C_2)e^{2x} = 0 \end{aligned}$$

所以，函数 $y = C_1 e^x + C_2 e^{2x}$（C_1, C_2 为任意常数）为二阶微分方程 $y'' - 3y' + 2y = 0$ 的解. 又因为，这个解中有两个独立的任意常数，与方程的阶数相同，所以它是方程的通解.

由初始条件 $y(0) = 0, y'(0) = 1$，得

$$C_1 + C_2 = 0，\quad C_1 + 2C_2 = 1$$

所以 $C_1 = -1, C_2 = 1$，于是满足初始条件的特解为

$$y = -e^x + e^{2x}$$

三、微分方程的解的几何意义

微分方程的解的图形是一条曲线，叫作微分方程的积分曲线.

微分方程的通解的图形是一族曲线，叫作微分方程的积分曲线族.

特别地，一阶微分方程初值问题的几何意义，即求过 (x_0, y_0) 的积分曲线. 例如，图 6.1 为例 1 中的积分曲线，以及一阶微分方程的积分曲线 $y=\varphi(x,C)$.

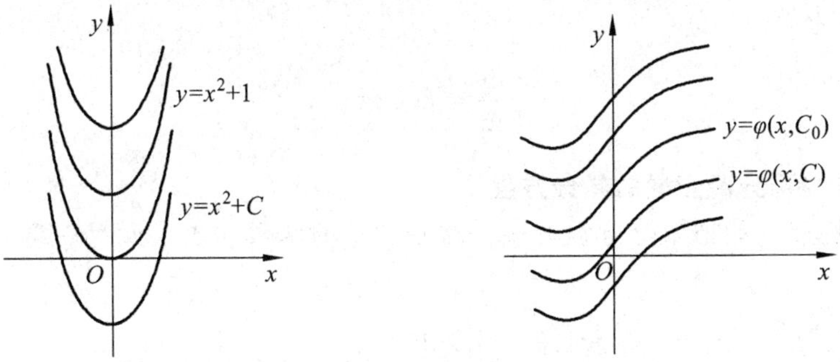

图 6.1

习题 6.1

1. 试说出下列各微分方程的阶数：

（1）$\left(\dfrac{\mathrm{d}y}{\mathrm{d}x}\right)^2+x\dfrac{\mathrm{d}y}{\mathrm{d}x}-y=0$；　　（2）$xy'''+2y''+x^2y=0$；

（3）$\mathrm{d}y+y\tan x\mathrm{d}x=0$；　　（4）$y(y')^2=1$.

2. 验证下列各题中的函数是否为所给微分方程的解：

（1）$xy'=2y, y=5x^2$；

（2）$y''+y=0, y=3\sin x-4\cos x$；

（3）$y''-2y'+y=0, y=x^2\mathrm{e}^x$.

3. 在下列各题中，确定函数关系式中所含的参数，使函数满足所给的初始条件：

（1）$x^2-y^2=C, y\big|_{x=0}=5$；

（2）$y=(C_1+C_2x)\mathrm{e}^{2x}, y\big|_{x=0}=0, y'\big|_{x=0}=1$；

（3）$y=C_1\sin(x-C_2), y\big|_{x=\pi}=1, y'\big|_{x=\pi}=0$.

4. 根据下列条件，建立微分方程.

（1）曲线在点 (x,y) 处的切线的斜率等于该点的纵坐标；

（2）设放射性元素镭的衰变速度与它的现存量 R 成正比，镭经过 1 600 年后，只剩原始量 R_0 的一半.

第二节　一阶微分方程

我们首先研究最简单的一阶微分方程，即可分离变量的微分方程.

一、可分离变量

定义 2.1　形如

$$\frac{\mathrm{d}y}{\mathrm{d}x}=f(x)g(y)$$

的微分方程，称为**可分离变量的微分方程**.

该方程的特点：能把微分方程写成一端只含 y 的函数和 $\mathrm{d}y$，而另一端只含 x 的函数和 $\mathrm{d}x$. 即

$$\frac{\mathrm{d}y}{g(y)}=f(x)\mathrm{d}x$$

其中 $g(y)\neq 0$. 对上式两端积分得方程的通解：

$$\int\frac{\mathrm{d}y}{g(y)}=\int f(x)\mathrm{d}x+C$$

例 1　求微分方程 $x\frac{\mathrm{d}y}{\mathrm{d}x}=y\ln y$ 的通解.

解　将方程变形为

$$\frac{\mathrm{d}y}{y\ln y}=\frac{\mathrm{d}x}{x}$$

两边积分得

$$\int\frac{\mathrm{d}y}{y\ln y}=\int\frac{\mathrm{d}x}{x}+C$$

即

$$\ln\left|\ln y\right|=\ln\left|x\right|+C$$

整理得通解

$$y=\mathrm{e}^{Cx}$$

例 2　放射性元素铀由于不断地有原子放射出微粒子而变成其他元素，铀的含量就不断减少，这种现象叫作**衰变**. 由原子物理学知道，铀的衰变速度与当时未衰变的铀原子的含量 M 成正比. 已知 $t=0$ 时铀的含量为 M_0，求在衰变过程中铀含量 $M(t)$ 随时间 t 变化的规律.

解　铀的衰变速度就是 $M(t)$ 对时间 t 的导数 $\frac{\mathrm{d}M}{\mathrm{d}t}$. 由于铀的衰变速度与其含量成正比，故得微分方程

$$\frac{\mathrm{d}M}{\mathrm{d}t}=-\lambda M \tag{1}$$

其中 $\lambda(\lambda>0)$ 是常数，叫作**衰变系数**，λ 前置负号是由于当 t 增加时 M 单调减少，即 $\frac{\mathrm{d}M}{\mathrm{d}t}<0$ 的缘故.

按题意，初始条件为

$$M\big|_{t=0}=M_0$$

分离变量后得

$$\frac{\mathrm{d}M}{M}=-\lambda\mathrm{d}t$$

两端积分得
$$\int\frac{\mathrm{d}M}{M}=\int(-\lambda)\mathrm{d}t$$

以 $\ln C$ 表示任意常数，考虑到 $M>0$，得

$$\ln M=-\lambda t+\ln C$$

即
$$M=C\mathrm{e}^{-\lambda t}$$

将初始条件代入上式，得

$$M_0=C\mathrm{e}^0=C$$

故
$$M=M_0\mathrm{e}^{-\lambda t}$$

这就是所求铀的衰变规律. 由此可见，铀的含量随时间的增加而按指数规律衰减（见图 6.2）.

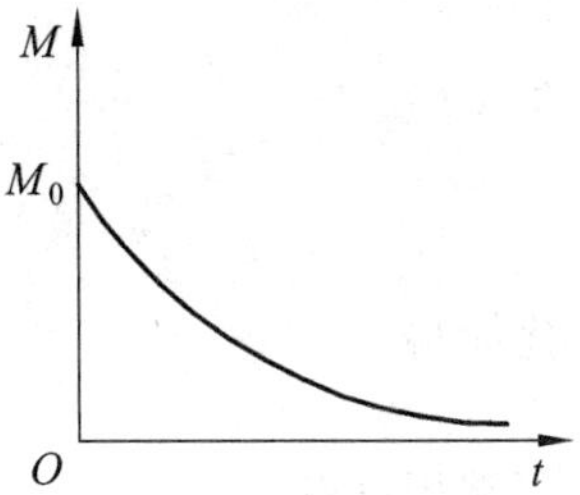

图 6.2

二、齐次方程

若一阶微分方程 $F(x,y,y')=0$ 通过变形后可写成

$$\frac{\mathrm{d}y}{\mathrm{d}x}=\varphi\left(\frac{y}{x}\right)$$

的形式，则称方程 $F(x,y,y')=0$ 为**齐次方程**.

对于齐次方程 $\frac{\mathrm{d}y}{\mathrm{d}x}=\varphi\left(\frac{y}{x}\right)$，作变量代换，令 $u=\frac{y}{x}$，即 $y=xu$，则 $\frac{\mathrm{d}y}{\mathrm{d}x}=u+x\frac{\mathrm{d}u}{\mathrm{d}x}$，代入 $\frac{\mathrm{d}y}{\mathrm{d}x}=\varphi(u)$，得

$$u+x\frac{\mathrm{d}u}{\mathrm{d}x}=\varphi(u)$$

即
$$x\frac{\mathrm{d}u}{\mathrm{d}x}=\varphi(u)-u$$

分离变量得
$$\frac{\mathrm{d}u}{\varphi(u)-u}=\frac{\mathrm{d}x}{x}$$

两端积分得
$$\int\frac{\mathrm{d}u}{\varphi(u)-u}=\int\frac{\mathrm{d}x}{x}$$

则方程通解为 $$\Phi(u)=\ln|x|+C$$

其中 $\Phi(u)=\int\frac{\mathrm{d}u}{\varphi(u)-u}$，再代入 $u=\frac{y}{x}$,得原方程的通解

$$\Phi\left(\frac{y}{x}\right)=\ln|x|+C$$

例 3 求微分方程 $xy'-y=2\sqrt{xy}$ 的通解.

解 将 $xy'-y=2\sqrt{xy}$ 变形为

$$\frac{\mathrm{d}y}{\mathrm{d}x}=2\sqrt{\frac{y}{x}}+\frac{y}{x}$$

令 $u=\frac{y}{x}$，即 $y=xu$，有 $\frac{\mathrm{d}y}{\mathrm{d}x}=u+x\frac{\mathrm{d}u}{\mathrm{d}x}$，则方程变为

$$u+x\frac{\mathrm{d}u}{\mathrm{d}x}=2u^{\frac{1}{2}}+u$$

化简得 $$\frac{\mathrm{d}u}{\sqrt{u}}=2\frac{\mathrm{d}x}{x}$$

两端积分得 $$\int\frac{\mathrm{d}u}{\sqrt{u}}=\int2\frac{\mathrm{d}x}{x}+C$$

则 $$u=(\ln|x|+C)^2$$

将 $u=\frac{y}{x}$ 代入得 $$\frac{y}{x}=(\ln|x|+C)^2$$

即齐次方程的通解为 $$y=x(\ln|x|+C)^2$$

三、一阶线性微分方程

方程

$$\frac{\mathrm{d}y}{\mathrm{d}x}+P(x)y=Q(x)$$

称为**一阶线性微分方程**.

如果 $Q(x)=0$，则方程 $\frac{\mathrm{d}y}{\mathrm{d}x}+P(x)y=0$ 称为一阶线性齐次微分方程；

如果 $Q(x)\neq0$，则方程 $\frac{\mathrm{d}y}{\mathrm{d}x}+P(x)y=Q(x)$ 称为一阶线性非齐次微分方程.

下面先讨论一阶线性齐次微分方程的通解.

将方程 $\frac{\mathrm{d}y}{\mathrm{d}x}+P(x)y=0$ 变形为

$$\frac{\mathrm{d}y}{y}=-P(x)\mathrm{d}x$$

两端积分得
$$\ln|y|=-\int P(x)\mathrm{d}x+C_1$$

或
$$y=C\mathrm{e}^{-\int P(x)\mathrm{d}x}\qquad (C=\pm \mathrm{e}^{C_1})$$

这就是一阶线性齐次微分方程的通解，然后讨论一阶线性非齐次微分方程的通解.

前面已经求得一阶线性齐次微分方程的通解为

$$y=C\mathrm{e}^{-\int P(x)\mathrm{d}x}$$

其中 C 为任意常数. 现在将常数 C 变易为 $C(x)$，设 $y=C(x)\mathrm{e}^{-\int P(x)\mathrm{d}x}$，再将 $y=C(x)\mathrm{e}^{-\int P(x)\mathrm{d}x}$ 及其导数 $y'=C'(x)\mathrm{e}^{-\int P(x)\mathrm{d}x}-C(x)P(x)\mathrm{e}^{-\int P(x)\mathrm{d}x}$ 代入方程 $\frac{\mathrm{d}y}{\mathrm{d}x}+P(x)y=Q(x)$，得

$$C'(x)\mathrm{e}^{-\int P(x)\mathrm{d}x}-C(x)Px)\mathrm{e}^{-\int P(x)\mathrm{d}x}+C(x)P(x)\mathrm{e}^{-\int P(x)\mathrm{d}x}=Q(x)$$

即
$$C'(x)\mathrm{e}^{-\int P(x)\mathrm{d}x}=Q(x)$$

$$C'(x)=Q(x)\mathrm{e}^{\int P(x)\mathrm{d}x}$$

两端积分得
$$C(x)=\int Q(x)\mathrm{e}^{\int P(x)\mathrm{d}x}\mathrm{d}x+C_1$$

所以一阶线性非齐次微分方程的通解为

$$y=\mathrm{e}^{-\int P(x)\mathrm{d}x}\left[\int Q(x)\mathrm{e}^{\int P(x)\mathrm{d}x}\mathrm{d}x+C\right]$$

由此可知，**一阶非齐次线性方程的通解等于对应的齐次方程的通解与非齐次方程的一个特解之和**.

这种求解一阶线性非齐次微分方程的通解的方法，叫作**常数变易法**.

例 4　求方程 $xy'+y=\mathrm{e}^x$ 的通解.

解　将 $xy'+y=\mathrm{e}^x$ 变形为

$$y'+\frac{1}{x}y=\frac{\mathrm{e}^x}{x}$$

令 $P(x)=\frac{1}{x}$，$Q(x)=\frac{\mathrm{e}^x}{x}$，由公式得通解

$$y=\frac{1}{x}\left(\int\frac{\mathrm{e}^x}{x}x\mathrm{d}x+C\right)=\frac{1}{x}\left(\int \mathrm{e}^x\mathrm{d}x+C\right)=\frac{1}{x}(\mathrm{e}^x+C)$$

例 5　求方程 $y'-\frac{2y}{x+1}=(x+1)^{\frac{5}{2}}$ 的通解.

解　令 $P(x)=\frac{-2}{x+1}$，$Q(x)=(x+1)^{\frac{5}{2}}$，则

$$\int P(x)\mathrm{d}x=-2\int\frac{\mathrm{d}x}{x+1}=\ln(x+1)^{-2}$$

于是 $$e^{\int P(x)\mathrm{d}x}=(x+1)^{-2},\quad e^{-\int P(x)\mathrm{d}x}=(x+1)^{2}$$

故方程的通解为

$$\begin{aligned}y&=(x+1)^2\left[\int(x+1)^{\frac{5}{2}}(x+1)^{-2}dx+C\right]\\&=(x+1)^2\left[\frac{2}{3}(x+1)^{\frac{3}{2}}+C\right]=\frac{2}{3}(x+1)^{\frac{7}{2}}+C(x+1)^2\end{aligned}$$

下面了解一下可化为一阶线性微分方程的伯努利方程.

方程

$$\frac{\mathrm{d}y}{\mathrm{d}x}+P(x)y=Q(x)y^n\quad(n\neq 0,1)$$

叫作**伯努利（Bernoulli）方程**. 当 $n=0$ 或 $n=1$ 时，这是线性微分方程. 当 $n\neq 0,n\neq 1$ 时，这方程不是线性的，但是通过变量代换，可把它化为线性的.

事实上，以 y^n 除方程

$$\frac{\mathrm{d}y}{\mathrm{d}x}+P(x)y=Q(x)y^n\quad(n\neq 0,1)$$

的两端得 $$y^{-n}\frac{\mathrm{d}y}{\mathrm{d}x}+P(x)y^{1-n}=Q(x)$$

容易看出，上式左端第一项与 $\frac{\mathrm{d}}{\mathrm{d}x}(y^{1-n})$ 只差一个常数因子 $1-n$，因此我们引入新的因变量

$$z=y^{1-n}$$

那么 $$\frac{\mathrm{d}z}{\mathrm{d}x}=(1-n)y^{-n}\frac{\mathrm{d}y}{\mathrm{d}x}$$

再通过上述代换便得线性方程

$$\frac{\mathrm{d}z}{\mathrm{d}x}+(1-n)P(x)z=(1-n)Q(x)$$

求出这方程的通解后，以 y^{1-n} 代 z 便得到伯努利方程的通解.

例 6 求方程 $\frac{\mathrm{d}y}{\mathrm{d}x}+\frac{y}{x}=a(\ln x)y^2$ 的通解.

解 以 y^2 除方程的两端，得

$$y^{-2}\frac{\mathrm{d}y}{\mathrm{d}x}+\frac{1}{x}y^{-1}=a\ln x$$

即 $$-\frac{\mathrm{d}(y^{-1})}{\mathrm{d}x}+\frac{1}{x}y^{-1}=a\ln x$$

令 $z=y^{-1}$，则上述方程成为

$$\frac{\mathrm{d}z}{\mathrm{d}x}-\frac{1}{x}z=-a\ln x$$

这是一个线性方程，它的通解为

$$z = x\left[C - \frac{a}{2}(\ln x)^2\right]$$

以 y^{-1} 代 z，得所求方程的通解

$$yx\left[C - \frac{a}{2}(\ln x)^2\right] = 1$$

习题 6.2

1. 求下列微分方程的通解.

（1）$(1+2y)x\mathrm{d}x + (1+x^2)\mathrm{d}y = 0$；　（2）$y\ln x\mathrm{d}x + x\ln y\mathrm{d}y = 0$；

（3）$y' = 5^{x+y}$；　（4）$y'\sec x = y$；

（5）$\mathrm{d}y = 2xy\mathrm{d}x$；　（6）$3x^2 + 5x - 5y' = 0$.

2. 求下列微分方程的特解.

（1）$\frac{\mathrm{d}y}{\mathrm{d}x} = \mathrm{e}^{3x-y}$，$y(0)=1$；　（2）$\frac{x}{1+y}\mathrm{d}x - \frac{y}{1+x}\mathrm{d}y = 0$，$y(0)=1$；

（3）$\frac{\mathrm{d}x}{y} + \frac{\mathrm{d}y}{x} = 0$，$y\big|_{x=3} = 4$；　（4）$x\mathrm{d}y + 2y\mathrm{d}x = 0$，$y\big|_{x=2} = 1$.

3. 求下列微分方程的通解.

（1）$\frac{\mathrm{d}y}{\mathrm{d}x} + y = \mathrm{e}^{-x}$；　（2）$y' - 2xy = x\mathrm{e}^{x^2}$；

（3）$y' + y\cos x = \mathrm{e}^{-\sin x}$；　（4）$\frac{\mathrm{d}m}{\mathrm{d}n} + 3m - 2 = 0$；

（5）$(x+y)y' = x - y$；　（6）$y' - 3xy = xy^2$；

（7）$y^2 + x^2\frac{\mathrm{d}y}{\mathrm{d}x} = xy\frac{\mathrm{d}y}{\mathrm{d}x}$；　（8）$y' + \frac{1}{x}y = \frac{\sin x}{x}$.

4. 求一曲线方程，这曲线通过原点，并且它在点 (x, y) 处的切线斜率等于 $2x + y$.

5. 有旋转曲面形状的凹镜，假设由旋转轴上一点 O 发出的一切光线经此凹镜反射后都与旋转轴平行，求这旋转曲面的方程（汽车灯和探照灯内的凹镜就是这样的）.

6. 设降落伞从跳伞塔下落后，所受空气阻力与速度成正比，并设降落伞离开跳伞塔时 $(t=0)$ 速度为零，求降落伞下落速度与时间的函数关系.

7. 求下列伯努利方程的通解：

（1）$\frac{\mathrm{d}y}{\mathrm{d}x} + y = y^2(\cos x - \sin x)$；　（2）$\frac{\mathrm{d}y}{\mathrm{d}x} - 3xy = xy^2$；

（3）$\frac{\mathrm{d}y}{\mathrm{d}x} + \frac{1}{3}y = \frac{1}{3}(1-2x)y^4$；　（4）$\frac{\mathrm{d}y}{\mathrm{d}x} - y = xy^5$；

（5）$x\mathrm{d}y - [y + xy^3(1+\ln x)]\mathrm{d}x = 0$.

第三节　几种可降阶的二阶微分方程

本节讨论几种特殊形式的二阶微分方程，通过变量代换可以将它们化成一阶微分方程，从而有可能应用前面几节中所讲的方法来求出它们的解. 这类方程就称为可降阶的二阶微分方程.

一、$y''=f(x)$型的微分方程

微分方程

$$y''=f(x) \tag{1}$$

的右端仅含有自变量 x. 容易看出，只要把 y' 作为新的未知函数，那么式（1）就是新未知函数的一阶微分方程. 两端积分得

$$y'=\int f(x)\mathrm{d}x+C_1$$

再积分一次得

$$y=\int\left(\int f(x)\mathrm{d}x+C_1\right)\mathrm{d}x+C_2$$

所以这类方程依次进行两次积分，便可得到它的含有两个独立的任意常数的通解.

同样对

$$y^{(n)}=f(x)$$

型的微分方程，依此法继续进行，接连积分 n 次，便得方程的含有 n 个任意常数的通解.

例 1　求 $y''=\cos x$ 的通解.

解　因

$$y'=\int\cos x\mathrm{d}x=\sin x+C_1$$

所以

$$y=\int(\sin x+C_1)\mathrm{d}x=-\cos x+C_1x+C_2$$

二、$y''=f(x, y')$型的微分方程

方程

$$y''=f(x,y') \tag{2}$$

的右端不显含未知函数 y. 如果我们设 $y'=p$，那么 $y''=\dfrac{\mathrm{d}p}{\mathrm{d}x}=p'$，而方程（2）就成为

$$p'=f(x,p)$$

这是一个关于变量 x,p 的一阶微分方程. 设其通解为

$$p=\varphi(x,C_1)$$

但是 $p=\frac{\mathrm{d}y}{\mathrm{d}x}$，因此又得到一个一阶微分方程

$$\frac{\mathrm{d}y}{\mathrm{d}x}=\varphi(x,C_1) \tag{3}$$

对（3）积分，就得到（2）式的通解

$$y=\int\varphi(x,C_1)\mathrm{d}x+C_2$$

例 2 求方程 $y''-y'=\mathrm{e}^x$ 的通解.

解 令 $y'=p(x)$，则 $y''=\frac{\mathrm{d}p}{\mathrm{d}x}$，原方程化为

$$\frac{\mathrm{d}p}{\mathrm{d}x}-p=\mathrm{e}^x$$

这是一阶线性微分方程，得通解

$$p(x)=\mathrm{e}^x(x+C_1)$$

其解 $p(x)=\mathrm{e}^x\left[\int\mathrm{d}x+C_1\right]=\mathrm{e}^x(x+C_1)$，故原方程的通解为

$$y=\int\mathrm{e}^x(x+C_1)\mathrm{d}x=x\mathrm{e}^x-\mathrm{e}^x+C_1\mathrm{e}^x+C_2$$

例 3 求微分方程

$$(1+x^2)y''=2xy'$$

满足初始条件 $y|_{x=0}=1$，$y'|_{x=0}=3$ 的特解.

解 所给方程是 $y''=f(x,y')$ 型的，设 $y'=p$，代入方程并分离变量后，有

$$\frac{\mathrm{d}p}{p}=\frac{2x}{1+x^2}\mathrm{d}x$$

两端积分得

$$\ln|p|=\ln(1+x^2)+C$$

即

$$p=y'=C_1(1+x^2)\quad(C_1=\pm\mathrm{e}^C)$$

由条件 $y'|_{x=0}=3$，得 $C_1=3$,所以

$$y'=3(1+x^2)$$

两端再积分得

$$y=x^3+3x+C_2$$

又由条件 $y|_{x=0}=1$，得 $C_2=1$，于是所求的特解为

$$y=x^3+3x+1$$

三、$y''=f(y,y')$型的微分方程

方程

$$y''=f(y,y') \tag{4}$$

中不明显地含自变量 x. 为了求出它的解，我们令 $y'=p$，并利用复合函数的求导法则把 y'' 化为对 y 的导数，即

$$y''=\frac{dp}{dx}=\frac{dp}{dy}\cdot\frac{dy}{dx}=p\frac{dp}{dy}$$

这样，方程（4）就成为

$$p\frac{dp}{dy}=f(y,p)$$

这是一个关于变量 y,p 的一阶微分方程. 设它的通解为

$$y'=p=\varphi(y,C_1)$$

分离变量并积分，得方程（4）的通解

$$\int\frac{dy}{\varphi(y,C_1)}=x+C_2$$

例 4 求方程 $y''+(y')^2=2e^{-y}$ 的通解.

解 设 $y'=p$，则 $y''=p\dfrac{dp}{dy}$，代入原方程得

$$p\frac{dp}{dy}+p^2=2e^{-y}$$

即
$$\frac{d(p^2)}{dy}+2p^2=4e^{-y}$$

利用一阶线性微分方程求解公式，得

$$\begin{aligned}p^2&=e^{-2y}\left(\int 4e^{-y}\cdot e^{2y}dy+4C\right)\\&=e^{-2y}\left(4\int e^{y}dy+4C\right)=4e^{-2y}(e^{y}+C)\end{aligned}$$

因此有
$$\frac{dy}{dx}=\pm 2e^{-y}\sqrt{e^{y}+C}$$

积分得通解
$$e^{y}=x^2+C_1x+C_2$$

例 5 求方程 $yy''-y'^2=0$ 的通解.

解 令 $p=y'$，并视 p 为 y 的函数，则 $y''=\dfrac{dp}{dx}=\dfrac{dp}{dy}\cdot\dfrac{dy}{dx}=p\dfrac{dp}{dy}$，代入原方程，得

$$yp\frac{dp}{dy}-p^2=0 \quad 或 \quad \frac{dp}{p}=\frac{dy}{y}$$

解方程得

$$\ln|p|=\ln|y|+\ln C\Rightarrow p=C_1y\text{，}(C_1=\pm C)$$

再解方程得

$$y' = C_1 y \Rightarrow \frac{y'}{y} = C_1 \Rightarrow \ln|y| = C_1 x + C_2'$$

于是原方程的通解为

$$y = C_2 e^{C_1 x} \quad (C_2 = \pm e^{C_2'})$$

习题 6.3

1. 求下列各微分方程的通解.

（1）$y'' = \frac{1}{2}e^{2x} - \sin x$； （2）$xy'' = y'\ln y'$； （3）$y'' = \frac{1+y'^2}{2y}$；

（4）$2y'^2 + yy'' = 0$； （5）$y'' = y' + x$； （6）$y''' = y''$.

2. 求下列各微分方程满足所给初始条件的特解：

（1）$y'' - \frac{1}{x}y' = xe^x, y|_{x=1} = 1, y'|_{x=1} = e$； （2）$y''(x^2+1) = 2xy', y|_{x=0} = 1, y'|_{x=0} = 3$；

（3）$2y'' = 3y', y|_{x=2} = 1 + e^3, y'|_{x=2} = \frac{3}{2}e^3$； （4）$y'' + y'^2 = 1, y|_{x=0} = 0, y'|_{x=0} = 1$.

3. 求 $y'' = x$ 的过点 $M(0,1)$ 且在此点与直线 $y = \frac{x}{2} + 1$ 相切的积分曲线.

第四节　二阶常系数线性微分方程

一、二阶常系数线性微分方程解的性质和结构

定义 4.1　形如

$$y'' + py' + qy = 0 \tag{1}$$

的方程（其中 p, q 为常数），称为**二阶常系数齐次线性微分方程**.

对于该类方程，我们有下述定理.

定理 4.1（齐次线性微分方程解的叠加原理）

若 y_1, y_2 是齐次线性微分方程（1）的两个解，则 $y = C_1y_1 + C_2y_2$ 也是方程（1）的解，且当 y_1 与 y_2 线性无关时，$y = C_1y_1 + C_2y_2$ 就是方程（1）的通解.

证明　将 $y = C_1y_1 + C_2y_2$ 直接代入方程（1）的左端，得

$$\begin{aligned}&(C_1y_1'' + C_2y_2'') + p(C_1y_1' + C_2y_2') + q(C_1y_1 + C_2y_2)\\ =&\ C_1(y_1'' + py_1' + qy_1) + C_2(y_2'' + py_2' + qy_2) = 0\end{aligned}$$

所以，$y = C_1y_1 + C_2y_2$ 是方程（1）的解.

由于 y_1 与 y_2 线性无关，所以任意常数 C_1 与 C_2 是两个独立的任意常数，即 $y = C_1y_1 + C_2y_2$ 就是方程（1）的通解.

定义 4.2 形如

$$y''+py'+qy=f(x) \tag{2}$$

的方程（其中 p,q 为常数），称为二阶常系数非齐次线性微分方程. 称

$$y''+py'+qy=0$$

为方程（2）所对应的齐次线性微分方程.

关于非齐次线性微分方程, 我们有下述定理.

定理 4.2（非齐次线性微分方程解的结构） 若 y^* 为非齐次线性微分方程（2）的某个特解, y_c 为对应齐次线性微分方程（1）的通解, 则 $y=y_c+y^*$ 为非齐次线性微分方程（2）的通解.

证明 将 $y=y_c+y^*$ 代入方程（2）的左端有

$$\begin{aligned}&(y^*+y_c)''+p(y^*+y_c)'+q(y^*+y_c)\\&=(y^{*''}+py^{*'}+qy^*)+(y_c''+py_c'+qy_c)=f(x)+0=f(x)\end{aligned}$$

这就是说, $y=y_c+y^*$ 确为方程（2）的解.

又因为 y_c 中含有两个独立的任意常数, 所以 $y=y_c+y^*$ 中也含有两个独立的任意常数, 故 $y=y_c+y^*$ 为方程（2）的通解.

二、二阶常系数齐次线性微分方程的求解方法

齐次线性微分方程解的叠加原理告诉我们, 欲求齐次线性微分方程（1）的通解, 只需求出它的两个线性无关的特解即可. 为此我们先分析齐次线性微分方程具有什么特点. 齐次线性微分方程（1）的左端是未知函数与未知函数的一阶导数、二阶导数的某种组合, 且它们分别乘以“适当”的常数后, 可以合并成零. 这就是说, 适合于方程（1）的函数 y 必须与其一阶导数、二阶导数只差一个常数因子. 当 r 为常数时, 指数函数 $y=\mathrm{e}^{rx}$ 和它的各阶导数都只相差一个常数因子. 因此我们用 $y=\mathrm{e}^{rx}$ 来尝试, 看能否选取适当的常数 r, 使 $y=\mathrm{e}^{rx}$ 满足方程（1）.

将 $y=\mathrm{e}^{rx}$ 求导, 得到

$$y'=r\mathrm{e}^{rx},\quad y''=r^2\mathrm{e}^{rx}$$

把 y, y' 和 y'' 代入方程（1）, 得

$$(r^2+pr+q)\mathrm{e}^{rx}=0$$

由于 $\mathrm{e}^{rx}\neq 0$, 所以

$$r^2+pr+q=0 \tag{3}$$

由此可见, 只要 r 满足代数方程（3）, 函数 $y=\mathrm{e}^{rx}$ 就是微分方程（1）的解, 我们把代数方程（3）叫作微分方程（1）的**特征方程**.

特征方程（3）是一个二次代数方程, 其中 r^2,r 的系数及常数项恰好依次是微分方程（1）中 y'', y' 及 y 的系数.

特征方程（3）的两个根 r_1, r_2 可以用公式

$$r_{1,2}=\frac{-p\pm\sqrt{p^2-4q}}{2}$$

求出，它们有 3 种不同的情形：

（i）当 $p^2-4q>0$ 时，r_1, r_2 是两个不相等的实根：

$$r_1=\frac{-p+\sqrt{p^2-4q}}{2},\quad r_2=\frac{-p-\sqrt{p^2-4q}}{2}$$

（ii）当 $p^2-4q=0$ 时，r_1, r_2 是两个相等的实根：

$$r_1=r_2=-\frac{p}{2}$$

（iii）当 $p^2-4q<0$ 时，r_1, r_2 是一对共轭复根：

$$r_1=\alpha+\mathrm{i}\beta,\quad r_2=\alpha-\mathrm{i}\beta$$

其中 $\alpha=-\dfrac{p}{2}$，$\beta=\dfrac{\sqrt{4q-p^2}}{2}$.

相应的，微分方程（1）的通解也有三种不同的情形，分别讨论如下：

（i）特征方程有两个不相等的实根：$r_1\neq r_2$.

由上面的讨论知道，$y_1=\mathrm{e}^{r_1x}$，$y_2=\mathrm{e}^{r_2x}$ 是微分方程（1）的两个解，并且 $\dfrac{y_2}{y_1}=\dfrac{\mathrm{e}^{r_2x}}{\mathrm{e}^{r_1x}}=\mathrm{e}^{(r_2-r_1)x}$ 不是常数，因此微分方程（1）的通解为

$$y=C_1\mathrm{e}^{r_1x}+C_2\mathrm{e}^{r_2x}$$

（ii）特征方程有两个相等的实根：$r_1=r_2$.

这时，只得到微分方程（1）的一个解

$$y_1=\mathrm{e}^{r_1x}$$

为了得出微分方程（1）的通解，还需求出另一个解 y_2，并且要求 $\dfrac{y_2}{y_1}$ 不是常数.

设 $\dfrac{y_2}{y_1}=u(x)$，即 $y_2=\mathrm{e}^{r_1x}u(x)$，下面来求 $u(x)$.

将 y_2 求导，得

$$y_2'=\mathrm{e}^{r_1x}(u'+r_1u),\quad y_2''=\mathrm{e}^{r_1x}(u''+2r_1u'+r_1^2u)$$

将 y_2，y_2' 和 y_2'' 代入微分方程（1），得

$$\mathrm{e}^{r_1x}[(u''+2r_1u'+r_1^2u)+p(u'+r_1u)+qu]=0$$

约去 e^{r_1x}，并以 u'', u', u 为准合并同类项，得

$$u''+(2r_1+p)u'+(r_1^2+pr_1+q)u=0$$

由于 r_1 是特征方程（3）的二重根．因此 $r_1^2+pr_1+q=0$，且 $2r_1+p=0$，于是

$$u''=0$$

因为这里只要得到一个不为常数的解，所以不妨选取 $u=x$，由此得到微分方程（1）的另一个解

$$y_2=xe^{r_1x}$$

从而微分方程（1）的通解为

$$y=C_1e^{r_1x}+C_2xe^{r_1x}$$

即

$$y=(C_1+C_2x)e^{r_1x}$$

（iii）特征方程有一对共轭复根：$r_1=\alpha+\mathrm{i}\beta$，$r_2=\alpha-\mathrm{i}\beta(\beta\neq0)$．

这时，$y_1=e^{(\alpha+\mathrm{i}\beta)x}$，$y_2=e^{(\alpha-\mathrm{i}\beta)x}$ 是微分方程（1）的两个解，但它们是复值函数形式，为了得出实值函数形式的解，先利用欧拉公式 $e^{\mathrm{i}\theta}=\cos\theta+\mathrm{i}\sin\theta$ 把 y_1, y_2 改写为

$$y_1=e^{(\alpha+\mathrm{i}\beta)x}=e^{\alpha x}\cdot e^{\mathrm{i}\beta x}=e^{\alpha x}(\cos\beta x+\mathrm{i}\sin\beta x)$$

$$y_2=e^{(\alpha-\mathrm{i}\beta)x}=e^{\alpha x}\cdot e^{-\mathrm{i}\beta x}=e^{\alpha x}(\cos\beta x-\mathrm{i}\sin\beta x)$$

由于复值函数 y_1 与 y_2 之间成共轭关系，因此，取它们的和除以 2 就得到它们的实部；取它们的差除以 2i 就得到它们的虚部．由于方程（1）的解符合叠加原理，所以实值函数

$$\overline{y_1}=\frac{1}{2}(y_1+y_2)=e^{\alpha x}\cos\beta x, \quad \overline{y_2}=\frac{1}{2\mathrm{i}}(y_1-y_2)=e^{\alpha x}\sin\beta x$$

还是微分方程（1）的解，且 $\dfrac{\overline{y_1}}{\overline{y_2}}=\dfrac{e^{\alpha x}\cos\beta x}{e^{\alpha x}\sin\beta x}=\cot\beta x$ 不是常数，所以微分方程（1）的通解为

$$y=e^{\alpha x}(C_1\cos\beta x+C_2\sin\beta x)$$

综上所述，求二阶常系数齐次线性微分方程

$$y''+py'+qy=0$$

的通解的步骤如下：

第一步，写出微分方程（1）的特征方程：

$$r^2+pr+q=0$$

第二步，求出特征方程（3）的两个根 r_1, r_2．

第三步，根据特征方程（3）的两个根的不同情形，按照表 6.1 写出微分方程（1）的通解：

表 6.1

特征方程 $r^2+pr+q=0$ 的两个根 r_1, r_2	微分方程 $y''+py'+qy=0$ 的通解
两个不相等的实根 r_1, r_2	$y=C_1e^{r_1x}+C_2e^{r_2x}$
两个相等的实根 $r_1=r_2$	$y=(C_1+C_2x)e^{r_1x}$
一对共轭复根 $r_{1,2}=\alpha\pm i\beta$	$y=e^{\alpha x}(C_1\cos\beta x+C_2\sin\beta x)$

例 1 求方程 $y''+5y'+6y=0$ 的通解.

解 方程 $y''+5y'+6y=0$ 的特征方程为

$$r^2+5r+6=0$$

其特征根为 $r_1=-2, r_2=-3$. 所以方程的通解为

$$y=C_1e^{-2x}+C_2e^{-3x}\text{（}C_1, C_2\text{ 为任意常数）}$$

例 2 求方程 $y''+2y'+y=0$ 的通解.

解 方程 $y''+2y'+y=0$ 的特征方程为

$$r^2+2r+1=0$$

其特征根为 $r_1=r_2=-1$. 所以方程的通解为

$$y=C_1e^{-x}+C_2xe^{-x}\text{（}C_1, C_2\text{ 为任意常数）}$$

例 3 求方程 $y''+2y'+3y=0$ 满足初始条件 $y(0)=1$, $y'(0)=1$ 的特解.

解 方程 $y''+2y'+3y=0$ 的特征方程为

$$r^2+2r+3=0$$

其特征根为 $r_1=-1+i\sqrt{2}, r_2=-1-i\sqrt{2}$. 所以方程的通解为

$$y=e^{-x}(C_1\cos\sqrt{2}x+C_2\sin\sqrt{2}x)\text{（}C_1, C_2\text{ 为任意常数）}$$

又因为

$$y'=-e^{-x}C_1(\cos\sqrt{2}x+\sqrt{2}\sin\sqrt{2}x)+e^{-x}C_2(\sqrt{2}\cos\sqrt{2}x-\sin\sqrt{2}x)$$

由初始条件 $y(0)=1, y'(0)=1$，得 $C_1=1, C_2=\sqrt{2}$. 于是

$$y=e^{-x}(\cos\sqrt{2}x+\sqrt{2}\sin\sqrt{2}x)$$

为所求.

三、二阶常系数非齐次线性微分方程

由齐次线性微分方程解的结构定理可知，求非齐次线性微分方程（2）的通解，可先求出其对应的齐次线性微分方程（1）的通解，再设法求出非齐次线性微分方程（2）的某个特解，

二者之和就是方程（2）的通解. 对应的齐次线性微分方程（1）的通解已经解决，所以这里只需讨论求非齐次线性微分方程（1）的一个特解 y^* 的方法. 下面仅就 $f(x)$ 为多项式、三角函数 $(\sin\beta x或\cos\beta x)$ 、指数函数 $e^{\lambda x}$ 及其乘积几种情况进行讨论:

1. $f(x)=e^{\lambda x}P_m(x)$型

我们知道，方程（2）的特解 y^* 是使（2）成为恒等式的函数，那么怎样的函数能使（2）成为恒等式呢？因为（2）式右端 $f(x)$ 是多项式 $P_m(x)$ 与指数函数 $e^{\lambda x}$ 的乘积，而多项式与指数函数乘积的导数仍然是多项式与指数函数的乘积，因此，我们推测 $y^*=Q(x)e^{\lambda x}$（其中 $Q(x)$ 是某个多项式）可能是方程（2）的特解. 把 y^*、$y^{*\prime}$ 及 $y^{*\prime\prime}$ 代入方程（2），然后考虑能否选取适当的多项式 $Q(x)$，使 $y^*=Q(x)e^{\lambda x}$ 满足方程（2）. 为此，将

$$y^*=Q(x)e^{\lambda x}$$

$$y^{*\prime}=e^{\lambda x}[\lambda Q(x)+Q'(x)]$$

$$y^{*\prime\prime}=e^{\lambda x}[\lambda^2Q(x)+2\lambda Q'(x)+Q''(x)]$$

代入方程（2）并消去 $e^{\lambda x}$，得

$$Q''(x)+(2\lambda+p)Q'(x)+(\lambda^2+p\lambda+q)Q(x)=P_m(x) \qquad (4)$$

（i）如果 λ 不是（2）式的特征方程 $r^2+pr+q=0$ 的根，即 $\lambda^2+p\lambda+q\neq0$，由于 $P_m(x)$ 是一个 m 次多项式，要使（4）的两端恒等，那么可令 $Q(x)$ 为另一个 m 次多项式 $Q_m(x)$：

$$Q_m(x)=b_0x^m+b_1x^{m-1}+\cdots+b_{m-1}x+b_m$$

代入（4）式，比较等式两端 x 同次幂的系数，就得到以 $b_0,b_1,\cdots,b_m$ 作为未知数的 $m+1$ 个方程的联立方程组，从而可以定出这些 $b_i(i=0,1,\cdots,m)$，并得到所求的特解

$$y^*=Q_m(x)e^{\lambda x}$$

（ii）如果 λ 是特征方程 $r^2+pr+q=0$ 的单根，即 $\lambda^2+p\lambda+q=0$，但 $2\lambda+p\neq0$，要使（4）的两端恒等，那么 $Q'(x)$ 必须是 m 次多项式. 此时可令

$$Q(x)=xQ_m(x)$$

并且可用同样的方法来确定 $Q_m(x)$ 的系数 $b_i(i=0,1,2,\cdots,m)$.

（iii）如果 λ 是特征方程 $r^2+pr+q=0$ 的重根，即 $\lambda^2+p\lambda+q=0$，且 $2\lambda+p=0$，要使（4）的两端恒等，那么 $Q''(x)$ 必须是 m 次多项式. 此时可令

$$Q(x)=x^2Q_m(x)$$

并用同样的方法来确定 $Q_m(x)$ 中的系数.

综上所述，我们有如下结论：

如果 $f(x)=P_m(x)e^{\lambda x}$，则二阶常系数非齐次线性微分方程（2）具有形如

$$y^* = x^k Q_m(x)e^{\lambda x} \tag{5}$$

的特解，其中 $Q_m(x)$ 是与 $P_m(x)$ 同次（ m 次）的多项式，而 k 按 λ 不是特征方程的根、是特征方程的单根或是特征方程的重根依次取为 0,1 或 2.

例 4 求方程 $y''-2y'-3y=3xe^{2x}$ 的一个特解.

解 因 $f(x)=3xe^{2x}$ 中的 $\lambda=2$ 不是特征方程 $r^2-2r-3=0$ 的根，故令

$$y^* = (Ax+B)e^{2x}$$

代入方程，比较系数得

$$\begin{cases} -3A=3 \\ 2A-3B=0 \end{cases}$$

解得，$A=-1, B=-\dfrac{2}{3}$. 因此，所求的特解为

$$y^* = \left(-x-\frac{2}{3}\right)e^{2x}$$

例 5 求方程 $y''-6y'+9y=e^{3x}$ 的通解.

解 方程 $y''-6y'+9y=e^{3x}$ 对应的齐次方程为

$$y''-6y'+9y=0$$

其特征方程为 $$r^2-6r+9=0$$

特征根为 $r_1=r_2=3$，故对应的齐次方程的通解为

$$y_c=(C_1+C_2x)e^{3x}$$

又因为 $f(x)=e^{3x}$ 中的 $\lambda=3$ 恰是二重特征根，故令

$$y^* = Ax^2e^{3x}$$

代入方程，比较系数得 $A=\dfrac{1}{2}$，于是，

$$y^* = \frac{1}{2}x^2e^{3x}$$

因此，所求方程的通解为

$$y=(C_1+C_2x)e^{3x}+\frac{1}{2}x^2e^{3x}$$

2. $f(x)=e^{\lambda x}[P_l(x)\cos\omega x+P_n(x)\sin\omega x]$ 型

应用欧拉公式

$$\cos\theta=\frac{1}{2}(e^{i\theta}+e^{-i\theta}),\qquad \sin\theta=\frac{1}{2i}(\cos\theta-i\sin\theta)$$

把 $f(x)$ 表成复变指数函数的形式，有

$$f(x)=e^{\lambda x}[P_l\cos\omega x+P_n\sin\omega x]=e^{\lambda x}\left[P_l\frac{e^{i\omega x}+e^{-i\omega x}}{2}+P_n\frac{e^{i\omega x}-e^{-i\omega x}}{2i}\right]$$
$$=\left(\frac{P_l}{2}+\frac{P_n}{2i}\right)e^{(\lambda+i\omega)x}+\left(\frac{P_l}{2}-\frac{P_n}{2i}\right)e^{(\lambda-i\omega)x}=P(x)e^{(\lambda+i\omega)x}+\bar{P}(x)e^{(\lambda-i\omega)x}$$

其中

$$P(x)=\frac{P_l}{2}+\frac{P_n}{2i}=\frac{P_l}{2}-\frac{P_n}{2}i,\quad \bar{P}(x)=\frac{P_l}{2}-\frac{P_n}{2i}=\frac{P_l}{2}+\frac{P_n}{2}i$$

是互成共轭的 m 次多项式（即它们对应项的系数是共轭复数），而 $m=\max\{l,n\}$.

应用前边的结果，对于 $f(x)$ 中的第一项 $P(x)e^{(\lambda+i\omega)x}$，可求出一个 m 次多项式 $Q_m(x)$，使得

$$y_1^*=x^kQ_me^{(\lambda+i\omega)x}$$

为方程 $$y''+py'+qy=P(x)e^{(\lambda+i\omega)x}$$
的特解，其中 k 按 $\lambda+i\omega$ 不是特征方程的根、或是特征方程的单根依次取 0 或 1. 由于 $f(x)$ 的第二项 $\bar{P}(x)e^{(\lambda-i\omega)x}$ 与第一项 $P(x)\cdot e^{(\lambda+i\omega)x}$ 成共轭，所以与 y_1^* 成共轭的函数

$$y_2^*=x^k\bar{Q}_me^{(\lambda-i\omega)x}$$

必然是方程 $$y''+py'+qy=\bar{P}(x)e^{(\lambda-i\omega)x}$$
的特解，这里 $\bar{Q}_m$ 表示与 Q_m 成共轭的 m 次多项式. 于是，方程（2）具有形如

$$y^*=x^kQ_me^{(\lambda+i\omega)x}+x^k\bar{Q}_me^{(\lambda-i\omega)x}$$

的特解，上式可写为

$$y^*=x^ke^{\lambda x}[Q_me^{i\omega x}+\bar{Q}_me^{-i\omega x}]$$
$$=x^ke^{\lambda x}[Q_m(\cos\omega x+i\sin\omega x)+\bar{Q}_m(\cos\omega x-i\sin\omega x)]$$

由于括号内的两项是互成共轭的，相加后即无虚部，所以可以写成实函数的形式：

$$y^*=x^ke^{\lambda x}[R_m^{(1)}(x)\cos\omega x+R_m^{(2)}(x)\sin\omega x]$$

综上所述，我们有如下结论：

如果 $f(x)=e^{\lambda x}[P_l(x)\cos\omega x+P_n(x)\sin\omega x]$，则二阶常系数非齐次线性微分方程（2）的特解可设为

$$y^*=x^ke^{\lambda x}[R_m^{(1)}(x)\cos\omega x+R_m^{(2)}(x)\sin\omega x] \tag{6}$$

其中 $R_m^{(1)}(x)$，$R_m^{(2)}(x)$ 是 m 次多项式，$m=\max\{l,n\}$，而 k 按 $\lambda+i\omega$（或 $\lambda-i\omega$）不是特征方程的根、或是特征方程的单根依次取 0 或 1.

例 6 求方程 $y''+3y'+2y=\mathrm{e}^{-x}\cos x$ 的一个特解.

解 方程的右端项 $f(x)=\mathrm{e}^{-x}\cos x$ 为 $\mathrm{e}^{(-1+\mathrm{i})x}$ 的实部，因 $-1+\mathrm{i}$ 不是特征方程 $r^2+3r+2=0$ 的根，故令特解为

$$y^*=\mathrm{e}^{-x}(A\cos x+B\sin x)$$

代入方程，比较系数，解得 $A=-\dfrac{1}{2},B=\dfrac{1}{2}$. 因此，所求的特解为

$$y^*=\left(-\frac{1}{2}\cos x+\frac{1}{2}\sin x\right)\mathrm{e}^{-x}$$

习题 6.4

1. 下面函数组在其定义区间内哪些是线性无关的？

（1）x,x^2；（2）$x,2x$；（3）$\mathrm{e}^{2x},3\mathrm{e}^{2x}$；

（4）$\mathrm{e}^{-x},\mathrm{e}^{x}$；（5）$\cos 2x,\sin 2x$；（6）$\mathrm{e}^{x^2},x\mathrm{e}^{x^2}$.

2. 验证 $y_1=\cos\omega x$ 及 $y_2=\sin\omega x$ 都是方程 $y''+\omega^2y=0$ 的解，并写出该方程的通解.

3. 验证 $y_1=\mathrm{e}^{x^2}$ 及 $y_2=x\mathrm{e}^{x^2}$ 都是方程 $y''-4xy'+(4x^2-2)y=0$ 的解，并写出该方程的通解.

4. 求下列微分方程的通解.

（1）$y''-3y'-4y=0$；（2）$y''+5y'=0$；（3）$y''+y=0$；

（4）$y''+10y'+25y=0$；（5）$4\dfrac{\mathrm{d}^2x}{\mathrm{d}t^2}-8\dfrac{\mathrm{d}x}{\mathrm{d}t}+5x=0$；（6）$y''+4y'+13y=0$.

5. 求下列各微分方程的通解.

（1）$2y''+y'-y=4\mathrm{e}^{x}$；（2）$y''+K^2y=\mathrm{e}^{\alpha x}$（$K,\alpha$为非零实数）；

（3）$2y''+5y'=5x^2-2x-1$；（4）$y''+3y'+2y=3x\mathrm{e}^{-x}$；

（5）$y''-6y'+9y=(x+1)\mathrm{e}^{3x}$；（6）$y''+4y'=x\cos x$；

（7）$y''-2y'+5y=\mathrm{e}^{x}\sin 2x$；（8）$y''+y=\mathrm{e}^{x}+\cos x$.

6. 求下列各微分方程满足已给初始条件的特解：

（1）$y''+y+\sin 2x=0, y|_{x=\pi}=1, y'|_{x=\pi}=1$；

（2）$y''-3y'+2y=5, y|_{x=0}=1, y'|_{x=0}=2$；

（3）$y''-y=4x\mathrm{e}^{x}, y|_{x=0}=0, y'|_{x=0}=1$；

（4）$y''-4y'=5, y|_{x=0}=1, y'|_{x=0}=0$.

7. 一个单位质量的质点在数轴上运动，开始时质点在原点 O 处且速度为 v_0，在运动过程中，它受到一个力的作用，这个力的大小与质点到原点的距离成正比（比例系数 $k_1>0$），而方向与初速度一致. 又介质的阻力与速度成正比（比例系数 $k_2>0$），求反映这质点的运动规律的函数.

8. 一匀质链条挂在一个无摩擦的钉上，假定运动起初时，链条一边垂下 8 m，另一边垂下 10 m，试问整个链条滑过钉子需要多少时间.

复习题六

1. 填空：

（1）$xy''' + 2x^2y'^2 + x^3y = x^4 + 1$ 是________阶微分方程；

（2）一阶线性微分方程 $y' + P(x)y = Q(x)$ 的通解为______________.

（3）与积分方程 $y = \int_{x_0}^{x} f(x, y)\mathrm{d}x$ 等价的微分方程的初值问题是________________.

（4）已知 $y = 1, y = x, y = x^2$ 是某二阶非齐次线性微分方程的三个解，则该方程的通解为___________.

2. 指出下列微分方程的阶数，并说明是否为线性微分方程：

（1）$xy'^2 - 2yy' - x = 0$；（2）$y'' - y' - 7y = 8x^2$；

（3）$y^{(5)} - \cos y + 4x = 8$；（4）$y^{(6)} - 4x^2y' = 0$.

3. 求以下列各式所表示的函数为通解的微分方程：

（1）$(x + C)^2 + y^2 = 1$（其中 C 为任意常数）；

（2）$y = C_1\mathrm{e}^x + C_2\mathrm{e}^{2x}$（其中 C_1, C_2 为任意常数）.

4. 求下列微分方程的通解：

（1）$3x^2 + 5x - 5y' = 0$；（2）$xy' = y\ln y$；（3）$(1 + x)y' = 2\mathrm{e}^{-y} - 1$；

（4）$1 + y' = \mathrm{e}^y$；（5）$y'' - 9y = 0$；（6）$y'' - 4y' = 0$；

（7）$y'' + 4y' + 13y = 0$；（8）$y'' - 4y = 2x + 1$；（9）$2y'' + y' - y = 2\mathrm{e}^x$；

（10）$y'' + 4y = x\cos x$；（11）$y'' - 8y' + 16y = x + \mathrm{e}^{4x}$.

5. 求下列微分方程满足所给初始条件的特解：

（1）$y^3\mathrm{d}x + 2(x^2 - xy^2)\mathrm{d}y = 0, x = 1$ 时 $y = 1$；

（2）$y'' - ay'^2 = 0, x = 0$ 时 $y = 0, y' = -1$；

（3）$2y'' - \sin 2y = 0, x = 0$ 时 $y = \dfrac{\pi}{2}$，$y' = 1$；

（4）$y'' + 2y' + y = \cos x, x = 0$ 时 $y = 0, y' = \dfrac{3}{2}$.

6. 设可导函数 $\varphi(x)$ 满足：

$$\varphi(x)\cos x + 2\int_0^x \varphi(t)\sin t\mathrm{d}t = x + 1$$

求 $\varphi(x)$.

7. 试求以原点为圆心、R 为半径的圆所满足的微分方程.

8. 一电动机运转后每秒钟温度升高 10 °C，设室内温度恒为 15 °C，电动机温度升高后，冷却速度和电动机与室内温差成正比，求电动机温度与时间的函数关系.

9. 一单摆长为 l，质量为 m，作简谐运动，假定其摆动的偏角很小（即 $\sin\theta \approx \theta$），试求每振动一次的时间.

附　录

附录Ⅰ　几种常用的曲线

（1）三次抛物线

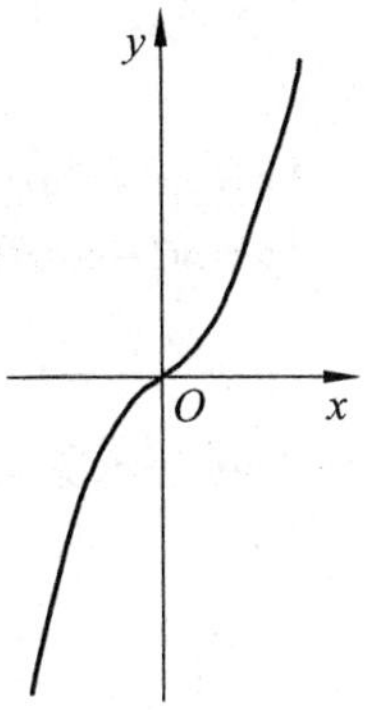

$y = ax^3$

（2）半立方抛物线

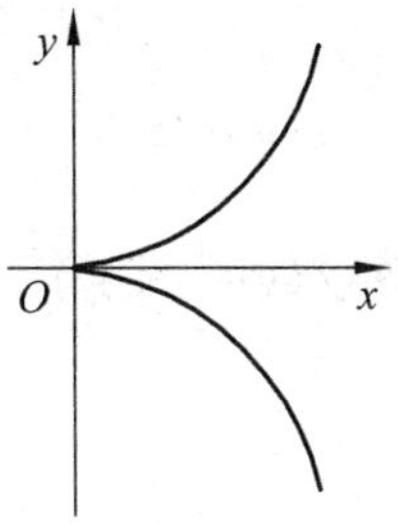

$y^2 = ax^3$

（3）概率曲线

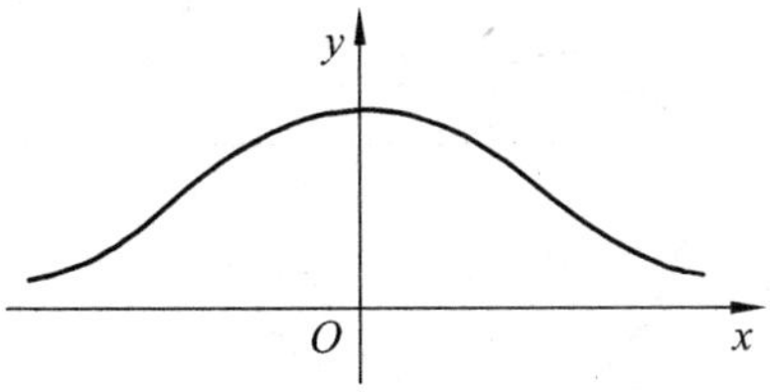

$y = \mathrm{e}^{-x^2}$

（4）箕舌线

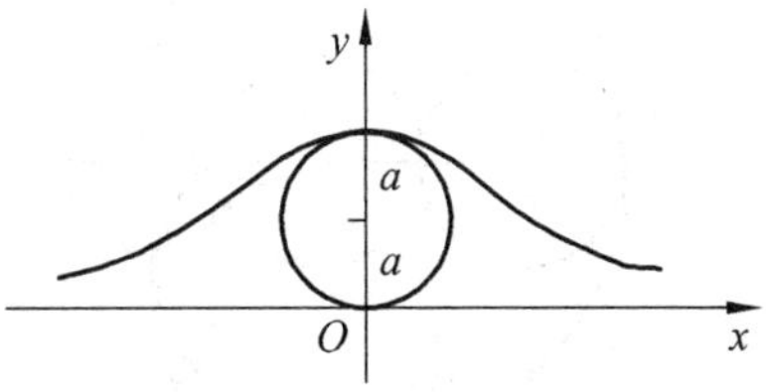

$y = \dfrac{8a^3}{x^2 + 4a^2}$

（5）蔓叶线

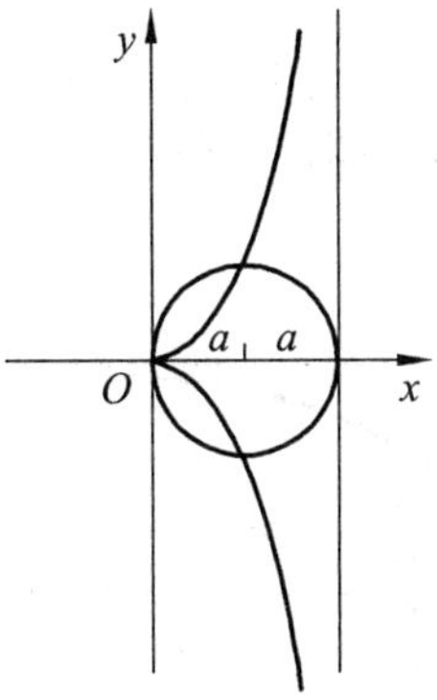

$y^2(2a - x) = x^3$

（6）笛卡儿叶形线

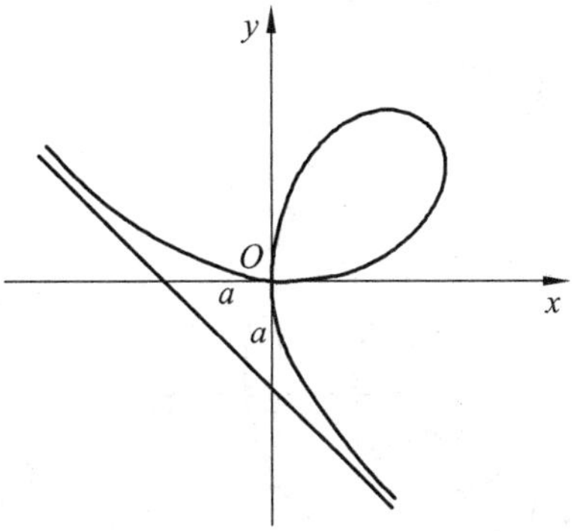

$x^3 + y^3 - 3axy = 0$

$x = \dfrac{3at}{1+t^3}$，$y = \dfrac{3at^2}{1+t^3}$

（7）星形线（内摆线的一种）

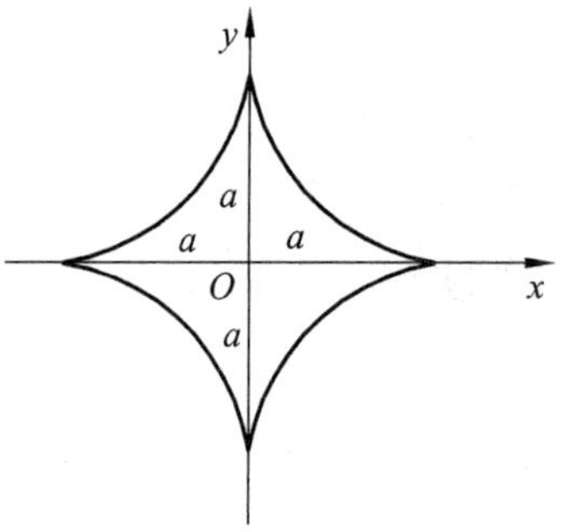

$$x^{\frac{2}{3}}+y^{\frac{2}{3}}=a^{\frac{2}{3}}$$

$$\begin{cases}x=a\cos^3\theta\\ y=a\sin^3\theta\end{cases}$$

（8）摆线

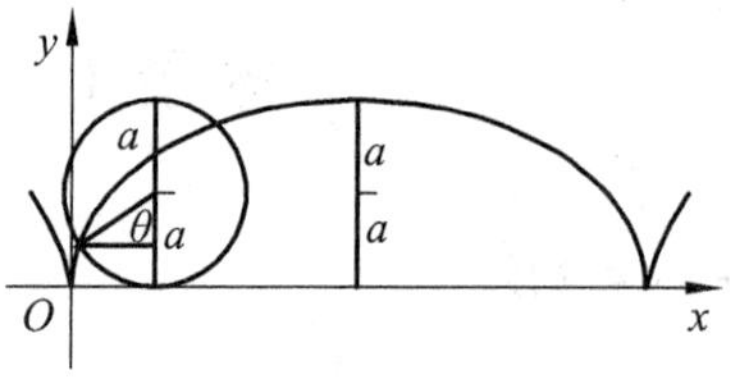

$$\begin{cases}x=a(\theta-\sin\theta)\\ y=a(1-\cos\theta)\end{cases}$$

（9）心形线（外摆线的一种）

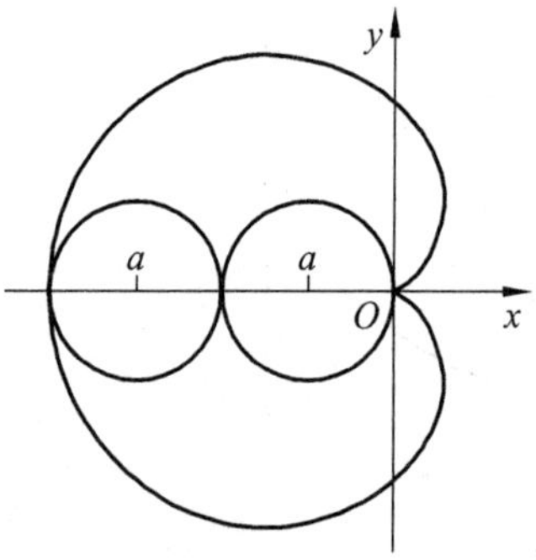

$$x^2+y^2+ax=a\sqrt{x^2+y^2}$$

$$\rho=a(1-\cos\theta)$$

（10）阿基米德螺线

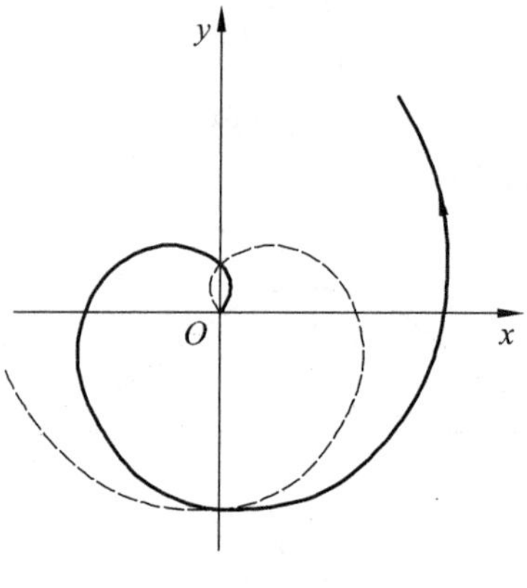

$$\rho=a\theta$$

（11）对数螺线

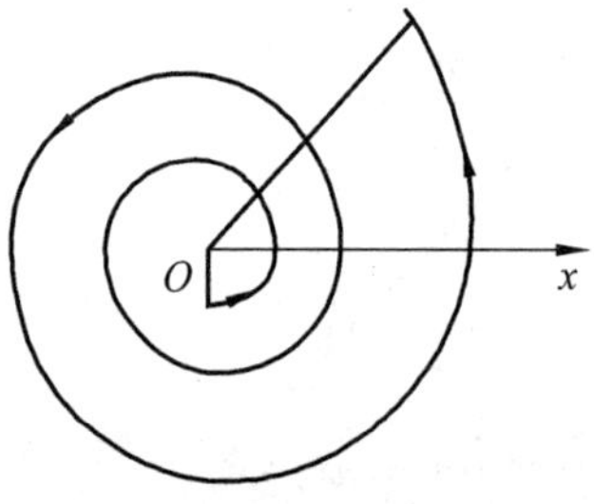

$$\rho=\mathrm{e}^{a\theta}$$

（12）双曲螺线

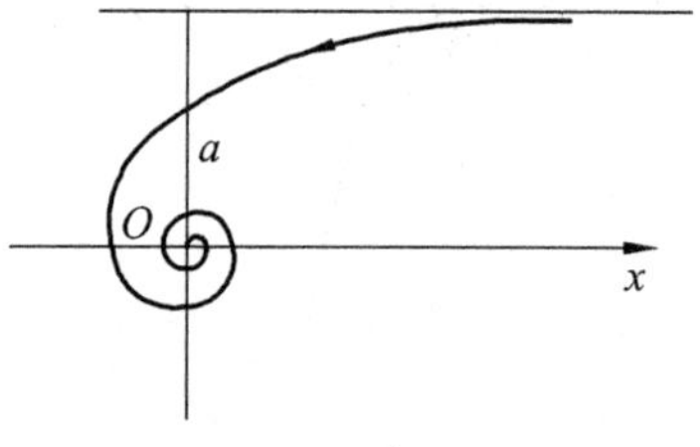

$$\rho\theta=a$$

（13）伯努利双扭线

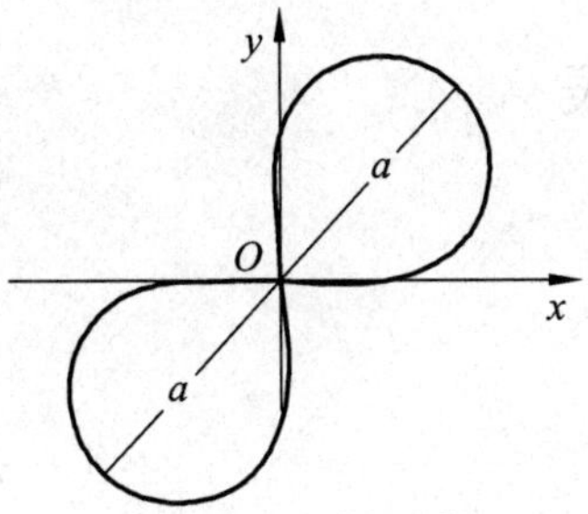

$(x^2+y^2)^2=2a^2xy$

$\rho^2=a^2\sin 2\theta$

（14）伯努利双扭线

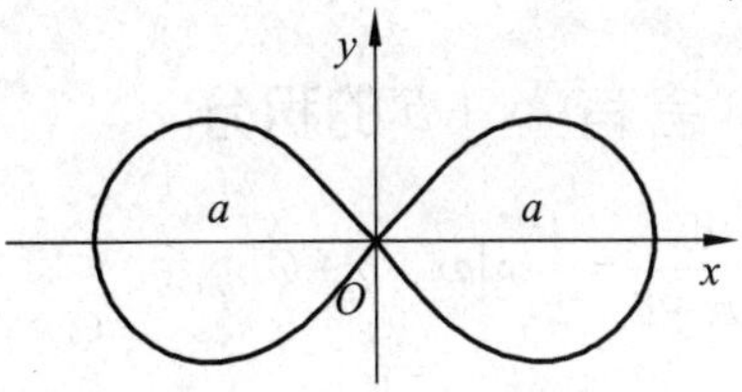

$(x^2+y^2)^2=a^2(x^2-y^2)$

$\rho^2=a^2\cos 2\theta$

（15）三叶玫瑰线

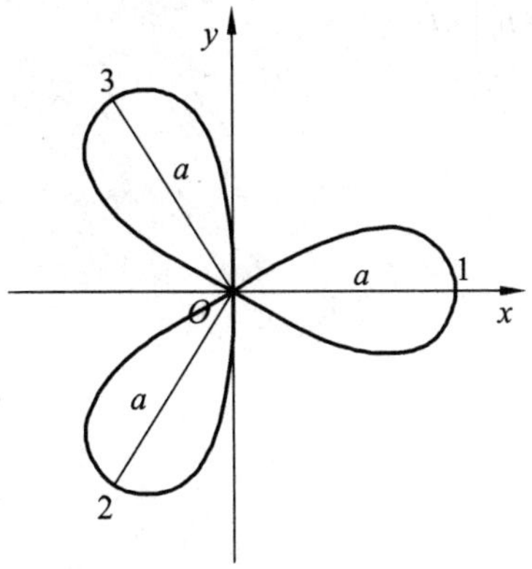

$\rho=a\cos 3\theta$

（16）三叶玫瑰线

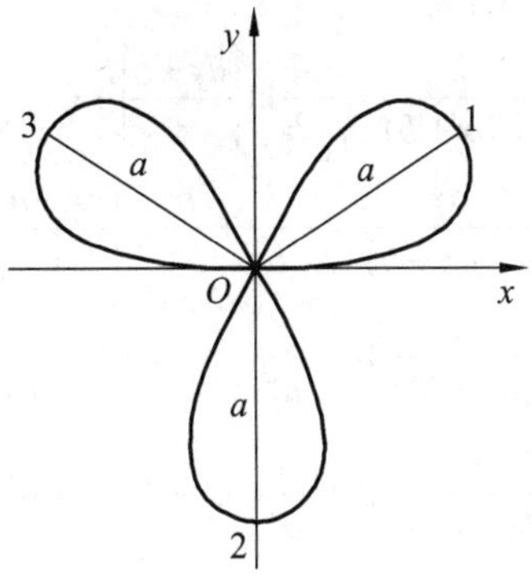

$\rho=a\sin 3\theta$

（17）四叶玫瑰线

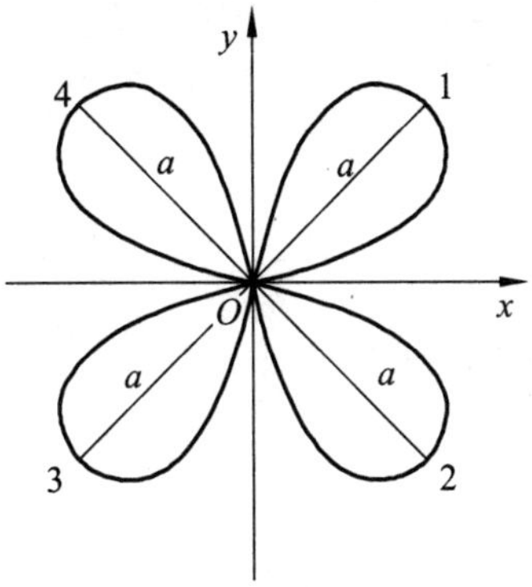

$\rho=a\sin 2\theta$

（18）四叶玫瑰线

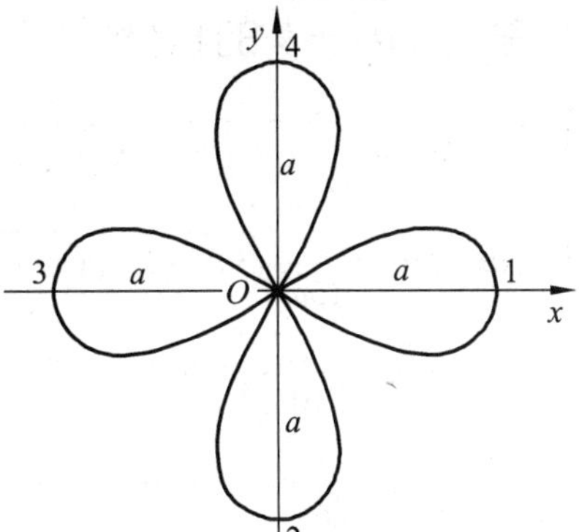

$\rho=a\cos 2\theta$

附录Ⅱ　积分表

（一）含有 $ax+b$ 的积分

1. $\int\frac{\mathrm{d}x}{ax+b}=\frac{1}{a}\ln|ax+b|+C$

2. $\int(ax+b)^{\mu}\mathrm{d}x=\frac{1}{a(\mu+1)}(ax+b)^{\mu+1}+C(\mu\neq-1)$

3. $\int\frac{x}{ax+b}\mathrm{d}x=\frac{1}{a^2}(ax+b-b\ln|ax+b|)+C$

4. $\int\frac{x^2}{ax+b}\mathrm{d}x=\frac{1}{a^3}\left[\frac{1}{2}(ax+b)^2-2b(ax+b)+b^2\ln|ax+b|\right]+C$

5. $\int\frac{\mathrm{d}x}{x(ax+b)}=-\frac{1}{b}\ln\left|\frac{ax+b}{x}\right|+C$

6. $\int\frac{\mathrm{d}x}{x^2(ax+b)}=-\frac{1}{bx}+\frac{a}{b^2}\ln\left|\frac{ax+b}{x}\right|+C$

7. $\int\frac{x}{(ax+b)^2}\mathrm{d}x=\frac{1}{a^2}\left(\ln|ax+b|+\frac{b}{ax+b}\right)+C$

8. $\int\frac{x^2}{(ax+b)^2}\mathrm{d}x=\frac{1}{a^3}\left(ax+b-2b\ln|ax+b|-\frac{b^2}{ax+b}\right)+C$

9. $\int\frac{\mathrm{d}x}{x(ax+b)^2}=\frac{1}{b(ax+b)}-\frac{1}{b^2}\ln\left|\frac{ax+b}{x}\right|+C$

（二）含有 $\sqrt{ax+b}$ 的积分

10. $\int\sqrt{ax+b}\mathrm{d}x=\frac{2}{3a}\sqrt{(ax+b)^3}+C$

11. $\int x\sqrt{ax+b}\mathrm{d}x=\frac{2}{15a^2}(3ax-2b)\sqrt{(ax+b)^3}+C$

12. $\int x^2\sqrt{ax+b}\mathrm{d}x=\frac{2}{105a^3}(15a^2x^2-12abx+8b^2)\sqrt{(ax+b)^3}+C$

13. $\int\frac{x}{\sqrt{ax+b}}\mathrm{d}x=\frac{2}{3a^2}(ax-2b)\sqrt{ax+b}+C$

14. $\int\frac{x^2}{\sqrt{ax+b}}\mathrm{d}x=\frac{2}{15a^3}(3a^2x^2-4abx+8b^2)\sqrt{ax+b}+C$

15. $\int\frac{\mathrm{d}x}{x\sqrt{ax+b}}=\begin{cases}\frac{1}{\sqrt{b}}\ln\left|\frac{\sqrt{ax+b}-\sqrt{b}}{\sqrt{ax+b}+\sqrt{b}}\right|+C & (b>0)\\ \frac{2}{\sqrt{-b}}\arctan\sqrt{\frac{ax+b}{-b}}+C & (b<0)\end{cases}$

16. $\int \frac{dx}{x^2\sqrt{ax+b}} = -\frac{\sqrt{ax+b}}{bx} - \frac{a}{2b}\int \frac{dx}{x\sqrt{ax+b}}$

17. $\int \frac{\sqrt{ax+b}}{x}dx = 2\sqrt{ax+b} + b\int \frac{dx}{x\sqrt{ax+b}}$

18. $\int \frac{\sqrt{ax+b}}{x^2}dx = -\frac{\sqrt{ax+b}}{x} + \frac{a}{2}\int \frac{dx}{x\sqrt{ax+b}}$

（三）含有 $x^2 \pm a^2$ 的积分

19. $\int \frac{dx}{x^2+a^2} = \frac{1}{a}\arctan\frac{x}{a} + C$

20. $\int \frac{dx}{(x^2+a^2)^n} = \frac{x}{2(n-1)a^2(x^2+a^2)^{n-1}} + \frac{2n-3}{2(n-1)a^2}\int \frac{dx}{(x^2+a^2)^{n-1}}$

21. $\int \frac{dx}{x^2-a^2} = \frac{1}{2a}\ln\left|\frac{x-a}{x+a}\right| + C$

（四）含有 $ax^2+b(a>0)$ 的积分

22. $\int \frac{dx}{ax^2+b} = \begin{cases} \frac{1}{\sqrt{ab}}\arctan\sqrt{\frac{a}{b}}x + C & (b>0) \\ \frac{1}{2\sqrt{-ab}}\ln\left|\frac{\sqrt{a}x-\sqrt{-b}}{\sqrt{a}x+\sqrt{-b}}\right| + C & (b<0) \end{cases}$

23. $\int \frac{x}{ax^2+b}dx = \frac{1}{2a}\ln\left|ax^2+b\right| + C$

24. $\int \frac{x^2}{ax^2+b}dx = \frac{x}{a} - \frac{b}{a}\int \frac{dx}{ax^2+b}$

25. $\int \frac{dx}{x(ax^2+b)} = \frac{1}{2b}\ln\frac{x^2}{\left|ax^2+b\right|} + C$

26. $\int \frac{dx}{x^2(ax^2+b)} = -\frac{1}{bx} - \frac{a}{b}\int \frac{dx}{ax^2+b}$

27. $\int \frac{dx}{x^3(ax^2+b)} = \frac{a}{2b^2}\ln\frac{\left|ax^2+b\right|}{x^2} - \frac{1}{2bx^2} + C$

28. $\int \frac{dx}{(ax^2+b)^2} = \frac{x}{2b(ax^2+b)} + \frac{1}{2b}\int \frac{dx}{ax^2+b}$

（五）含有 $ax^2+bx+c(a>0)$ 的积分

29. $\int \frac{dx}{ax^2+bx+c} = \begin{cases} \frac{2}{\sqrt{4ac-b^2}}\arctan\frac{2ax+b}{\sqrt{4ac-b^2}} + C & (b^2<4ac) \\ \frac{1}{\sqrt{b^2-4ac}}\ln\left|\frac{2ax+b-\sqrt{b^2-4ac}}{2ax+b+\sqrt{b^2-4ac}}\right| + C & (b^2>4ac) \end{cases}$

30. $\int \frac{\mathrm{d}x}{ax^2+bx+c}\mathrm{d}x = \frac{1}{2a}\ln\left|ax^2+bx+c\right| - \frac{b}{2a}\int \frac{\mathrm{d}x}{ax^2+bx+c}$

（六）含有 $\sqrt{x^2+a^2}\,(a>0)$ 的积分

31. $\int \frac{\mathrm{d}x}{\sqrt{x^2+a^2}} = \operatorname{arsh}\frac{x}{a} + C_1 = \ln(x+\sqrt{x^2+a^2}) + C$

32. $\int \frac{\mathrm{d}x}{\sqrt{(x^2+a^2)^3}} = \frac{x}{a^2\sqrt{x^2+a^2}} + C$

33. $\int \frac{x}{\sqrt{x^2+a^2}}\mathrm{d}x = \sqrt{x^2+a^2} + C$

34. $\int \frac{x}{\sqrt{(x^2+a^2)^3}}\mathrm{d}x = -\frac{1}{\sqrt{x^2+a^2}} + C$

35. $\int \frac{x^2}{\sqrt{x^2+a^2}}\mathrm{d}x = \frac{x}{2}\sqrt{x^2+a^2} - \frac{a^2}{2}\ln(x+\sqrt{x^2+a^2}) + C$

36. $\int \frac{x^2}{\sqrt{(x^2+a^2)^3}}\mathrm{d}x = -\frac{x}{\sqrt{x^2+a^2}} + \ln(x+\sqrt{x^2+a^2}) + C$

37. $\int \frac{\mathrm{d}x}{x\sqrt{x^2+a^2}} = \frac{1}{a}\ln\frac{\sqrt{x^2+a^2}-a}{|x|} + C$

38. $\int \frac{\mathrm{d}x}{x^2\sqrt{x^2+a^2}} = -\frac{\sqrt{x^2+a^2}}{a^2x} + C$

39. $\int \sqrt{x^2+a^2}\,\mathrm{d}x = \frac{x}{2}\sqrt{x^2+a^2} + \frac{a^2}{2}\ln(x+\sqrt{x^2+a^2}) + C$

40. $\int \sqrt{(x^2+a^2)^3}\,\mathrm{d}x = \frac{x}{8}(2x^2+5a^2)\sqrt{x^2+a^2} + \frac{3}{8}a^4\ln(x+\sqrt{x^2+a^2}) + C$

41. $\int x\sqrt{x^2+a^2}\,\mathrm{d}x = \frac{1}{3}\sqrt{(x^2+a^2)^3} + C$

42. $\int x^2\sqrt{x^2+a^2}\,\mathrm{d}x = \frac{x}{8}(2x^2+a^2)\sqrt{x^2+a^2} - \frac{a^4}{8}\ln(x+\sqrt{x^2+a^2}) + C$

43. $\int \frac{\sqrt{x^2+a^2}}{x}\mathrm{d}x = \sqrt{x^2+a^2} + a\ln\frac{\sqrt{x^2+a^2}-a}{|x|} + C$

44. $\int \frac{\sqrt{x^2+a^2}}{x^2}\mathrm{d}x = -\frac{\sqrt{x^2+a^2}}{x} + \ln(x+\sqrt{x^2+a^2}) + C$

（七）含有 $\sqrt{x^2-a^2}\ (a>0)$ 的积分

45. $\int \frac{\mathrm{d}x}{\sqrt{x^2-a^2}} = \frac{x}{|x|}\operatorname{arch}\frac{|x|}{a} + C_1 = \ln\left|x+\sqrt{x^2-a^2}\right| + C$

46. $\int \frac{dx}{\sqrt{(x^2-a^2)^3}} = \frac{x}{a^2\sqrt{x^2-a^2}} + C$

47. $\int \frac{x}{\sqrt{x^2-a^2}}dx = -\sqrt{x^2-a^2} + C$

48. $\int \frac{x}{\sqrt{(x^2-a^2)^3}}dx = -\frac{1}{\sqrt{x^2-a^2}} + C$

49. $\int \frac{x^2}{\sqrt{x^2-a^2}}dx = \frac{x}{2}\sqrt{x^2-a^2} + \frac{a^2}{2}\ln\left|x+\sqrt{x^2-a^2}\right| + C$

50. $\int \frac{x^2}{\sqrt{(x^2-a^2)^3}}dx = -\frac{x}{\sqrt{x^2-a^2}} + \ln\left|x+\sqrt{x^2-a^2}\right| + C$

51. $\int \frac{dx}{x\sqrt{x^2-a^2}} = \frac{1}{a}\arccos\frac{a}{|x|} + C$

52. $\int \frac{dx}{x^2\sqrt{x^2-a^2}} = \frac{\sqrt{x^2-a^2}}{a^2x} + C$

53. $\int \sqrt{x^2-a^2}\,dx = \frac{x}{2}\sqrt{x^2-a^2} - \frac{a^2}{2}\ln\left|x+\sqrt{x^2-a^2}\right| + C$

54. $\int \sqrt{(x^2-a^2)^3}\,dx = \frac{x}{8}(2x^2-5a^2)\sqrt{x^2-a^2} + \frac{3}{8}a^4\ln\left|x+\sqrt{x^2-a^2}\right| + C$

55. $\int x\sqrt{x^2-a^2}\,dx = \frac{1}{3}\sqrt{(x^2-a^2)^3} + C$

56. $\int x^2\sqrt{x^2-a^2}\,dx = \frac{x}{8}(2x^2-a^2)\sqrt{x^2-a^2} - \frac{a^4}{8}\ln\left|x+\sqrt{x^2-a^2}\right| + C$

57. $\int \frac{\sqrt{x^2-a^2}}{x}dx = \sqrt{x^2-a^2} - a\arccos\frac{a}{|x|} + C$

58. $\int \frac{\sqrt{x^2-a^2}}{x^2}dx = -\frac{\sqrt{x^2-a^2}}{x} + \ln\left|x+\sqrt{x^2-a^2}\right| + C$

（八）含有 $\sqrt{a^2-x^2}$ $(a>0)$ 的积分

59. $\int \frac{dx}{\sqrt{a^2-x^2}} = \arcsin\frac{x}{a} + C$

60. $\int \frac{dx}{\sqrt{(a^2-x^2)^3}} = \frac{x}{a^2\sqrt{a^2-x^2}} + C$

61. $\int \frac{x}{\sqrt{a^2-x^2}}dx = -\sqrt{a^2-x^2} + C$

62. $\int \frac{x}{\sqrt{(a^2-x^2)^3}}dx = \frac{1}{\sqrt{a^2-x^2}} + C$

63. $\int \frac{x^2}{\sqrt{a^2-x^2}}dx = -\frac{x}{2}\sqrt{a^2-x^2}+\frac{a^2}{2}\arcsin\frac{x}{a}+C$

64. $\int \frac{x^2}{\sqrt{(a^2-x^2)^3}}dx = \frac{x}{\sqrt{a^2-x^2}}-\arcsin\frac{x}{a}+C$

65. $\int \frac{dx}{x\sqrt{a^2-x^2}} = \frac{1}{a}\ln\frac{a-\sqrt{a^2-x^2}}{|x|}+C$

66. $\int \frac{dx}{x^2\sqrt{a^2-x^2}} = -\frac{\sqrt{a^2-x^2}}{a^2x}+C$

67. $\int \sqrt{a^2-x^2}dx = \frac{x}{2}\sqrt{a^2-x^2}+\frac{a^2}{2}\arcsin\frac{x}{a}+C$

68. $\int \sqrt{(a^2-x^2)^3}dx = \frac{x}{8}(5a^2-2x^2)\sqrt{a^2-x^2}+\frac{3}{8}a^4\arcsin\frac{x}{a}+C$

69. $\int x\sqrt{a^2-x^2}dx = -\frac{1}{3}\sqrt{(a^2-x^2)^3}+C$

70. $\int x^2\sqrt{a^2-x^2}dx = \frac{x}{8}(2x^2-a^2)\sqrt{a^2-x^2}+\frac{a^4}{8}\arcsin\frac{x}{a}+C$

71. $\int \frac{\sqrt{a^2-x^2}}{x}dx = \sqrt{a^2-x^2}+a\ln\frac{a-\sqrt{a^2-x^2}}{|x|}+C$

72. $\int \frac{\sqrt{a^2-x^2}}{x^2}dx = -\frac{\sqrt{a^2-x^2}}{x}-\arcsin\frac{x}{a}+C$

（九）含有 $\sqrt{\pm ax^2+bx+c}$ $(a>0)$ 的积分

73. $\int \frac{dx}{\sqrt{ax^2+bx+c}} = \frac{1}{\sqrt{a}}\ln\left|2ax+b+2\sqrt{a}\sqrt{ax^2+bx+c}\right|+C$

74. $\int \sqrt{ax^2+bx+c}dx = \frac{2ax+b}{4a}\sqrt{ax^2+bx+c}+\frac{4ac-b^2}{8\sqrt{a^3}}\ln\left|2ax+b+2\sqrt{a}\sqrt{ax^2+bx+c}\right|+C$

75. $\int \frac{x}{\sqrt{ax^2+bx+c}}dx = \frac{1}{a}\sqrt{ax^2+bx+c}-\frac{b}{2\sqrt{a^3}}\ln\left|2ax+b+2\sqrt{a}\sqrt{ax^2+bx+c}\right|+C$

76. $\int \frac{dx}{\sqrt{c+bx-ax^2}} = -\frac{1}{\sqrt{a}}\arcsin\frac{2ax-b}{\sqrt{b^2+4ac}}+C$

77. $\int \sqrt{c+bx-ax^2}dx = \frac{2ax-b}{4a}\sqrt{c+bx-ax^2}+\frac{b^2+4ac}{8\sqrt{a^3}}\arcsin\frac{2ax-b}{\sqrt{b^2+4ac}}+C$

78. $\int \frac{x}{\sqrt{c+bx-ax^2}}dx = -\frac{1}{a}\sqrt{c+bx-ax^2}+\frac{b}{2\sqrt{a^3}}\arcsin\frac{2ax-b}{\sqrt{b^2+4ac}}+C$

（十）含有 $\sqrt{\pm\frac{x-a}{x-b}}$ 或 $\sqrt{(x-a)(b-x)}$ 的积分

79. $\int\sqrt{\frac{x-a}{x-b}}\mathrm{d}x=(x-b)\sqrt{\frac{x-a}{x-b}}+(b-a)\ln(\sqrt{|x-a|}+\sqrt{|x-b|})+C$

80. $\int\sqrt{\frac{x-a}{b-x}}\mathrm{d}x=(x-b)\sqrt{\frac{x-a}{b-x}}+(b-a)\arcsin\sqrt{\frac{x-a}{b-a}}+C$

81. $\int\frac{\mathrm{d}x}{\sqrt{(x-a)(b-x)}}=2\arcsin\sqrt{\frac{x-a}{b-a}}+C\ (a<b)$

82. $\int\sqrt{(x-a)(b-x)}\mathrm{d}x=\frac{2x-a-b}{4}\sqrt{(x-a)(b-x)}+\frac{(b-a)^2}{4}\arcsin\sqrt{\frac{x-a}{b-a}}+C\ (a<b)$

（十一）含有三角函数的积分

83. $\int\sin x\mathrm{d}x=-\cos x+C$

84. $\int\cos x\mathrm{d}x=\sin x+C$

85. $\int\tan x\mathrm{d}x=-\ln|\cos x|+C$

86. $\int\cot x\mathrm{d}x=\ln|\sin x|+C$

87. $\int\sec x\mathrm{d}x=\ln\left|\tan\left(\frac{\pi}{4}+\frac{x}{2}\right)\right|+C=\ln|\sec x+\tan x|+C$

88. $\int\csc x\mathrm{d}x=\ln\left|\tan\frac{x}{2}\right|+C=\ln|\csc x-\cot x|+C$

89. $\int\sec^2 x\mathrm{d}x=\tan x+C$

90. $\int\csc^2 x\mathrm{d}x=-\cot x+C$

91. $\int\sec x\tan x\mathrm{d}x=\sec x+C$

92. $\int\csc x\cot x\mathrm{d}x=-\csc x+C$

93. $\int\sin^2 x\mathrm{d}x=\frac{x}{2}-\frac{1}{4}\sin 2x+C$

94. $\int\cos^2 x\mathrm{d}x=\frac{x}{2}+\frac{1}{4}\sin 2x+C$

95. $\int\sin^n x\mathrm{d}x=-\frac{1}{n}\sin^{n-1}x\cos x+\frac{n-1}{n}\int\sin^{n-2}x\mathrm{d}x$

96. $\int\cos^n x\mathrm{d}x=\frac{1}{n}\cos^{n-1}x\sin x+\frac{n-1}{n}\int\cos^{n-2}x\mathrm{d}x$

97. $\int\frac{\mathrm{d}x}{\sin^n x}=-\frac{1}{n-1}\cdot\frac{\cos x}{\sin^{n-1}x}+\frac{n-2}{n-1}\int\frac{\mathrm{d}x}{\sin^{n-2}x}$

98. $\int \frac{dx}{\cos^n x} = \frac{1}{n-1} \cdot \frac{\sin x}{\cos^{n-1} x} + \frac{n-2}{n-1} \int \frac{dx}{\cos^{n-2} x}$

99. $\int \cos^m x \sin^n x dx = \frac{1}{m+n} \cos^{m-1} x \sin^{n+1} x + \frac{m-1}{m+n} \int \cos^{m-2} x \sin^n x dx$

$= -\frac{1}{m+n} \cos^{m+1} x \sin^{n-1} x + \frac{n-1}{m+n} \int \cos^m x \sin^{n-2} x dx$

100. $\int \sin ax \cos bx dx = -\frac{1}{2(a+b)} \cos(a+b)x - \frac{1}{2(a-b)} \cos(a-b)x + C$

101. $\int \sin ax \sin bx dx = -\frac{1}{2(a+b)} \sin(a+b)x + \frac{1}{2(a-b)} \sin(a-b)x + C$

102. $\int \cos ax \cos bx dx = \frac{1}{2(a+b)} \sin(a+b)x + \frac{1}{2(a-b)} \sin(a-b)x + C$

103. $\int \frac{dx}{a + b\sin x} = \frac{2}{\sqrt{a^2-b^2}} \arctan \frac{a\tan\frac{x}{2} + b}{\sqrt{a^2-b^2}} + C \ (a^2 > b^2)$

104. $\int \frac{dx}{a + b\sin x} = \frac{1}{\sqrt{b^2-a^2}} \ln \left| \frac{a\tan\frac{x}{2} + b - \sqrt{b^2-a^2}}{a\tan\frac{x}{2} + b + \sqrt{b^2-a^2}} \right| + C \ (a^2 < b^2)$

105. $\int \frac{dx}{a + b\cos x} = \frac{2}{a+b} \sqrt{\frac{a+b}{a-b}} \arctan \left(\sqrt{\frac{a-b}{a+b}} \tan \frac{x}{2} \right) + C \ (a^2 > b^2)$

106. $\int \frac{dx}{a + b\cos x} = \frac{1}{a+b} \sqrt{\frac{a+b}{b-a}} \ln \left| \frac{\tan\frac{x}{2} + \sqrt{\frac{a+b}{b-a}}}{\tan\frac{x}{2} - \sqrt{\frac{a+b}{b-a}}} \right| + C \ (a^2 < b^2)$

107. $\int \frac{dx}{a^2\cos^2 x + b^2\sin^2 x} = \frac{1}{ab} \arctan\left(\frac{b}{a} \tan x \right) + C$

108. $\int \frac{dx}{a^2\cos^2 x - b^2\sin^2 x} = \frac{1}{2ab} \ln\left(\frac{b\tan x + a}{b\tan x - a} \right) + C$

109. $\int x\sin ax dx = \frac{1}{a^2} \sin ax - \frac{1}{a} x\cos ax + C$

110. $\int x^2 \sin ax dx = -\frac{1}{a} x^2 \cos ax + \frac{2}{a^2} x\sin ax + \frac{2}{a^3} \cos ax + C$

111. $\int x\cos ax dx = \frac{1}{a^2} \cos ax + \frac{1}{a} x\sin ax + C$

112. $\int x^2 \cos ax dx = \frac{1}{a} x^2 \sin ax + \frac{2}{a^2} x\cos ax - \frac{2}{a^3} \sin ax + C$

（十二）含有反三角函数的积分（其中 a>0）

113. $\int \arcsin\frac{x}{a} dx = x\arcsin\frac{x}{a} + \sqrt{a^2 - x^2} + C$

114. $\int x\arcsin\frac{x}{a}\mathrm{d}x=\left(\frac{x^2}{2}-\frac{a^2}{4}\right)\arcsin\frac{x}{a}+\frac{x}{4}\sqrt{a^2-x^2}+C$

115. $\int x^2\arcsin\frac{x}{a}\mathrm{d}x=\frac{x^3}{3}\arcsin\frac{x}{a}+\frac{1}{9}(x^2+2a^2)\sqrt{a^2-x^2}+C$

116. $\int \arccos\frac{x}{a}\mathrm{d}x=x\arccos\frac{x}{a}-\sqrt{a^2-x^2}+C$

117. $\int x\arccos\frac{x}{a}\mathrm{d}x=\left(\frac{x^2}{2}-\frac{a^2}{4}\right)\arccos\frac{x}{a}-\frac{x}{4}\sqrt{a^2-x^2}+C$

118. $\int x^2\arccos\frac{x}{a}\mathrm{d}x=\frac{x^3}{3}\arccos\frac{x}{a}-\frac{1}{9}(x^2+2a^2)\sqrt{a^2-x^2}+C$

119. $\int \arccos\frac{x}{a}\mathrm{d}x=x\arctan\frac{x}{a}-\frac{a}{2}\ln(a^2+x^2)+C$

120. $\int x\arctan\frac{x}{a}\mathrm{d}x=\frac{1}{2}(a^2+x^2)\arctan\frac{x}{a}-\frac{a}{2}x+C$

121. $\int x^2\arctan\frac{x}{a}\mathrm{d}x=\frac{x^3}{3}\arctan\frac{x}{a}-\frac{a}{6}x^2+\frac{a^3}{6}\ln(a^2+x^2)+C$

（十三）含有指数函数的积分

122. $\int a^x\mathrm{d}x=\frac{1}{\ln a}a^x+C$

123. $\int \mathrm{e}^{ax}\mathrm{d}x=\frac{1}{a}\mathrm{e}^{ax}+C$

124. $\int x\mathrm{e}^{ax}\mathrm{d}x=\frac{1}{a^2}(ax-1)\mathrm{e}^{ax}+C$

125. $\int x^n\mathrm{e}^{ax}\mathrm{d}x=\frac{1}{a}x^n\mathrm{e}^{ax}-\frac{n}{a}\int x^{n-1}\mathrm{e}^{ax}\mathrm{d}x$

126. $\int xa^x\mathrm{d}x=\frac{x}{\ln a}a^x-\frac{1}{(\ln a)^2}a^x+C$

127. $\int x^na^x\mathrm{d}x=\frac{1}{\ln a}x^na^x-\frac{n}{\ln a}\int x^{n-1}a^x\mathrm{d}x$

128. $\int \mathrm{e}^{ax}\sin bx\mathrm{d}x=\frac{1}{a^2+b^2}\mathrm{e}^{ax}(a\sin bx-b\cos bx)+C$

129. $\int \mathrm{e}^{ax}\cos bx\mathrm{d}x=\frac{1}{a^2+b^2}\mathrm{e}^{ax}(b\sin bx+a\cos bx)+C$

130. $\int \mathrm{e}^{ax}\sin^n bx\mathrm{d}x=\frac{1}{a^2+b^2n^2}\mathrm{e}^{ax}\sin^{n-1}bx(a\sin bx-nb\cos bx)+\frac{n(n-1)b^2}{a^2+b^2n^2}\int \mathrm{e}^{ax}\sin^{n-2}bx\mathrm{d}x$

131. $\int \mathrm{e}^{ax}\cos^n bx\mathrm{d}x=\frac{1}{a^2+b^2n^2}\mathrm{e}^{ax}\cos^{n-1}bx(a\cos bx+nb\sin bx)+\frac{n(n-1)b^2}{a^2+b^2n^2}\int \mathrm{e}^{ax}\cos^{n-2}bx\mathrm{d}x$

（十四）含有对数函数的积分

132. $\int \ln x\mathrm{d}x = x\ln x - x + C$

133. $\int \frac{\mathrm{d}x}{x\ln x} = \ln|\ln x| + C$

134. $\int x^n \ln x\mathrm{d}x = \frac{1}{n+1}x^{n+1}\left(\ln x - \frac{1}{n+1}\right) + C$

135. $\int (\ln x)^n \mathrm{d}x = x(\ln x)^n - n\int (\ln x)^{n-1}\mathrm{d}x$

136. $\int x^m (\ln x)^n \mathrm{d}x = \frac{1}{m+1}x^{m+1}(\ln x)^n - \frac{n}{m+1}\int x^m (\ln x)^{n-1}\mathrm{d}x$

（十五）含有双曲函数的积分

137. $\int \mathrm{sh}x\mathrm{d}x = \mathrm{ch}x + C$

138. $\int \mathrm{ch}x\mathrm{d}x = \mathrm{sh}x + C$

139. $\int \mathrm{th}x\mathrm{d}x = \ln \mathrm{ch}x + C$

140. $\int \mathrm{sh}^2 x\mathrm{d}x = -\frac{x}{2} + \frac{1}{4}\mathrm{sh}2x + C$

141. $\int \mathrm{ch}^2 x\mathrm{d}x = \frac{x}{2} + \frac{1}{4}\mathrm{sh}2x + C$

（十六）定积分

142. $\int_{-\pi}^{\pi} \cos nx\mathrm{d}x = \int_{-\pi}^{\pi} \sin nx\mathrm{d}x = 0$

143. $\int_{-\pi}^{\pi} \cos mx \sin nx\mathrm{d}x = 0$

144. $\int_{-\pi}^{\pi} \cos mx \cos nx\mathrm{d}x = \begin{cases} 0, & m \neq n \\ \pi, & m = n \end{cases}$

145. $\int_{-\pi}^{\pi} \sin mx \sin nx\mathrm{d}x = \begin{cases} 0, & m \neq n \\ \pi, & m = n \end{cases}$

146. $\int_{0}^{\pi} \sin mx \sin nx\mathrm{d}x = \int_{0}^{\pi} \cos mx \cos nx\mathrm{d}x = \begin{cases} 0, & m \neq n \\ \pi/2, & m = n \end{cases}$

147. $I_n = \int_0^{\frac{\pi}{2}} \sin^n x\mathrm{d}x = \int_0^{\frac{\pi}{2}} \cos^n x\mathrm{d}x$

$$I_n = \frac{n-1}{n}I_{n-2}$$
$$= \begin{cases} \frac{n-1}{n}\cdot\frac{n-3}{n-2}\cdot\cdots\cdot\frac{4}{5}\cdot\frac{2}{3}(n\text{为大于1的正奇数}),\ I_1 = 1 \\ \frac{n-1}{n}\cdot\frac{n-3}{n-2}\cdot\cdots\cdot\frac{3}{4}\cdot\frac{1}{2}\cdot\frac{\pi}{2}(n\text{为正偶数}),\ I_0 = \frac{\pi}{2} \end{cases}$$

习题答案

第一章

习题 1.1

1.（1）不同；（2）相同；（3）不同；（4）相同.

2.（1）$(-\infty,-1]\cup[1,+\infty)$；（2）$(-\infty,0)\cup(0,+\infty)$；（3）$(1,+\infty)$；（4）$(-2,1)\cup(1,2)$；（5）$[-1,5]$；（6）$(-\infty,0)\cup(0,3]$.

3.（1）$[2-a,3-a]$；（2）$[-\sqrt{5},\sqrt{5}]$.

4. $a=1,b=\dfrac{1}{2}$.

5. $f(-1)=\dfrac{1}{2},f(0)=1,f(1)=2$.

6. $f(-x)=\begin{cases}-x, & x\geqslant 0\\ 0, & x<0\end{cases}$.

7. $f[g(x)]=4^x,g[f(x)]=2^{x^2}$.

9.（1）偶函数；（2）奇函数；（3）偶函数；（4）奇函数；（5）非奇非偶函数；（6）偶函数.

10.（1）$y=\sqrt{u},u=x+1$；（2）$y=\mathrm{e}^u,u=\sin x$；

（3）$y=\sin u,u=2x+1$；（4）$y=u^2,u=\ln v,v=\cos x$；

（5）$y=\sqrt{u},u=1+v,v=\omega^2,\omega=\arctan x$；

（6）$y=\dfrac{1}{\sqrt{u}},u=1-v,v=\omega^3,\omega=\sin x$.

11.（1）$y=f(x)=\mathrm{e}^{x^2+1}$，$f(0)=\mathrm{e}$，$f(2)=\mathrm{e}^5$；

（2）$y=f(x)=(\mathrm{e}^{x+1}-1)^2+1$，$f(0)=\mathrm{e}^4-2\mathrm{e}^2+2$，$f(-1)=1$.

12（1）周期函数，周期为 2π；（2）周期函数，周期为π；

（3）周期函数，周期为 2；（4）不是周期函数；

（5）周期函数，周期为π；（6）周期函数，周期为 2π.

15. $S=-13\,000+4\,000p$.

16. $f(x)=\begin{cases}0.64x, & 0\leqslant x\leqslant 4.5\\ 4.5\times0.64+(x-4.5)\times3.2, & x>4.5\end{cases}$,

$f(3.5)=2.24$元，$f(4.5)=2.88$元，$f(5.5)=6.08$元.

习题 1.2

1.（1）收敛，极限为 1；（2）发散；（3）发散；（4）收敛，极限为 1；（5）收敛，极限为 0；

（6）收敛，极限为 0.

3.（1）$\left|a_1-\frac{2}{3}\right|=\left|\frac{3}{4}-\frac{2}{3}\right|=\frac{1}{12}$，$\left|a_{10}-\frac{2}{3}\right|=\left|\frac{21}{31}-\frac{2}{3}\right|=\frac{1}{93}$，$\left|a_{100}-\frac{2}{3}\right|=\left|\frac{201}{301}-\frac{2}{3}\right|=\frac{1}{903}$；

（2）1110；（3）$N=\left[\frac{1-3\varepsilon}{9\varepsilon}\right]$.

习题 1.3

1.（1）存在；（2）不存在、存在；（3）存在；（4）存在.

2.（1）$\forall\varepsilon>0,\exists X>0$，当 $x<-X$ 时，总有 $|f(x)-1|<\varepsilon$；

（2）$\forall\varepsilon>0$，$\exists X>0$，当 $|x|>X$，总有 $|f(x)-a|<\varepsilon$；

（3）$\forall\varepsilon>0$，$\exists\delta>0$，当 $a<x<a+\delta$ 时，总有 $|f(x)-b|<\varepsilon$；

（4）$\forall\varepsilon>0$，$\exists\delta>0$ 当 $3-\delta<x<3$ 时，总有 $|f(x)+8|<\varepsilon$.

3. $\delta=0.004$.　　4. $X\geqslant\sqrt{7003}$.

7.（1）$-\frac{2}{3}$；（2）-3；（3）$3x^2$；（4）3；（5）-2；（6）$\frac{1}{2}$；（7）$\frac{1}{4}$；（8）0.

8. 1.　　9. 不存在.　　10. $a=4,b=-4$.

习题 1.4

1.（1）1；（2）$\frac{2}{3}$；（3）2；（4）$\frac{1}{2}$；（5）1；（6）0；（7）x；（8）$\frac{1}{2}$；（9）4；（10）0

2.（1）$e^{\frac{1}{2}}$；（2）e^{-2}；（3）$e^{-\frac{1}{2}}$；（4）e^{-1}；（5）$e^{\frac{1}{2}}$；（6）e^{10}；（7）e^{3}；（8）e^{2}.

习题 1.5

1.（1）当 $x\to0$ 时是无穷大；当 $x\to\infty$ 时是无穷小；

（2）当 $x\to-1$ 时是无穷大；当 $x\to\infty$ 时是无穷小；

（3）当 $x\to-\infty$ 时是无穷大；当 $x\to+\infty$ 时是无穷小；

（4）当 $x\to+\infty$ 或 $x\to-1^+$ 时是无穷大；当 $x\to0$ 时是无穷小

3. $3x^2-2x^3$ 是比 $x-2x^2$ 高阶无穷小.

4. 与 x 同阶的无穷小量有 $\sqrt{1+x^2}-1$，$\cos x-1$；比 x 高阶的无穷小量有 x^4+x^6，$(\tan x)^3$；与 x 等价的无穷小量有 $\sin x^2$，$2(\sec x-1)$.

5.（1）$\frac{n}{m}$；（2）$\frac{2}{3}$；（3）$\frac{\sqrt{2}}{72}$；（4）$\frac{6}{5}$；（5）$\frac{1}{6}$；（6）$\frac{1}{2}$.

6. $a=-4$.

7.（1）铅直渐近线为 $x=1,x=-3$，没有水平渐近线；

（2）铅直渐近线为 $x=-1,x=2$，水平渐近线 $y=1$；

（3）铅直渐近线为 $x=0$，水平渐近线 $y=1$；

（4）铅直渐近线为 $x=\frac{1}{2}$，没有水平渐近线.

9. 无界但不是无穷大；

习题 1.6

1.（1）1；（2）$\frac{\pi}{6}$；（3）$\frac{1}{\pi}$；（4）e^{-4}；（5）e^2；（6）e^2；（7）$e^{\frac{-1}{2}}$；（8）-2.

3. $a=b$.　　　　　　　　　　4. $a=\ln 2$.

5.（1）$x=1$ 为可去间断点，令 $f(1)=-2$，$f(x)$ 在 $x=1$ 连续；$x=2$ 为无穷间断点；

（2）$x=0$ 是跳跃间断点；$x=1$ 是可去间断点，补充定义 $f(1)=\frac{1}{2}$，在 $x=1$ 连续；$x=-1$ 是无穷间断点.

（3）$x=0$ 为可去间断点，令 $f(0)=1$，$f(x)$ 在 $x=0$ 连续；$x=k\pi+\frac{\pi}{2}(k=0,\pm1,\pm2,\cdots)$ 是无穷间断点；

（4）$x=0$ 为跳跃间断点.

6.（1）$x=1$ 是跳跃间断点；（2）$x=1$，$x=-1$ 是跳跃间断点.

习题 1.7

4. 提示：$m\leqslant\frac{f(x_1)+f(x_2)+\cdots+f(x_n)}{n}\leqslant M$，其中 m,M 分别为 $f(x)$ 在区间 $[x_1,x_n]$ 上的最小值与最大值。

复习题一

1.（1）$[1,+\infty)$；（2）$\ln(x^2+2)$，$\ln^2(x+1)+1$；（3）-1，$\frac{5}{2}$；（4）-1；

（5）必要，充分，必要，充要.

2.（1）（C）；（2）（A）；（3）（D）；（4）（B）；（5）（B）；（6）（D）；（7）（D）；（8）（C）.

3（1）3π；（2）$\frac{3}{2}$；（3）1；（4）-2；（5）$-\frac{2}{3}$；（6）1；（7）$\frac{1}{4}$；（8）$\frac{1}{2}$.

5. $\frac{1}{2}$.　　　6. $a=-4,b=0$.　　　7. $\sqrt{a}$.　　　8. $a=3,\ b=\ln 3$.

9.（1）$x=0$ 为跳跃间断点；

（2）$x=0$ 为可去间断点，$x=n\pi$（$n=\pm1,\pm2,\cdots$）为无穷间断点，$x=n\pi+\frac{\pi}{2}$（$n=\pm1,\pm2,\cdots$）是可去间断点；

（3）$x=0$ 为跳跃间断点；

（4）$x=\pm 1$ 均为可去间断点.

11. 可被清除污染物的百分比为 100%，实际上是不可能完全清除污染的.

12. 第 n 期到期后的本利和为 $p\left(1+\dfrac{r}{n}\right)^{n}$，存期为 t 年，到期后的本利和为 $p\left(1+\dfrac{r}{n}\right)^{nt}$，按季度本利和为 1126.49、按月本利和为 1127.16、按日本利和为 1127.49、按连续复利本利和为 1127.5. 用复利计算时，按季、月、日以及连续复利计算所得结果相差不大.

第二章

习题 2.1

1.（1）$3x^2,12$；（2）$\cos x,\dfrac{\sqrt{3}}{2}$；（3）$-\sin x,-\dfrac{1}{2}$；（4）$\dfrac{1}{x},\dfrac{1}{2}$；（5）$e^x,e^2$.

2.（1）$f'(x_0)$；（2）$-f'(x_0)$；（3）$\dfrac{f'(x_0)}{2}$；（4）$(\alpha-\beta)f'(x_0)$.

3.（1）连续；（2）连续；（3）不一定；（4）存在；（5）不一定.

4.（1）$5x^4$；（2）$\dfrac{-1}{2x\sqrt{x}}$；（3）$\dfrac{11}{5}x^{\frac{6}{5}}$；（4）$\dfrac{1}{6}x^{-\frac{5}{6}}$.

7. 1.

8.（1）连续，不可导；（2）既连续又可导.

9. $a=2,b=-1$.

10. 5, 4.

习题 2.2

1.（1）不一定；（2）一定不可导；（3）至多有一个可导.

2.（1）$y'=e^x+3\cos x$；（2）$y'=\dfrac{1}{x}+\dfrac{1}{1+x^2}$；（3）$y=\dfrac{1}{\sqrt{x}}+\dfrac{1}{x^2}-\sin x$；

（4）$y=x(2\sin x+x\cos x)$；（5）$y'=1+2x+3x^2$；（6）$y'=\ln x+1+\dfrac{1-\ln x}{x^2}$；

（7）$y'=\dfrac{-2a}{(x-a)^2}$；（8）$y'=\dfrac{2x}{(x^2+1)^2}-\dfrac{3x\cos x-3\sin x}{x^2}$.

3.（1）$2\pi-2$；（2）$y=2e+3$.

4. $y=\dfrac{5}{2}(x-1)$.

5. $(3,-6)$ 或 $\left(-1,-\dfrac{10}{3}\right)$.

6. 初速度为 3，$\dfrac{3}{2}$秒开始向下滚动.

7.（1）$y'=3^{\cos x}(-\sin x)\ln 3$；（2）$y'=\dfrac{x}{\sqrt{1+x^2}}$；（3）$y'=\dfrac{2}{2x-3}$；

（4）$y'=2\sec^2(2x+1)$；（5）$y'=e^{\sin x}\cos x$；（6）$y'=\dfrac{1}{x}\cos\ln x$；

（7） $y'=3\tan^2 x\sec^2 x$；（8） $y'=\dfrac{2\arcsin x}{\sqrt{1-x^2}}$.

8.（1） $y'=\dfrac{\ln x}{x\sqrt{1+\ln^2 x}}$；（2） $y'=2^{\sin\frac{1}{x}}\cos\dfrac{1}{x}\left(\dfrac{-\ln 2}{x^2}\right)$；

（3） $y'=-e^{\sqrt{x}}\cdot\sin e^{\sqrt{x}}\cdot\dfrac{1}{2\sqrt{x}}$；（4） $y'=\sin\dfrac{x}{2}\cos\dfrac{x}{2}$；

（5） $y'=\dfrac{\cos\frac{x}{2}}{4\sqrt{\sin\frac{x}{2}}}$；（6） $y'=3[\arctan(1+x^2)]^2\dfrac{2x}{1+(1+x^2)^2}$；

（7） $y'=3\tan 3x$；（8） $y'=\dfrac{1}{x\ln x[\ln(\ln(x))]}$.

9.（1） $y'=e^{-x}(-x^2+4x+1)$；（2） $y'=\dfrac{e^{\sin x}(1+3x\cos x)}{3\sqrt[3]{x^2}}$；

（3） $y'=\dfrac{2}{1+\cos 2x}$；（4） $y'=\sec x$；

（5） $y'=\arcsin x+\dfrac{x}{\sqrt{1-x^2}}-\dfrac{x}{\sqrt{4-x^2}}$；（6） $y'=\dfrac{2}{1+x^2}$；

（7） $y'=\dfrac{2\sqrt{x}+1}{4\sqrt{x}\sqrt{x+\sqrt{x}}}$；（8） $y'=\dfrac{1}{\sqrt{1+x^2}}$.

10.（1） $y'=2xf'(x^2)$；（2） $y=e^{f(x)}[f'(e^x)e^x+f'(x)f(e^x)]$；

（3） $y'=f'(x)f'[f(x)]$；（4） $y'=\sin 2x[f'(\sin^2 x)-f'(\cos^2 x)]$.

11. $y'=\dfrac{f(x)f'(x)+g(x)g'(x)}{\sqrt{f^2(x)+g^2(x)}}$.

习题 2.3

1.（1） $\dfrac{dy}{dx}=-\dfrac{2x+y}{x}$；（2） $\dfrac{dy}{dx}=\dfrac{\cos(x+y)+y^2\sin x}{2y\cos x-\cos(x+y)}$；

（3） $y'=\dfrac{e^y+y}{1-x-xe^y}$；（4） $y'=\dfrac{x^2-2x}{2y}$.

2.（1） $\dfrac{4}{5}$；（2） e.

3.（1） $y''=12x^2+4$；（2） $y''=-\dfrac{2(x^2+1)}{(1-x^2)^2}$；

（3） $y''=-2\sin x-x\cos x$；（4） $y''=(\cos^2 x-\sin x)e^{\sin x}$；

（5） $y''=\dfrac{2}{(1+x)^3}$；（6） $y''=\dfrac{e^x(x^2-2x+2)}{x^3}$；

（7） $y''=-\dfrac{a^2}{(a^2-x^2)^{\frac{3}{2}}}$；（8） $y''=2\arctan x+\dfrac{2x}{1+x^2}$.

4.（1）$\dfrac{d^2y}{dx^2}=-\dfrac{1}{y^3}$；（2）$\dfrac{d^2y}{dx^2}=\dfrac{y(2e^y-ye^y-2x)}{(e^y-x)^3}$；

（3）$\dfrac{d^2y}{dx^2}=-2\csc^2(x+y)\cot^3(x+y)$；（4）$\dfrac{d^2y}{dx^2}=\dfrac{2(x^2+y^2)}{(x-y)^3}$.

5.（1）$2\dfrac{(-1)^{n+1}n!}{(x+1)^{n+1}}$；（2）$(-1)^n\dfrac{(n-2)!}{x^{n-1}}(n\geqslant 2)$；

（3）$2^{n-1}\sin\left[2x+(n-1)\dfrac{\pi}{2}\right]$；（4）$e^x(x+n)$.

6.（1）$n(n-1)x^{n-2}f'(x^n)+(nx^{n-1})^2f''(x^n)$；（2）$e^{-x}[f'(e^{-x})+e^{-x}f''(e^{-x})]$；

（3）$\dfrac{f''(x)f(x)-[f'(x)]^2}{[f(x)]^2}$；（4）$f''(f(x))(f'(x))^2+f'(f(x))f''(x)$.

7.（1）$\dfrac{\sqrt{x+2}(3-x)^4}{(x+1)^5}\left[\dfrac{1}{2(x+2)}+\dfrac{4}{x-3}-\dfrac{5}{x+1}\right]$；

（2）$\dfrac{1}{2}\sqrt{\dfrac{(x-1)\cos 3x}{(2x+3)(3-4x)}}\left[\dfrac{1}{x-1}-3\tan 3x-\dfrac{2}{2x+3}+\dfrac{4}{3-4x}\right]$；

（3）$x^{\sin x}\left(\cos x\ln x+\dfrac{\sin x}{x}\right)$；（4）$\left(\dfrac{x}{1+x}\right)^x\left(\ln\dfrac{x}{1+x}+\dfrac{1}{1+x}\right)$.

8.（1）t^{-3}；（2）$\dfrac{\cos\theta-\theta\sin\theta}{1-\sin\theta-\theta\cos\theta}$.　9.（1）$-1$；（2）$-2$.

10.（1）$-\dfrac{b}{a^2\cos^3 t}$；（2）$\dfrac{2}{9}e^{3t}$；（3）$\dfrac{(6t+5)(1+t)}{t}$；（4）$\dfrac{1}{f''(t)}$.

11. 切线方程为 $x+y-\dfrac{\sqrt{2}}{2}=0$，法线方程为 $x-y=0$.

12. 0.14 rad/min.　13. $\dfrac{15}{4}$ m/s.　14. 144π m²/s.

习题 2.4

1.（1）$2x+C$；（2）$-\cos x+C$；（3）$\dfrac{\sin 2x}{2}+C$；（4）$\ln x+C$；

（5）$2\sqrt{x}+C$；（6）$-e^{-x}+C$；（7）$\arcsin x+C$ 或 $-\arccos x+C$；（8）$\sec x+C$.

2. 当 $\Delta x=0.1$ 时，$\Delta y=0.21$，$dy=0.2$；当 $\Delta x=0.01$ 时，$\Delta y=0.0201$，$dy=0.02$.

3.（1）$dy=\left(2x+\dfrac{1}{2\sqrt{x}}\right)dx$；（2）$dy=\ln x dx$；（3）$dy=\dfrac{-x}{\sqrt{(1+x^2)^3}}dx$；

（4）$dy=e^x(\sin 2x+2\cos 2x)dx$；（5）$dy=\dfrac{2\ln(1+x)}{1+x}dx$；（6）$dy=\dfrac{-dx}{1+\sin x}$.

4.（1）1.007；（2）－0.02；（3）2.745；（4）－0.965.

5. $dy=\frac{x}{2x-y}dx$.　　　　6. 1.16 g.

7. 约减少 43.63 cm^2；约增加 104.72 cm^2.

复习题二

1.（1）5 m/s；（2）充分、必要、充要、充要；（3）－4；（4）1；（5）1；

（6）$2f'(x^2)+4x^2f''(x^2)$.

2.（1）B；（2）B；（3）A；（4）D；（5）B；（6）A；（7）D；（8）A.

3.（1）$\frac{\cos x}{|\cos x|}$；　　　　（2）$\frac{4x}{1+2x^2}$；

（3）$\sin x\ln\tan x$；　　　　（4）$e^{2x}(1+2x)-\frac{1}{x^2+1}\left(\frac{1}{x^2}-\frac{2}{x^2+1}\right)+\frac{x}{\sqrt{9-x^2}}$.

4. $a>1$.

5.（1）$2\cos 2x\ln x+\frac{2\sin 2x}{x}-\frac{\sin^2 x}{x^2}$；　　　　（2）$\frac{1-2x^2}{x^2(x^2-1)^{\frac{3}{2}}}$.

6. 0.　　　　7. $\frac{dy}{dx}=\frac{1}{t}$，$\frac{d^2y}{dx^2}=-\frac{1+t^2}{t^3}$.　　　　8. $y=x$.　　　　9. $y=x-\frac{1}{4}$.

第三章

习题 3.1

1.（1）不满足，因为 $f(x)$ 在区间 $[0,1]$ 上不连续；

（2）不满足，因为 $f(x)$ 在区间 $(0,1)$ 上不可导；

（3）满足，$\xi=\frac{\pi}{2}$；　　　　（4）满足，$\xi=\frac{\pi}{2}$.

2.（1）满足，$\xi=\sqrt{\frac{4}{\pi}-1}$；

（2）不满足，因为 $f(x)$ 在区间 $(1,3)$ 内不可导；

（3）满足，$\xi=\frac{2\sqrt{3}}{3}$；　　　　（4）满足，$\xi=\sqrt{2}$.

习题 3.2

1.（1）2；（2）$\cos a$；（3）1；（4）$-\frac{1}{2}$；（5）$\frac{1}{2}$；（6）0；（7）1；（8）1；（9）e^{-1}；（10）1.

2.（1）0；（2）1.　　　　3. $a=-3,\ b=\dfrac{9}{2}$.

习题 3.3

1. $\dfrac{1}{x}=-[1+(x+1)+(x+1)^2+\cdots+(x+1)^n]+(-1)^n\dfrac{(x+1)^{n+1}}{[-1+\theta(x+1)]^{n+2}}$，$(0<\theta<1)$.

2. $\tan x=x+\dfrac{1+2\sin^2(\theta x)x^3}{3\cos^4(\theta x)}\ (0<\theta<1)$.

习题 3.4

2.（1）在区间 $(-\infty,-1],[3,+\infty)$ 内单调增加，在区间 $[-1,3]$ 内单调减少；极大值 $f(-1)=3$，极小值 $f(3)=-61$；

（2）在区间 $\left(-\infty,\dfrac{3}{4}\right]$ 内单调增加，在区间 $\left[\dfrac{3}{4},1\right]$ 内单调减少；极大值 $f\left(\dfrac{3}{4}\right)=\dfrac{5}{4}$；

（3）在区间 $\left(-\infty,\dfrac{12}{5}\right]$ 内单调增加，在区间 $\left[\dfrac{12}{5},+\infty\right)$ 内单调减少；极大值 $f\left(\dfrac{12}{5}\right)=\dfrac{\sqrt{205}}{10}$；

（4）在区间 $(-\infty,-1],[1,+\infty)$ 内单调减少，在区间 $[-1,1]$ 内单调增加；极小值 $f(-1)=-\dfrac{1}{2}$，极大值 $f(1)=\dfrac{1}{2}$；

（5）在区间 $[0,+\infty)$ 内单调增加，在区间 $[-1,0]$ 内单调减少；极小值 $f(0)=0$；

（6）在区间 $(-\infty,0],[2,+\infty)$ 内单调减少，在区间 $[0,2]$ 内单调增加；极大值 $f(2)=\dfrac{4}{e^2}$，极小值 $f(0)=0$；

（7）在区间 $(-\infty,-\sqrt{2}],[\sqrt{2},+\infty)$ 内单调增加，在区间 $[-\sqrt{2},\sqrt{2}]$ 内单调减少；极大值 $f(-\sqrt{2})=(2+2\sqrt{2})e^{-\sqrt{2}}$，极小值 $f(\sqrt{2})=(2-2\sqrt{2})e^{\sqrt{2}}$；

（8）在定义域 $(-\infty,+\infty)$ 内单调增加，没有极值.

3. $a=2$，$f\left(\dfrac{\pi}{3}\right)=\sqrt{3}$ 为极大值.　　　　4. $a^2-3b<0$.

7. $a>\dfrac{1}{e}$ 时没有实根，$0<a<\dfrac{1}{e}$ 时有两个实根，$a=\dfrac{1}{e}$ 时只有一个实根.

9. 驻点 $(1,1)$，极小值 1.

10.（1）最大值 $f(2)=13$，最小值 $f(1)=4$；

（2）最大值 $f(1)=1$，最小值 $f(0)=0$；

（3）最大值 $f(0)=0$，最小值 $f(-2)=f(4)=-4$；

（4）最大值 $f\left(\dfrac{3}{4}\right)=\dfrac{5}{4}$，最小值 $f(-5)=-5+\sqrt{6}$.

11. 8.5 m.　　　　12. 50 000.　　　　13. $(p,\pm\sqrt{2}p)$.

习题 3.5

1.（1）凸的；（2）凹的；（3）凸的；（4）凹的.

2.（1）凹区间 $(-\infty,1]$，凸区间 $[1,+\infty)$，拐点为 $(1,2)$；

（2）凹区间 $[2,+\infty)$，凸区间 $(-\infty,2]$，拐点为 $\left(2,\dfrac{2}{e^2}\right)$；

（3）凹区间 $(1,e^2]$，凸区间 $(0,1),[e^2,+\infty)$，拐点为 (e^2,e^2)；

（4）凹区间 $(-\infty,1],[2,+\infty)$，凸区间 $[1,2]$，拐点为 $(1,-3)$ 及 $(2,6)$；

（5）凹区间 $[-1,1]$，凸区间 $(-\infty,-1],[1,+\infty)$，拐点为 $(-1,\ln 2)$ 及 $(1,\ln 2)$；

（6）凹区间 $(-\infty,1]$，凸区间 $[1,+\infty)$，拐点为 $(1,1)$.

3. $a=-1,b=-3$.

4. $a=-3,b=0,c=1$.

习题 3.6

1.（1）$x=-1,y=x-1$；

（2）$y=x-\dfrac{1}{3}$；

（3）$y=3x+6,x=0,x=2$；

（4）$y=x+\dfrac{\pi}{2},y=x-\dfrac{\pi}{2}$.

复习题三

1.（1）×；（2）√；（3）√；（4）√；（5）×；（6）×；（7）×；（8）√；（9）√；（10）×.

2.（1）2；（2）$a=1,b=-3,c=-24,d=16$；（3）(0,0)；$-3\sqrt[3]{4}$；（4）$\dfrac{\pi}{2}$；（5）$\dfrac{1}{\ln 2}-1$；（6）2.

3.（1）(B)；（2）(B)；（3）(A)；（4）(C)；（5）(B)；（6）(A)；（7）(B)；（8）(C).

4.（1）$-\dfrac{1}{3}$；（2）$\dfrac{1-\ln a}{1+\ln a}$；（3）$-\dfrac{1}{8}$；（4）$e^{\frac{-2}{\pi}}$.

9. $(1,2),(-1,-2)$.

10. $\sqrt[3]{3}$.

第四章

习题 4.1

1.（1）$\dfrac{1}{3}e^{3x}+C$；

（2）$-\cos x+\dfrac{1}{4}x^4-e^x+C$；

（3）$x+\dfrac{3}{2}x^{\frac{4}{3}}+\dfrac{3}{5}x^{\frac{5}{3}}+C$；

（4）$\dfrac{1}{\ln 5}5^x+\tan x-x+C$；

（5）$\dfrac{1}{2}x+\dfrac{1}{2}\sin x+C$；

（6）$e^{x+1}+C$；

（7） $\ln|x|+2\arctan x+C$；

（8） $\tan x-\cot x+C$；

（9） $\sin x-\cos x+C$；

（10） $\tan x-\sec x+C$；

（11） $-\frac{1}{2x^2}+C$；

（12） $\frac{2}{7}x\sqrt[3]{x}-\frac{10}{3}x\sqrt{x}+C$；

（13） $\frac{x^2}{2}-3x+3\ln|x|+\frac{1}{x}+C$；

（14） $e^x-3\sin x+C$；

（15） $\frac{2}{3}x^3-x+4\arctan x+C$；

（16） $\frac{1}{2}\tan x+C$.

2. 略.　　3. 略.

4.（1） $s=20t-\frac{1}{2}kt^2$；（2） $t=\frac{20}{k},s=\frac{200}{k}$；（3） $k=4$，答：刹车加速度为 $-4\ \text{m/s}^2$.

5. $y=\ln x+1$.

6. $R(q)=105q^2-q^3$,产量为 70 t 时，总收入为最大.

习题 4.2

1.（1） $\frac{1}{7}$；（2） $\frac{1}{2}$；（3） $-\frac{1}{2}$；（4） $\frac{1}{2}$；（5） $-\frac{2}{3}$；（6） $\frac{1}{5}$；（7） $\frac{1}{3}$；（8） -1.

2.（1） $\frac{1}{101}(3+x)^{101}+C$；

（2） $-e^{\frac{1}{x}}+C$；

（3） $\frac{1}{\sqrt{10}}\arctan\frac{\sqrt{5}x}{\sqrt{2}}-\frac{1}{5}\ln(2+5x^2)+C$；

（4） $\ln(\sin^2 x+3)+C$；

（5） $(\arctan\sqrt{x})^2+C$；

（6） $\frac{1}{2a}\ln\left|\frac{a+x}{a-x}\right|+C$；

（7） $\frac{x}{2}-\frac{\sin 6x}{12}+C$；

（8） $-\frac{1}{\ln x}+C$；

（9） $\frac{1}{2}\ln(1+e^x)+C$；

（10） $-e^{-\sin x}+C$；

（11） $\frac{2}{3}e^{3\sqrt{x}}+C$；

（12） $\frac{1}{3}\sin^3 x-\frac{2}{5}\sin^5 x+\frac{1}{7}\sin^7 x+C$；

（13） $\frac{x}{2}+\frac{\sin 2x}{4}+C$；

（14） $-\frac{1}{2}\ln|1-2x|+C$；

（15） $-\frac{1}{\arcsin x}+C$.

3.（1） $\frac{1}{4}[f(x)]^4+C$；（2） $\arctan f(x)+C$；（3） $\ln|f(x)|+C$；（4） $e^{f(x)}+C$.

4. $-\frac{1}{2}(1-x^2)^2+C$.

5.（1） $\ln\left|\frac{\sqrt{x+1}-1}{\sqrt{x+1}+1}\right|+C$；

（2） $2\sqrt{x}+3\sqrt[3]{x}+6\sqrt[6]{x}+6\ln\left|\sqrt[6]{x}-1\right|+C$；

（3） $-\frac{1}{3}\frac{1-x^2}{x^3}\sqrt{1-x^2}+C$；

（4） $\arcsin\frac{x}{2}+C$；

（5） $\ln(x-1+\sqrt{x^2-2x+2})+C$；

（6） $\ln\left|1+x+\frac{\sqrt{5+2x+x^2}}{2}\right|+C$.

习题 4.3

（1）$x\ln 2x-x+C$；

（2）$\frac{1}{2}(x^2+1)\arctan x-\frac{1}{2}x+C$；

（3）$-x\cos x+\sin x+C$；

（4）$-\frac{1}{4}(2x+1)\mathrm{e}^{-2x}+C$；

（5）$x\arcsin x+\sqrt{1-x^2}+C$；

（6）$x(\ln x)^2-2x\ln x+2x+C$；

（7）$\frac{1}{a^2+b^2}\mathrm{e}^{ax}(b\sin bx+a\cos bx)+C$；

（8）$x^2\mathrm{e}^x-2x\mathrm{e}^x+2\mathrm{e}^x+C$；

（9）$\frac{1}{2}[\sec x\tan x+\ln|\sec x+\tan x|]+C$；

（10）$(x+1)\arctan\sqrt{x}-\sqrt{x}+C$；

（11）$-\frac{1}{2}\left(x^2-\frac{3}{2}\right)\cos 2x+\frac{x}{2}\sin 2x+C$；

（12）$\frac{1}{2}x^2\left(\ln^2 x-\ln x+\frac{1}{2}\right)+C$；

（13）$2\mathrm{e}^{\sqrt{x}}(\sqrt{x}-1)+C$；

（14）$-\frac{1}{4}x\cos 2x+\frac{1}{8}\sin x+C$；

（15）$\frac{2}{3}\mathrm{e}^{\sqrt{3x+9}}(\sqrt{3x+9}-1)+C$；

习题 4.4

（1）$\ln\left|\frac{(x+2)^2}{x+1}\right|+C$；

（2）$\ln|x+1|-\frac{1}{2}\ln\left|x^2+4x+6\right|+\frac{1}{\sqrt{2}}\arctan\frac{x+2}{\sqrt{2}}+C$；

（3）$\frac{x^2}{2}-\frac{9}{2}\ln(x^2+9)+C$；

（4）$\frac{1}{3}x^3+\frac{1}{2}x^2+x+8\ln|x|-4\ln|x+1|-3\ln|x-1|+C$；

（5）$\ln\left|x^2-1\right|+\frac{1}{2}\ln\left|\frac{x-1}{x+1}\right|+C$；

（6）$-\frac{1}{2\sqrt{3}}\arctan\left(\frac{\sqrt{3}}{2}\cot x\right)+C$；

（7）$\frac{2}{\sqrt{3}}\arctan\frac{2\tan\frac{x}{2}+1}{\sqrt{3}}+C$；

（8）$\frac{1}{2}\ln\left|\tan\frac{x}{2}\right|-\frac{1}{4}\tan^2\frac{x}{2}+C$；

（9）$3\arcsin\frac{x}{3}-\sqrt{9-x^2}+C$；

（10）$2\sqrt{x}-4\sqrt[4]{x}+4\ln(\sqrt[4]{x}+1)+C$.

习题 4.5

（1）$\frac{1}{2}\arctan\frac{x+1}{2}+C$.

（2）$-\frac{\mathrm{e}^{-2x}}{13}(2\sin 3x+3\cos 3x)+C$.

（3）$-\frac{\sin 8x}{16}+\frac{\sin 2x}{4}+C$.

（4）$-\frac{1}{x}-\ln\left|\frac{1-x}{x}\right|+C$.

（5）$\frac{1}{9}\left(\ln|2+3x|+\frac{2}{2+3x}\right)+C$.

（6）$\frac{\cos^5 x\sin x}{6}+\frac{5\cos^3 x\sin x}{24}+\frac{5}{32}(2x+\sin 2x)+C$.

（7）$\ln\left[(x-2)+\sqrt{5-4x+x^2}\right]+C$.　　（8）$\frac{x}{2}\sqrt{2x^2+9}+\frac{9\sqrt{2}}{4}\ln(\sqrt{2}x+\sqrt{2x^2+9})+C$.

（9）$\frac{1}{2}\ln\left|x^2-2x-1\right|+\frac{3}{\sqrt{2}}\ln\left|\frac{x-1-\sqrt{2}}{x-1+\sqrt{2}}\right|+C$.　（10）$-\sqrt{1+x-x^2}+\frac{1}{2}\arcsin\frac{2x-1}{\sqrt{5}}+C$.

复习题四

1. （1）$\frac{1}{3}F(3x+2)+C$；　　（2）$(x+1)\mathrm{e}^{-x}+C$.

2. (1) B　(2) C　(3) D

3.（1）$-\frac{4}{x}+\frac{4}{3}x+\frac{x^3}{27}+C$；　（2）$\mathrm{e}^{x-3}+C$；　（3）$\frac{1}{2}(x+\sin x)+C$；

（4）$\frac{1}{2(1-x)^2}-\frac{1}{1-x}+C$；　（5）$-\frac{1}{2}\mathrm{e}^{-x^2}+C$；　（6）$-\frac{1}{3}(1-x^2)^{\frac{3}{2}}+C$；

（7）$\ln|\ln x|+C$；　（8）$\sin x-\frac{1}{3}\sin^3 x+C$；

（9）$\frac{1}{3}\arcsin\frac{3}{2}x+C$；　（10）$(4-2x)\cos\sqrt{x}+4\sqrt{x}\sin\sqrt{x}+C$；

（11）$\arctan\mathrm{e}^x+C$；　（12）$\frac{\sqrt{x^2-9}}{18x^2}+\frac{1}{54}\arctan\frac{\sqrt{x^2-9}}{3}+C$；

（13）$\arcsin\mathrm{e}^x+\mathrm{e}^x\sqrt{1-\mathrm{e}^{2x}}+C$；　（14）$\frac{1}{10}x\mathrm{e}^{10x}-\frac{1}{100}\mathrm{e}^{10x}+C$；

（15）$\frac{1}{x-2}+\ln\left|\frac{x-3}{x-2}\right|+C$；　（16）$x\ln(1+x^2)-2x+2\arctan x+C$；

（17）$\sqrt{2}\ln\left(\left|\csc\frac{x}{2}\right|-\left|\cot\frac{x}{2}\right|\right)+C$；

（18）$x\ln^2(x+\sqrt{1+x^2})-2\sqrt{1+x^2}\ln(x+\sqrt{1+x^2})+2x+C$；

（19）$\frac{x\mathrm{e}^x}{\mathrm{e}^x+1}-\ln(1+\mathrm{e}^x)+C$；

（20）$\frac{x^4}{8(1+x^8)}+\frac{1}{8}\arctan x^4+C$.

4.（1）27 m；（2）$\sqrt[3]{360}\approx 7.11$ s

5. $f(x)=x^3-3x+2$.　　6. $x-\frac{x^2}{2}+C$.　　7. 略.

第五章

习题 5.1

1. 略.　　2.（1）$\frac{1}{2}t^2$；（2）21；（3）$\frac{5}{2}$；（4）$\frac{9\pi}{2}$.

3. 略.　　4. 略.　　5.（1）6；（2）-2；（3）-3；（4）5.

6. 略.　　7. 略.　　8. 提示：设$\int_0^1 f(x)\mathrm{d}x = a$，有$\int_0^1 [f(x)-a]^2 \mathrm{d}x \geqslant 0$；

9.（1）$[6,51]$；（2）$[\pi,2\pi]$

习题 5.2

1.（1）$2x\sqrt{1+x^4}$；　（2）$\frac{3x^2}{\sqrt{1+x^{12}}}-\frac{2x}{\sqrt{1+x^8}}$；　（3）$(\sin x-\cos x)\cdot\cos(\pi\sin^2 x)$.

2. $\frac{\cos x}{\sin x-1}$.

3.（1）$45\frac{1}{6}$；（2）1；（3）$1-\frac{\pi}{4}$；（4）$\frac{3}{2}$；（5）$\frac{\sqrt{3}}{2}$；（6）$\frac{21}{8}$；（7）$\frac{\pi}{6}$；

（8）9；（9）4；（10）0；（11）$t^3-\frac{t^2}{2}+t$；（12）$1+\frac{\pi}{4}$.

4.（1）1；（2）2.　　5. 略.　　6. $\frac{8}{3}$.

7. 略.　　8. 1.　　9. 1；　　10. $\left(0,\frac{1}{4}\right)$

习题 5.3

1.（1）$\frac{\pi a^2}{4}$；（2）$\frac{\pi^2}{4}$；（3）$\frac{4}{5}$；（4）$\frac{22}{3}$；（5）$\frac{8\pi}{3\sqrt{3}}+1$；（6）$\frac{\pi}{16}a^4$；（7）0；

（8）$\frac{3}{2}\pi$；（9）$\frac{\pi^3}{324}$；（10）$\frac{1}{5}(\mathrm{e}^{\pi}-2)$；（11）$\frac{1}{6}$；（12）2；（13）$\frac{1}{6}$；（14）$2+2\ln\frac{2}{3}$；

（15）$\frac{\pi}{2}$；（16）$\frac{1}{4}(\mathrm{e}^2+1)$；（17）$1-\frac{2}{\mathrm{e}}$；（18）$\frac{\pi}{4}-\frac{1}{2}$；（19）$8\ln 2-4$；（20）0.

2. 略.　　3. 略.　　4. $\frac{1}{2}\mathrm{e}^4+\frac{5}{6}$.　　5. $\frac{3}{4}$

习题 5.4

1.（1）发散；（2）$\frac{1}{a}$；（3）发散；（4）$p<1$ 收敛，$p\geqslant 1$ 发散；（5）1；（6）-1.

2. $k>1$ 收敛，$\frac{1}{(k-1)(\ln 2)^{k-1}}$，$k\leqslant 1$ 发散.

习题 5.5

1. $10\frac{2}{3}$.　2. 18.　3. $\frac{1}{6}$.　4. 1.　5. $10\frac{2}{3}$.　6. $b-a$.

7.（1）$\frac{1}{2}\pi a^2$；（2）$\frac{1}{4}(e^{2\pi}-1)$.　8. $\frac{5\pi}{6}$.　9. $\frac{\pi r^2 h}{3}$.　10. $6\pi h[2(ab+AB)+aB+bA]$.

11. $\frac{a^2}{4}(e^{2\pi}-e^{-2\pi})$.　12. $\frac{8}{3}a^2$.　13. 略.　14. $\ln(2+\sqrt{3})$.

习题 5.6

1. 0.0018 kJ.　2. $1.633ah^2\times 10^3$ N.　3. $\frac{2km\mu}{R}$，方向从圆心指向圆弧的中心.

复习题五

1.（1）必要，充分；（2）不一定.

2.（1）表示曲线 $y=f(x), y=g(x)$ 和直线 $x=a, x=b$ 所围图形的面积；

（2）表示曲线 $y=f(x)$ 和直线 $y=0, x=a, x=b$ 所围曲边梯形绕 x 轴旋转所得旋转体的体积；

（3）表示 $[t_1,t_2]$ 这段时间内流入水池的水量；

（4）表示 $[T_1,T_2]$ 这段时期内该国人口增加的数量；

（5）表示公司经营该种产品自第 1001 件至第 2000 件所得利润.

3.（1）$af(a)$；（2）$\frac{\pi^2}{4}$.

4.（1）$\frac{\pi}{2}$；（2）$\frac{\pi}{8}\ln 2$，提示：令 $x=\frac{\pi}{4}-u$；（3）$\frac{\pi}{4}$；（4）$2(\sqrt{2}-1)$；

（5）$\frac{\pi}{2\sqrt{2}}$；　（6）$\frac{\pi}{2}$；　（7）$\frac{\pi^2}{2}+2\pi-4$；　（8）$e^{-2}\left(\frac{\pi}{2}-\arctan e^{-1}\right)$.

5. 略.

6.（1）收敛；（2）收敛；（3）收敛，提示：先分部积分，再判别；（4）收敛.

7.（1）$-\frac{\pi}{2}\ln 2$，提示：$\int_{\frac{\pi}{4}}^{\frac{\pi}{2}}\ln\sin x\mathrm{d}x=\int_{0}^{\frac{\pi}{4}}\ln\cos x\mathrm{d}x$；（2）$\frac{\pi}{4}$，提示：令 $x=\frac{1}{t}$.

8. 2. 9. $\frac{I_m^2 R}{2}$. 10. 略. 11. $6\leqslant\int_1^4(x^2+1)\mathrm{d}x\leqslant 51$.

12. $\ln 2-2$. 13. 2. 14. 2.

15.（1）18；（2）$2\left(1-\frac{1}{\mathrm{e}}\right)$；（3）$2(\sqrt{2}-1)$；（4）$\frac{a^2\pi}{4}$.

16. $\frac{5\pi}{4}$ 17. $\frac{\pi^2}{2},2\pi^2$. 18. $\frac{1}{4}(\mathrm{e}^2+1)$. 19. $\ln(\sqrt{2}+1)$.

20. $9.72\times10^5\,\mathrm{kJ}$. 21. 2.45 (J). 22. $k\ln\frac{b}{a}$. 23. $\approx 1.37\times10^9$ (J).

24. $\approx 3.27\times10^3$ (N). 25. $\frac{kMm}{a(a+l)}$.

第六章

习题 6.1

1.（1）1；（2）3；（3）1；（4）1. 2. (1)是；（2）是；（3）否.

3.（1）$y^2-x^2=25$；（2）$y=x\mathrm{e}^{2x}$；（3）$y=-\cos x$.

4.（1）$y'=y$； （2）$\frac{\mathrm{d}R}{\mathrm{d}t}=-kR,\ R\big|_{t=0}=R_0, R\big|_{t=1600}=\frac{R_0}{2}$.

习题 6.2

1.（1）$(1+2y)(1+x^2)=C$；（2）$\ln^2 x+\ln^2 y=C$；（3）$5^x+5^{-y}=C$；（4）$y=C\mathrm{e}^{\sin x}$；（5）$y=C\mathrm{e}^{x^2}$；（6）$y=\frac{1}{5}x^3+\frac{1}{2}x^2+C$.

2.（1）$\mathrm{e}^y=\frac{1}{3}\mathrm{e}^{3x}+\mathrm{e}-\frac{1}{3}$；（2）$2y^3+3y^2-2x^3-3x^2=5$；（3）$x^2+y^2=25$；（4）$x^2y=4$.

3.（1）$y=\mathrm{e}^{-x}(x+C)$； （2）$y=\mathrm{e}^{x^2}\left(\frac{x^2}{2}+C\right)$； （3）$y=\mathrm{e}^{-\sin x}(x+C)$；

（4）$3m=2+C\mathrm{e}^{-3n}$； （5）$x^2+y^2=C\mathrm{e}^{-2\arctan\frac{y}{x}}$； （6）$\left(\frac{1}{3}+\frac{1}{y}\right)\mathrm{e}^{\frac{3x^2}{2}}=C$；

（7）$\ln|y|=\frac{y}{x}+C$； （8）$\frac{1}{x}\left(\int\sin x\mathrm{d}x+C\right)=\frac{1}{x}(-\cos x+C)$.

4. $y=2(e^x-x-1)$.　　　　5. $y^2+z^2=2C\left(x+\frac{C}{2}\right)$.

6. $v=\frac{mg}{k}(1-e^{-\frac{kt}{m}})$,（$k>0$阻力比例系数，$t\geqslant 0$）.

7.（1）$\frac{1}{y}=-\sin x+Ce^x$；　（2）$\frac{3}{2}x^2+\ln\left|1+\frac{3}{y}\right|=C$；　（3）$\frac{1}{y^3}=Ce^x-1-2x$；

（4）$\frac{1}{y^4}=-x+\frac{1}{4}+Ce^{-4x}$；　（5）$\frac{x^2}{y^2}=-\frac{2}{3}x^3\left(\frac{2}{3}+\ln x\right)+C$

习题 6.3

1.（1）$\frac{1}{8}e^{2x}+\sin x+C_1x+C_2$；　　（2）$y=\frac{1}{C_1}e^{C_1x}+C_2$；

（3）$y=\frac{C_1}{4}(x+C_2)^2+\frac{1}{C_1}$；　　（4）$y^3=C_1x+C_2$；

（5）$C_1e^x-\frac{1}{2}x^2-x+C_2$；　　（6）$y=C_1e^x+C_2x+C_3$.

2.（1）$y=e^x(x-1)+1$；（2）$y=x^3+3x+1$；（3）$y=1+e^{\frac{3x}{2}}$；（4）$y=x$.

3. $y=\frac{x^3}{6}+\frac{x}{2}+1$.

习题 6.4

1.（1）线性无关；（2）线性相关；（3）线性相关；
（4）线性无关；（5）线性无关；（6）线性无关.

2. $y=C_1\cos\omega x+C_2\sin\omega x$.　　3. $y=(C_1+C_2x)e^{x^2}$.

4.（1）$y=C_1e^{-x}+C_2e^{4x}$；　　（2）$y=C_1+C_2e^{-5x}$；

（3）$y=C_1\cos x+C_2\sin x$；　　（4）$y=(C_1+C_2x)e^{-5x}$；

（5）$x=e^t\left(C_1\cos\frac{t}{2}+C_2\sin\frac{t}{2}\right)$；　　（6）$y=e^{-2x}(C_1\cos 3x+C_2\sin 3x)$.

5.（1）$y=C_1e^{-x}+C_2e^{\frac{x}{2}}+2e^x$；

（2）$y=C_1\cos kx+C_2\sin kx+\frac{1}{\alpha^2+k^2}e^{\alpha x}$；

（3）$y=C_1+C_2e^{-\frac{5}{2}x}+\frac{1}{3}x^3-\frac{3}{5}x^2+\frac{7}{25}x$；

（4）$y=C_1e^{-x}+C_2e^{-2x}+\left(\frac{3}{2}x^2-3x\right)e^{-x}$；

（5）$y=(C_1+C_2x)e^{3x}+\frac{x^2}{2}\left(\frac{1}{3}x+1\right)e^{3x}$；

（6）$y=C_1\cos 2x+C_2\sin 2x+\frac{1}{3}x\cos x+\frac{2}{9}\sin x$；

（7）$y=e^x(C_1\cos 2x+C_2\sin 2x)-\frac{1}{4}xe^x\cos 2x$；

（8）$y=C_1\cos x+C_2\sin x+\frac{e^x}{2}+\frac{x}{2}\sin x$.

6.（1）$y=-\cos x-\frac{1}{3}\sin x+\frac{1}{3}\sin 2x$；　　（2）$y=-5e^x+\frac{7}{2}e^{2x}+\frac{5}{2}$；

（3）$y=e^x-e^{-x}+e^x(x^2-x)$；　　（4）$y=\frac{11}{16}+\frac{5}{16}e^{4x}-\frac{5}{4}x$.

7. $x=\frac{v_0}{\sqrt{k_2^2+4k_1}}(1-e^{-\sqrt{k_2^2+4k_1}t})e^{(-\frac{k_2}{2}+\frac{\sqrt{k_2^2+4k_1}}{2})t}$.

8. 提示：先求运动规律，再求时间.

复习题六

1.（1）3；　　（2）$y=e^{-\int P(x)dx}\left(\int Q(x)e^{\int P(x)dx}dx+C\right)$；

（3）$y'=f(x,y),y|_{x=x_0}=0$；　　（4）$y=C_1(x-1)+C_2(x^2-1)+1$.

2.（1）一阶，非线性；（2）二阶，线性；（3）五阶，非线性；（4）六阶，线性.

3.（1）$y^2(y'^2+1)=1$；　　（2）$y''-3y'+2y=0$.

4.（1）$y=\frac{x^3}{5}+\frac{x^2}{2}+C$；　　（2）$y=e^{Cx}$；　　（3）$(1+x)e^y=2x+C$；

（4）$e^x=C(1-e^{-y}),y=0$；　　（5）$y=C_1e^{-3x}+C_2e^{3x}$；

（6）$y=C_1+C_2e^{4x}$；　　（7）$y=e^{-2x}(C_1\cos 3x+C_2\sin 3x)$；

（8）$y=C_1e^{2x}+C_2e^{-2x}-\left(\frac{1}{2}x+\frac{1}{2}\right)$；　　（9）$y=C_1e^{\frac{x}{2}}+C_2e^{-x}+e^x$；

（10）$y=C_1\cos 2x+C_2\sin 2x+\frac{1}{3}x\cos x+\frac{2}{9}\sin x$；

（11）$y=e^{4x}\left(\frac{x^2}{2}C_1x+C_2\right)+\frac{x}{16}+\frac{1}{32}$.

5.（1）$x(1+2\ln y)-y^2=0$；　　（2）$y=-\frac{1}{a}\ln(ax+1)$；

（3）$y=2\arctan e^x$；　　（4）$y=xe^{-x}+\frac{1}{2}\sin x$.

6. $\varphi(x)=\cos x+\sin x$.　　7. $x\mathrm{d}x+y\mathrm{d}y=0$.

8. $Q(t)=15+\frac{10}{k}(1-e^{-kt}),k>0$.　　9. $T=2\pi\sqrt{\frac{l}{g}}$.

参考文献

[1] 张国勇. 高等数学[M]. 北京：人民邮电出版社，2013.

[2] 刘忠东，罗贤强，黄璇，吴高翔. 高等数学[M]. 重庆：重庆大学出版社，2015.

[3] 燕长轩，郭洪奇，周凤杰. 应用高等数学（工科类）习题册[M]. 重庆：重庆大学出版社，2015.

[4] 余英，李坤琼，汤华丽，杨俊，孟渝，洪川. 应用高等数学:工科类[M]. 重庆：重庆大学出版社，2015.

[5] 谢孝权，刘双，洪川，李春梅. 应用高等数学（工科类）习题册[M]. 重庆：重庆大学出版社，2015.

[6] 穆春来. 高等数学[M]. 重庆：重庆大学出版社，2016.

[7] 电子科技大学成都学院基础数学教研室. 大学数学练习册[M]. 重庆：重庆大学出版社，2016.

[8] 张甜，陈勤. 高等数学[M]. 南京：南京大学出版社，2017.

[9] 王顺凤，吴亚娟，孟祥瑞，孙艾明. 高等数学[M]. 南京：东南大学出版社，2017.

[10] 陈仲，范红军. 高等数学[M]. 南京：南京大学出版社，2017.

[11] 同济大学数学系. 高等数学：上册[M]. 7 版. 北京：高等教育出版社，2018.

[12] 沈世云，朱伟. 高等数学[M]. 重庆：重庆大学出版社，2020.